水土保持区划理论与方法

王治国　张　超　孙保平等　著

科学出版社

北　京

内 容 简 介

本书是在《全国水土保持规划(2015～2030 年)》专题研究成果的基础上,充分吸收国内外有关理论和研究成果,参考有关文献资料编著而成的。全书共 8 章,分别对区划基本概念,水土保持区划基础、原则、技术途径与方法、计算机辅助系统研究、功能研究、成果表述研究等方面进行了全面论述,在阐述基础理论和方法的同时,更加注重实例、案例的展示,可读性强,具有一定的参考价值。

本书遵循"系统全面、科学实用、探索创新"的理念,为我国水土保持区划工作提供了基本理论、方法和技术参考,可作为水土保持理论研究、规划设计、管理决策人员的参考书,也可供高等院校相关专业教学科研人员参考。

图书在版编目(CIP)数据

水土保持区划理论与方法/王治国等著 . —北京:科学出版社,2016.11
ISBN 978-7-03-050918-5

Ⅰ.①水…　Ⅱ.①王…　Ⅲ.①水土保持–区划–中国　Ⅳ.①S157

中国版本图书馆 CIP 数据核字(2016)第 280475 号

责任编辑:文 杨　程雷星/责任校对:张小霞
责任印制:张 伟/封面设计:迷底书装

科学出版社 出版
北京东黄城根北街 16 号
邮政编码:100717
http://www.sciencep.com

北京科印技术咨询服务公司 印刷
科学出版社发行　各地新华书店经销

*

2016 年 11 月第 一 版　开本:787×1092　1/16
2017 年 8 月第二次印刷　印张:14 3/4　插页:11
字数:337 000

定价:**89.00 元**
(如有印装质量问题,我社负责调换)

主要编写人员

王治国　张　超　孙保平　王春红　纪　强

冯　磊　胡　影　李小芳　邱一丹　宋双双

郭虎波　肖恩邦　张建锋

前　言

　　水土资源是人类生存和发展的基本条件，也是社会经济发展的基础。近年来，随着世界人口的快速增长和经济的迅速发展，水土保持已成为国际社会普遍关注的重要问题之一。中国国土辽阔，区域差异显著，水土流失问题突出，严重的水土流失导致水土资源破坏、生态环境恶化、自然灾害加剧，威胁国家生态安全、防洪安全、饮水安全和粮食安全，是我国经济社会可持续发展的制约因素。在我国生态文明建设的大背景下，系统有效开展水土保持工作是生态文明建设的一项重要任务。

　　水土保持是一项系统工作，只有从系统的角度事先对工作对象做出科学、合理的分区规划，才能使水土保持工作有条不紊地进行，才能真正收到实效和取得显著成果。水土保持区划具有跨越自然科学与社会科学的性质、综合性和区域性的特色。水土保持区划是规划的关键前提与基础，为了因地制宜地合理利用水土资源，防治水土流失危害，合理布局生产力，有效实施类型和区域管理，根据自然和社会条件、水土流失类型、强度和危害，以及水土流失治理的区域相似性和区域间差异性进行水土保持区域划分，并对各区分别采取相应的生产发展方向布局（或土地利用方向）和水土流失防治措施布局，从不同视角对国土进行水土保持区域划分。

　　2010年12月，水利部以水规计〔2010〕540号文印发了《关于全国水土保持规划项目任务书的批复》，其中，完成全国水土保持区划是规划重要的任务之一。2011年5月10日，水利部以水规计〔2011〕224号文印发了《关于开展全国水土保持规划编制工作的通知》，水土保持规划工作在全国范围内全面开展，全国水土保持区划作为重要基础工作内容先期开展，并委托北京林业大学孙保平教授团队开展全国水土保持区划方案专题研究工作。2012年7月，全国水土保持区划成果通过了水利部组织的专家审查。2012年11月水利部办公厅印发了《全国水土保持区划（试行）》的通知（办水保〔2012〕512号）。2015年10月，国务院以国函〔2015〕160号文批复了《全国水土保持规划（2015~2030年）》，2015年12月，水利部、国家发展和改革委员会、财政部、国土资源部、环境保护部、农业部和国家林业局七部门联合印发了《全国水土保持规划（2015~2030年）》，全国水土保持区划成果也随文印发。

　　本书是《全国水土保持规划（2015~2030年）》的专题研究成果，是充分吸收国内外有关理论和研究成果，参考有关资料文献编著而成的。全书对国内外区划研究现状与进展进行了梳理，对区划进行了分类，明确了我国水土保持区划的基础、概念和定位，根据我国水土保持区划的现状和存在问题，创新提出了水土保持区划系统要素，提出了水土保持区划的基础理论和原则，全面总结归纳了水土保持区划的技术途径，首次明确了水土保持区划分级体系和指标体系，介绍了区划的方法并附案例，以及在区划中应用了计算机辅助系统。本书创新提出了水土保持功能及其功能定位方法及案例，对水土保持区划的成果表述进行了综合研究。最后，以西北黄土高原区为研究案例，对水土保持区划过程进行了详细剖析和研究。

全书共 8 章，各章由以下人员撰写：第 1 章王治国、张超、王春红；第 2 章张超、王治国、孙保平；第 3 章孙保平、张超、王春红、肖恩邦、张建锋；第 4 章张超、王春红、邱一丹、冯磊；第 5 章胡影、王春红、李小芳；第 6 章张超、王治国、纪强；第 7 章张超、冯磊、纪强；第 8 章冯磊、王春红、张超、宋双双、郭虎波。全书由王治国、张超统稿、修改。

本书编写过程中，得到了时任水利部水利水电规划设计总院陈伟副院长、闫俊平教授级高级工程师、孟繁斌高级工程师，北京林业大学史明昌教授、赵岩博士，北京地拓科技有限公司李团宏高级工程师等专家和学者的大力支持，特此感谢。

受学识和水平所限，书中不妥之处在所难免，敬请专家和读者批评指正。

作　者

2016 年元月

目　　录

第1章 绪 论

1.1 区划的概念和分类

1.1.1 区划的概念

区划，简言之就是分区划片，是区域划分的简称。具体来说，区划是对地域差异性和相同性的综合分类，它是揭示某种现象在区域内共同性和区域之间差异性的手段。这种划分的地域范围（或称地理单元），其内部条件、特征具有相似性，并有密切的区域内在联系，各区域都有自己的特征，具有一定的独立性。

区划和规划是有区别的，区划是对客观的反映，它侧重研究区域与区域之间的不同特征、发展的条件，根据不同类型和特征的差异原则而划定区域范围，综合论证和决策区域发展方向、途径；规划是按照区域发展方向、途径，提出区域发展的目标、规模、结构、布局及具体的指标、发展步骤、措施等。区划是不以人们意志为转移的业已存在的客体，其内容具有相对的稳定性，是规划的前提和基础。规划是区划的深化，是运用区划成果的关键步骤，通过规划过程中的调查、评价、分析，及时提出修订和完善区划的不足部分。人们对客观事物的认识总有一定的过程，不可能一次就认识清楚，总要反复多次，逐步认识、逐步完善。规划受不同时期经济形势及人力、物力、财力等情况的制约，与区划比较，规划的主观性较强，可变性也大，而且要在实施过程中有所修改。

对水土保持而言，土壤侵蚀类型划分及分区、水土保持类型划分、水土保持区划是基础性的工作，对于全国水土保持科学决策具有重要意义。在水土保持规划设计中，首先进行水土保持分区，然后布置措施，这种规划设计层面上的水土保持分区，是为了分区分类进行措施布置和典型设计，其应在相应级别水土保持区划的指导下进行。分区方法可参照水土保持区划的方法，但不应视为水土保持区划，区划是宏观的、战略性的和方向性的技术文件。

1.1.2 区划的分类

根据性质不同，区划可分为行政区划、自然区划和经济区划；根据范围不同，区划可分为全国性区划和区域性区划；根据区划对象和要素不同，区划可分为全国性综合自然区划和部门区划，其中，部门区划又可分为部门自然区划和部门综合区划。不同的区划在对象、要素和空间分布可重复性、是否考虑行政单元的完整性及目的上是有区别的，各类区划的对比见表 1-1。

表 1-1　区划分类对比表

区划类别		主要理论基础	对象	要素	空间分布 可重复性	是否考虑行政 单元完整性	区划目的	举例
全国性综合 自然区划		自然地理地带性 和自然地域分异 规律	自然综合 体或景观	各种自然要素	可重复	否	为全国农业生 产和可持续发 展服务	全国综合自然区划、 中国生态区划等
部门 区划	自然 区划	自然地域分异规 律	某一自 然体	单一自然要素 体系	可重复	否	为部门研究和 规划提供科学 依据	中国气候区划、中 国地貌区划、中国 植被区划等
	综合 区划	自然经济地域分 异规律	人与自 然的综 合体	自然要素、人文 要素和社会要 素相结合	不可重复	是	宏观指导部门 生产经济规划	全国农业区划、全 国林业区划、全国 水土保持区划等

1.2　区划的研究现状与进展

1.2.1　国外区划研究概述

国外区划工作可以回溯到 18 世纪末到 19 世纪初（郑度等，2005）。地理学区域学派的奠基人赫特纳（Hettner）指出，区域就其概念而言是整体的一种不断分解，一种地理区划就是将整体不断地分解成为它的部分，这些部分必然在空间上互相连接，而类型则是可以分散分布的。19 世纪初，近代地理学的创始人、德国地理学家洪堡（Humboldt）首创了世界等温线图，指出气候不仅受到纬度的影响，还与海拔高度、距海远近及风向等因素有关，并把气候与植被的分布有机地结合起来。与此同时，霍迈尔（Hommeyer）也提出了地表自然区划和区划主要单元内部逐级分区的概念，并设想出 4 级地理单元，即小区（ort）、地区（gegend）、区域（landschaft）和大区域（land），从而开创了现代自然地域划分研究（郑度等，1997）。1898 年，梅里亚姆（Merriam）对美国的生命带和农作物带进行了详细划分，这是世界上首次以生物作为分区的指标。1899 年，道库恰耶夫（Dokuchaev）根据土壤地带性发展了自然地带学说，指出"气候、植被和动物在地球表面的分布，皆按一定严密的顺序，由北向南有规律地排列着，因而可将地球表层分成若干个带"。1905 年，英国生态学家 Herbertson 指出了进行全世界生态地域划分的必要性。1939~1947 年苏联科学院完成自然历史区划工作。总的来说，由于认识的局限性和调查研究的不够充分，国际上早期的区划工作主要停留在对自然界表面的认识上，缺乏对自然界内在规律的认识和了解，区域划分的指标也只采用气候、地貌等单一要素，这种情况一直延续到 20 世纪 40 年代（杨勤业等，2002）。

20 世纪 40 年代以后，应政府和农业部门的要求，苏联学者开展了综合自然区划的研究，对综合自然区划的理论和实践做了较系统的研究和总结（倪绍祥，1983）。格里哥里耶夫和布迪科（Григорьев and Будыко，1956）提出了辐射干燥指数的概念，并且概括了全球陆地地理地带性的周期律。1968 年，莫斯科大学地理系编著了《苏联自然地理区划》。随着生态系统概念的提出，之后各国学者对生态系统进行了大量研究，使人们对生态系统的形成、演化、结构、功能及影响生态系统的各种环境因子有了较充分的认识。以此为基础，生态区划研究也取得了较大发展。美国学者贝利（Bailey）于 1976 年首次提出了生态地域划分方案。他认为区划是按照其空间关系来组合自然单元的过程，并按照地域（domain）、区（division）、省（province）和地段（section）等 4 级划分出美国的生态区域（Bailey，1989）。他将地理学家的工具——地图、尺度、界线和单元等引入生态系统的研究中，有助于将生态学的数据、资料应用到生物多样性的监测、土地资产的管理和气候变化结果的解释等方面。由此，也引发了各国学者对生态自然地域划分的原则、依据，以及区划指标、等级和方法的大量研究和讨论。

在国家尺度上，贝利在 20 世纪 80 年代又对区划的总体原则、方法和因子等进行了多次讨论，并对美国的生态区域划分进行了多次修改。Omernik 在 1987 年、1995 年，也根据自己的认识，先后对美国本土进行了生态区划，并对生态地区（ecoregion）和生态亚地区（subecoregion）的划分进行了较为详细的论述，最后进行了方法上的评价。加拿大从 20 世纪 80 年代开始也进行了一系列的全国生态区划工作，如 Wiken 于 1982 年对加拿大提出了第一个全国生态区划方案，他又先后在 1986 年和 1993 年进行了修订和制图。1996 年在 CCEA（the Canadian Council on Ecological Areas）的支持下，Wiken 等进一步完成了加拿大陆地和海洋的生态区域划分，并列表指出每一等级的划分标准和每一等级制图所要求的比例尺。此外，加拿大也进行了一些其他地域的划分，如在 1981 年，CCEA Wetland Working Group 对湿地区域的划分、1983 年 Zoltai 等对生态气候区域的划分、1994 年 Meqag 对海洋生态系统分类等。

在区域尺度的生态区划上，北美和太平洋地区也开展了较多的工作，如 1988 年 Demon 和 Barnes 对美国密歇根的生态气候区划；1989 年 Wickware 和 Rubec 对加拿大安大略省的生态地区的划分；1995 年 Gallant 等对阿拉斯加的生态区域划分；1995 年 Albert、Harding 和 Winterbourn 对新西兰南部岛屿的生态区域划分等。在洲际尺度上，加拿大环境合作委员会（Commission for Environmental Cooperation）于 1997 年对北美地区进行了生态区域划分。

而在全球尺度上，贝利在长期的区划工作基础上于 1996 年提出了生态系统地理学（ecosystem geography）的概念，进一步强调从整合的观点出发，采用生态系统地理学的方法来对生态区域进行划分的必要性和可能性，并利用该方法对全球的陆地和海洋生态地域进行了划分，并分别编制了陆地和海洋的生态区域图。1998 年他又一次对全球尺度的生态地域划分进行了论述和区划。但是，这些区划工作主要是从自然生态因素出发，几乎没有考虑作为主体的人类在生态系统中的作用（傅伯杰等，1999）。

1.2.2　我国区划研究进展

我国区划思想的最早萌芽可追溯至春秋战国时期的《尚书·禹贡》和《管子·地员篇》

等地理著作。其中，前者是世界最早的区划研究著作之一，带有清晰的区划思想，依据自然环境中河流、山脉和海洋等自然界线，把全国划分为九州。后者则可能是世界上最早的土地类型区划著作，兼具综合思想、等级系统和简要说明等特点（郑度等，2005）。

我国的区划研究工作起步于 20 世纪 20～30 年代，1930 年竺可桢发表的"中国气候区域论"标志着我国现代自然地域划分研究的开始。黄秉维于 1940 年首次对我国植被进行了区划；李旭旦于 1947 年发表的"中国地理区域之划分"在当时已达到了较高的研究水平。这一阶段区划的特点是：理论方法研究不深，区划方法不严密；以定性工作为主；以统一地理学思想为主导；多为单要素为主的部门区划。

我国区划研究大概在 1950 年以后进入全面发展阶段。下面分别从综合自然区划和部门区划的研究进展介绍我国 1950 年以后的主要区划研究成果。

1. 综合自然区划研究

中国地域分异有两大特点：纬度位置和海陆位置导致的水热条件变化，产生水平地带性分异；具有大地貌的分异特点，地势西高东低，呈阶梯状分布。应全国发展的需要，根据我国地域分异特点，中国科学家们对中国的自然区划进行了不断地研究，提出了多种方案。

1954 年，林超等提出了"中国自然区划大纲"，首先根据地形构造将全国划分为 4 部分，其次根据气候状况分为 10 个"大地区"，然后根据地形划分为 31 个"地区"和 105 个"亚地区"。其区划的目的是反映我国自然地理基本分异性和合理划定自然地理单元。同年，罗开富提出了"中国自然区划草案"，此区划方案首先将全国分为东（季风影响显著）、西（季风影响微弱或完全无季风影响）两大半壁。然后按温度梯度及其植被和土壤上的反映，将东半壁分为东北、华北、华中和华南 4 个基本区，并将垂直分异突出的康滇再单独划出一个"基本区"；西半壁则根据地势及其所产生的温度差异，划分为蒙新、青藏两个"基本区"。最后以地形为主要依据，划分为 23 个副区（罗开富，1954）。

1959 年，由黄秉维主编的《中国综合自然区划》（初稿）出版，该书阐述了第四、第五级和生物气候类型的划分，系统说明了全国自然区划在实践中的作用及在科学认识上的意义。随后，黄秉维补充修改了原有方案，明确将热量带改为温度带。1989 年，黄秉维简化了区划体系，重申温度与热量的不同。该方案比较全面地总结了以往经验，揭示了地域分异规律，明确规定区划的目的是为广义农业服务。这是我国最详尽而系统的自然区划方案，一直是农、林、牧、水、交通运输及国防等部门查询、应用和研究的重要依据，影响巨大，有力地推动了全国和地方自然区划工作的深入。

任美锷和杨纫章 1961 年对黄秉维 1959 年的方案提出了不同见解，在区划指标是否应统一、指标数量分析如何评价、区划的等级单位如何拟定、各级自然区域如何命名等问题上，发表了简明扼要的看法。依据自然差异的主要矛盾及改造自然的不同方法，该方案把大兴安岭南段划入内蒙古区，把辽河平原划入华北区，把横断山脉北段划入青藏区，把柴达木盆地划入西北区等，曾在地理学界引起热烈的讨论。1979 年，其对上述方案进行了补充和较为详细的阐述。方案在较高级单位中把地带性规律和非地带性规律统一起来（任美锷等，1979）。1992 年，任美锷和包浩生对全国自然区划进行重新划分，按自然区阐述资源利用与环境整治问题，在区划指标是否应统一、指标如何评价、区划等级单位的拟订和各级自然区域命名等方面提出了与黄秉维方案不同的见解。

1963 年，侯学煜等首先按温度指标，将全国划分为 6 个带和 1 个区域，论述了各气候带具有一定的耕作制和一定种类、品种的农作物、木本粮油植物、果树、用材林木等。然后根据大气水热条件结合状况不同，分为 29 个自然区，各自然区的划分一般与距离海洋远近和一定的大地貌有关。方案从发展大农业的角度进行综合研究，对各个自然区的农业生产配置、安排次序、利用改造等方面提出了轮廓性意见。与前述方案比，目的更为明确，偏重于实用。

赵松乔在 1983 年提出了"自然区划新方案"，方案提出了明确的分区原则，即综合分析和主导因素相结合、多级划分、主要为农业服务的三原则。把全国划分为三大自然区（东部季风区、西北干旱区、青藏高寒区），再按温度、水分条件的组合及其在土壤、植被等方面的反映，划分出 7 个自然地区，然后按地带性因素和非地带性因素的综合指标，划分出 33 个自然区。

席承藩等于 1984 年出版了《中国自然区划概要》一书，把全国划分为三大区域（东部季风区域、西北干旱区域、青藏高寒区域），再按温度状况把 3 个区域依次划分为 9 个、2 个、3 个带，共 14 个带，然后根据地貌条件将全国划分为 44 个区。方案强调为农业服务，与 1959 年黄秉维方案相比，部分更新了资料，简化了区划系统。三大区域的划分与赵松乔方案互为借鉴，并沿用至今。

20 世纪 80 年代以来，改善生态系统和可持续发展服务的呼声日益高涨，我国生态区划发展迅速，生态系统观点、生态学原理和方法被逐渐引入自然地域系统研究。侯学煜（1988）以植被分布的地域差异为基础编制了全国自然生态区划，并与大农业生产相结合，对各级区的发展策略进行了探讨。郑度和傅小锋（1999）提出了生态地域划分的原则和指标体系，构建了中国生态地理区域系统。傅伯杰（2001）等在充分考虑我国自然生态地域、生态系统服务功能、生态资产、生态敏感性及人类活动对生态环境胁迫等要素的基础上，将全国生态区划分为 3 个生态大区、13 个生态地区和 57 个生态区；该方案特别关注生态环境的敏感性、胁迫性和脆弱性问题，对一些生态环境敏感和脆弱的区域进行划分，这是方案的一个显著特色。生态区划是综合自然区划的深入，它是从生态学的视角诠释区划。

2002 年国务院颁布了《全国生态环境保护纲要》《关于开展生态功能区划工作的通知》，我国开始在全国范围内进行生态功能区划，这是我国继自然区划、农业区划之后，在生态环境保护与建设方面进行的又一重大基础性工作。2003 年，燕乃玲和虞孝感对我国生态功能区划的目标、原则与体系进行了研究，并说明了生态功能区划与自然区划、农业区划及部门区划的关系，认为生态功能区划更注重人与自然的关系，是自然区划的发展。另外，省、流域及地区也相应开展了生态功能区划的研究，如安徽（贾良清等，2005）、重庆（罗怀良等，2006）、江西（汪宏清等，2006）等。

2007 年，中国科学院完成的《全国生态功能区划》按照我国的气候和地貌等自然条件，将全国陆地生态系统划分为东部季风生态大区、西部干旱生态大区和青藏高寒生态大区 3 个生态大区，其中，生态功能一级区共有 3 类 31 个区，包括生态调节功能区、产品提供功能区与人居保障功能区；生态功能二级区共有 9 类 67 个区，其中，包括水源涵养、土壤保持、防风固沙、生物多样性保护、洪水调蓄等生态调节功能区，农产品与林产品等产品提供功能区，以及大都市群和重点城镇群人居保障功能区；生态功能三级区共有 216 个。随着自然区划工作的进展，将其与保护生态环境、坚持科学发展的观点相结合，我国生态区划快速发展起来。研究区域的特征与功能，为维护生态系统平衡、保护生态环境等提供决策依据。

2. 部门区划研究

与综合自然区划相呼应，我国部门的区划研究也同期展开。在各自的研究中，有的提出了新的方案，有的对区划的目的、原则、指标、界线及其他问题或提出不同意见，或进行补充和完善。从某种程度上讲，与上述影响较大的全国性综合自然区划相比，部门（单要素）区划具有更强的应用价值。部门区划的种类繁多，涵盖各种自然和人文要素。

在气候区划方面，1956 年，张宝堃等依据水热条件提出了中国气候区划草案，把全国分为七大气候区；1966 年，依据≥10℃积温及天数，把全国划分为 9 个气候带和 1 个高原区；再根据干燥度指标分为 22 个气候大区；最后用季干燥度/月均温为指标作为三级区划指标，将各大区共细分为 45 个气候区。郑景云等（2010）的"中国气候区划新方案"，遵循地带性与非地带性相结合、发生同一性与区域气候特征相对一致性相结合、综合性和主导因素相结合、自下而上和自上而下相结合、空间分布连续性与取大去小等五个基本原则，将我国划分为 12 个温度带、24 个干湿区、56 个气候区。

在植被区划方面，1956 年，钱崇澍等较早地完成了中国植被区划；1960 年，侯学煜等将全国分为 3 个地带、10 个植被区、若干植被带、植被亚带、植被省和植被州等，又于 1979 年，将全国分为 13 个植被区和 22 个植被带，曾在国内广泛应用。1980 年，吴征镒等完成的《中国植被》的中国植被区划系统将全国分为 8 个植被区域（包括 16 个亚区域）、18 个植被地带（包括 8 个亚地带）和 85 个植被区。1985 年，侯学煜等将全国划为 13 个植被区和 21 个植被带；2001 年，宋永昌等在已有的基础上，制定了区划单位系统，把全国划分为 3 个植被区域，14 个植被带，21 个亚带。

在土壤区划方面，1958 年，马溶之等的《中国土壤区划》，将中国土壤分为带、地区、地带和亚地带、省、土区、土片 7 级。1965 年，中国科学院南京土壤研究所根据水热条件，结合区域生态景观的特点，将我国划分为 5 个土壤气候带、15 个土壤地区和若干个亚地区。1981 年，中国科学院地理研究所（现中国科学院地理科学与资源研究所），依据不同地区土壤的相似性和差异性，结合水热条件与地形、母质组合特点等标准，将全国分为 8 个土壤大区，42 个地区，128 个土区。

在地貌区划方面，1956 年，周廷儒等进行了地貌区划，后来由中国科学院自然区划委员会于 1959 年进行修订，地貌区划依据形态成因、区域性、大地构造标志和综合标志等四个原则共分 4 个一级区、8 个二级区与 36 个三级区。

在农业区划方面，吴传钧等于 1980 年提出了全国农业区划方案，根据农业自然条件和经济条件在大的地域范围内组合的类似性，初步将全国划分为 8 个大农业区（中国科学院地理研究所经济地理研究室，1980）。1981 年，周立三出版了《中国综合农业区划》一书，将全国划分为 10 个一级农业区和 38 个二级农业区，并分区详细论述了各区农业生产发展方向和建设途径。

在水文水资源区划方面，罗开富等于 1954 年将全国划分为三级 9 区，第一级的标准是内外流域的分水线，即外流区和内流区。在外流区内，河流在冷季冰冻与否作为第二级分区标准，分为冰冻区和不冻区。内流区，以水流的形态作为第二级分区，分为西藏和蒙新两区。又于 1959 年，将全国分为三级区域，从高到低依次为：13 个水文区（以水量为标准），46 个水文带（以河水的季节变化为指标），8 个水文省（以水利条件为指标），反映了全国水文区域的面貌，在科研、生产方面起到积极作用（郑度等，2005）。1987 年，熊怡等采用数学模型等分析法，更加准确的进行边界划分。1995 年，以径流和降雨量的分布，以及它们的年内分布等为指标，根据综合分析、相似性与差异性分析、成分分析等原则，将全国划分为 11 个水文区，每个水文区分为若干个子区。2009 年，中国水生态区划将全国划分为 7 个水生态一级区，共有 3 类 31 个区，包括生态调节功能区、产品提供功能区与人居保障功能区。依据全国水资源分区和生态功能区划成果，并参考全国重要生态功能区划及水资源综合规划分区成果划分了水生态二级区。2010 年，全国水资源综合规划适应水资源评价、规划、开发利用和管理等工作的需要，按流域水系划分为松花江区、辽河区、海河区、黄河区、淮河区、长江区、东南诸河区、珠江区、西南诸河区、西北诸河区共 10 个一级区。按基本保持河流水系完整性的原则，全国共划分二级区 80 个。考虑流域分区与行政区划相结合的原则，全国共划分三级区 214 个。

另外，其他部门（经济）区划（研究）也得到了发展，如 1978 年耿大定等的中国公路区划；1987 年的全国林业区划，2012 年的中国林业发展区划；1988 年李世奎等的中国农业气候资源和农业气候区划；2000 年国家海洋局的全国海洋功能区；1999 年，郭焕成的中国农村经济区划；2000 年张行南等的中国洪水灾害危险程度区划；2005 年，全国山洪灾害防治规划编写组的全国山洪灾害防治规划降雨区划等。

1.3 区划的内容

1.3.1 区划原则

区划原则是区划制定过程中所遵循的准则，为区划的核心问题之一，确定合理而实用的区划原则是任何一个区划成功的关键所在。李治武、陈传康等在分析了大量不同类型的自然地理区划方案的基础上，总结和提出了以下自然地理区划应遵循的五条基本原则，即地带性与非地带性相结合原则、综合分析与主导因素相结合原则、发生学原则、相对一致性原则及地域共轭原则。这五项基本原则并非彼此独立、相互排斥，而是互为补充。例如，福建省自然区划遵循以下原则：①区内自然环境结构的相对一致性和区间自然环境结构的差异性；②在一定等级区内流域的相对完整性和比较密切的生态关联性；③尽可能保持乡（镇）地域的完整性。

云南省金沙江流域综合农业自然灾害区划提出以下三条原则：①农业自然灾害对农业生产综合影响和灾害程度的相对一致性；②防治农业自然灾害的难易程度和对策措施的相对一致性；③集中连片性与保持县级行政界线的完整性。

　　辽宁省森林公园区划的原则：①相对一致性原则。相对一致性原则要求在划分区域单位时，必须注意其内部特征的一致性。这种一致性是相对的一致性，而且不同等级的区域单位各有其一致性的标准，即每一个等级系统的区域划分，按其区域内部本身存在的，如热量、地貌或其他某一因子的特征具有的一致性进行划分。②区域共轭性原则。每个具体的区划单位都要求是一个连续的地域单位，不能存在独立于区域之外而又从属于该区的单位，这一属性即为区域共轭性。③主导因素原则。在形成各分区特征的诸要素中找出起主导作用的因素，这就是主导因素原则。抓主导因素原则并非忽视其他要素的作用，而是通过分析各因素间的因果关系，找出 1~2 个起主导作用的自然因素，并选取主导标志作为区划区域的依据，主导因素必须是那些对区域特征的形成、不同区域的分异有重要影响的组成要素，它们的变化导致区域组成、结构的变化。④综合性原则。区划必须综合分析包括地带性和非地带性等各因素之间的相互作用及其表现程度的结果。只有这样，才能真正掌握区域综合特征的相似性和差异性，以及相似程度和差异程度，才能保证划分出的地域单位的完整性。⑤适当考虑行政区划原则。对辽宁省森林公园进行分区时，在局部区域界线复杂的情况下，适当考虑辽宁省行政区划界线，可增强区划结果的实际应用性。由此可见，进行自然区划要依据具体情况综合确定多个原则。

1.3.2　区划方法

　　自大规模开展区划研究以来，我国许多学者从不同的角度和不同的层次上，探讨了区划的方法，并提出叠置法、主导因素法、分级区划法等较为常用的区划方法，以及空间统计分析、人工智能推理等新的技术方法。自然区划方法大致分为两类：区划单元划分方法和区划单元边界界定方法。

　　区划单元划分方法主要包括"自上而下"的分类法和"自下而上"的聚类法。"自上而下"区划是由整体到部分，"自下而上"区划则是由部分到整体。前者主要考虑高级地域单位如何划分为低级地域单位，而后者则主要考虑低级地域单位如何归并为高级地域单位。在实际规划中也可综合采用两种方法。

　　青藏高原自然灾害综合区划即采用了"自下而上"与"自上而下"相结合的方法。遵循什么样的区划原则决定使用什么样的区划方法。"自上而下"区划方法是为相对一致性原则而设计的；"自下而上"区划方法是为区域共轭性原则而设计的。这两种方法都是自然灾害区划乃至自然区划中最通用的方法。"自上而下"方法由于从宏观、全局着眼，可以避免"自下而上"合并区域时极有可能产生的跨区合并的错误；但"自上而下"区划有个不可避免的缺点，就是划出的界线比较模糊，而且越往下一级单位划分，划出界线的科学性和客观性越值得怀疑，"自下而上"合并时就可以避免这类问题。用"自上而下"方法进行区划时，要掌握宏观格局，根据某些区划指标，首先进行最高级别单位的划分，然后依次将已划分出的高级单位划分成低一级的单位，一直划分到最低级区划单位为止。"自下而上"方法则恰恰相反，它通过对最小图斑指标的分析，首先合并出最低级的区划单位，然后在低级区划单位的基础上，逐步合并出较高级别的单位，直到得出最高级别的区划单位为止。"自下而上"区划不但是"自上而下"区划的重要补充，而且是"自上而下"区划的前提，只有进行了"自下而上"的区划，才能得到较为准确的区划界线，"自上而下"区划界线才具有确定性。基于这样的两难境地，将二者合理地统一使用，就成了解决问题的一种可行的途径。由于"自上而下"区划最适用于全国范围尺度内的区划工作，"自下而上"区划最适用于小范围尺度内的区划工作，因此，将二者在中间范围尺度上连接起来，就形成了一个有机的层次系统。

区划单元边界界定方法包括主导因素法、叠置法、地理相关分析法，以及景观制图法等。主导因素法通过对区域自然地理环境组成要素的综合分析，选取能反映区域分异的某种指标，作为确定区域界限的主要依据；叠置法将各部门区划图重叠之后，在充分分析各部门区划轮廓的基础上，以相重合的网格界线或它们之间的平均位置作为区域界线。例如，辽宁国家级森林公园自然区划采用部门区划叠置法，即采用各部门区划（气候区划、地貌区划、土壤区划、植被区划等）图的方式来划分区域单位，把各部门区划图重叠之后，以相重合的网络界线或它们之间的平均位置作为区域界线。这并非机械地搬用这些叠置网格，而是在充分分析和比较各部门区划轮廓的基础上确定界线。

第 2 章　水土保持区划基础

2.1　我国水土流失的类型与分布

2.1.1　我国土壤侵蚀分类

国内外关于土壤侵蚀的分类多以导致土壤侵蚀的主要外营力为依据。在各种诱发土壤侵蚀的外营力中，降水和风是最重要的，此外还有重力作用、冻融作用、冰川作用、泥石流作用和动植物作用等。查赫曾经根据侵蚀作用力对土壤侵蚀进行了分类（表 2-1）。

表 2-1　查赫的土壤侵蚀分类

外营力种类	土壤侵蚀类型
1.水	水蚀
1.1　降雨	降雨侵蚀
1.2　河流	河流侵蚀
山洪	山洪侵蚀
1.3　湖泊、水库	湖泊侵蚀、水库侵蚀
1.4　海洋	海洋侵蚀
2.冰川	冰川侵蚀
3.雪	降雪侵蚀
4.风	风蚀
5.土、岩屑	泥石流侵蚀
6.生物	生物侵蚀
6.1　植物	植物侵蚀
6.2　动物	动物侵蚀
6.3　人	人为侵蚀

我国土壤侵蚀的分类，基本上也是以侵蚀外营力为依据进行划分的，同时考虑侵蚀形式和防治特点。土壤侵蚀可分为水力侵蚀、风力侵蚀、重力侵蚀、冻融侵蚀和混合侵蚀等（表 2-2）。

表 2-2　我国土壤侵蚀分类

土壤侵蚀类型	土壤侵蚀形式	详尽的土壤侵蚀形式
水力侵蚀	击溅侵蚀（溅蚀）	—
	表面侵蚀（面蚀）	层状面蚀
		砂砾化面蚀
		鳞片状面蚀
		细沟状面蚀
	沟状侵蚀（沟蚀）	浅沟侵蚀
		切沟侵蚀
		冲沟侵蚀
	山洪侵蚀	—
风力侵蚀	风蚀形式	—
	风积形式	—
重力侵蚀	陷穴	—
	泻溜	
	崩塌	
	滑坡	
冻融侵蚀	冻拔、劈裂等	—
混合侵蚀	泥流	—
	石流	
	泥石流	

2.1.1.1　水力侵蚀

水力侵蚀是指地表土壤或地面组成物质在降水、径流作用下被剥离、冲刷、搬运和沉积的过程。水力侵蚀是世界范围内分布最广泛的一种侵蚀形式，在山区、丘陵区和一切有坡度的地面，降雨时都会产生水力侵蚀。它的特点是以地面的水为动力冲走土壤。根据水力作用于地表物质形成不同的侵蚀形态，进一步分为溅蚀、面蚀、沟蚀和山洪侵蚀。

2.1.1.2　风力侵蚀

风力侵蚀指在气流冲击作用下土粒、沙粒脱离地表，被搬运和堆积的过程，简称风蚀。风对地表所产生的剪切力和冲击力引起细小的土粒与较大的团粒或土块分离，甚至从岩石表面剥离碎屑，使岩石表面出现擦痕和蜂窝，继之土粒或沙粒被风挟带形成风沙流。气流的含沙量随风力的大小而改变，风力越大，气流含沙量越多。当气流中的含沙量过饱和或风速降低时，土粒或沙粒与气流分离而沉降，堆积成沙丘或沙垄。土沙粒脱离地表、被气流搬运沉积两个过程是相互影响穿插进行的。

风蚀的强度受风力强弱、地表状况、粒径和比重大小等因素的影响。当气流的剪切力和冲击力大于土粒或沙粒的重力及颗粒之间的相互联结力，并能克服地表的摩擦阻力时，土沙粒就会被卷入气流，从而形成风沙流，之后，风对地表的冲击力增大，磨蚀作用显著增加，使更多的土粒搬走。土沙粒开始起动的临界风速，因粒径和地表状况而异，通常把细沙开始起动的临界风速（5m/s）称为起沙风速。风蚀发生时常因土沙颗粒的大小和质量的不同，主要表现为扬失、跃移和滚动三种形式。

2.1.1.3　重力侵蚀

重力侵蚀，是一种以重力作用为主引起的土壤侵蚀形式。严格地讲，纯粹由重力作用引起的侵蚀现象是不多的。重力侵蚀的发生，是与其他外营力，特别是在水力侵蚀及下渗水分的共同作用下，以重力为其直接原因而导致的地表物质移动。

自然界陡坡的存在，其稳定性是由土体内的内摩擦力和凝聚力，以及其上生长的自然植被的固持作用来维持的，当其受到一定的外营力作用时，如植被破坏或雨水击溅、地下水的浸透等，内摩擦阻力和凝聚力减小，从而在重力作用下，土壤及其母质发生移动。在严重的土壤侵蚀地区，重力侵蚀与水力侵蚀中的面蚀、沟蚀之间呈现相互影响、互相促进的复杂而紧密的关系。以重力为主要外营力的侵蚀形式主要有陷穴、泻溜、崩塌和滑坡等。

2.1.1.4　冻融侵蚀

温度导致的侵蚀主要指温度在 0℃左右及其以下变化时，其对土体所造成的机械破坏作用。

冻融侵蚀在我国北方寒温带较为广泛，如陡坡、沟壁、河床、渠坡等在春季时有发生。其特点是：冻融使边坡上的土体含水量和容重增大，因而加重了土体的不稳定性；冻融使土体发生机械变化，破坏了土壤内部的凝聚力，降低了土壤的抗剪强度；土壤冻融具有时间和空间的不一致性，当土体上化下未化时，底层未化的土层形成一个近似绝对不透水层，水分沿交接面流动，使两层间的摩擦阻力减小，因此在土体坡角小于休止角的情况下，也会发生不同状态的机械破坏。所以，冻融侵蚀是一种不同于水力侵蚀、重力侵蚀的独特的侵蚀类型。

2.1.1.5　混合侵蚀

混合侵蚀指在水流冲力和重力共同作用下的一种特殊侵蚀形式，在生产上常称混合侵蚀为泥石流。

泥石流是一种含有大量泥沙石块等固体物质的特殊洪流，它不同于一般的暴雨径流，是在一定的暴雨条件下，受重力和流水冲力的综合作用而形成的。泥石流在其流动过程中，由于崩塌、滑坡等侵蚀形式的发生，得到大量松散固体物质补给，或因泥石流体的黏性阵流和衍时性阻塞而溃决，形成巨大沙石补给量，使泥石流饱含大量的泥沙、块石，具有很大的动能。泥石流含有比一般洪流多 5~50 倍的泥沙石块，霎时间将数以千百万立方米的沙石冲进江河：一场泥石流，即刻使河道面目全非，或堵塞河道聚水成湖，或推移河道易槽改道，水流横溢，泛滥成灾。由于它爆发突然，来势凶猛，历时短暂，所以具有强大的破坏力。

2.1.2　我国土壤侵蚀的类型分布

我国位于亚洲大陆的东南部,东临太平洋,陆地总面积约 960 万 km^2。根据全国地形图量算,海拔 500m 以下的面积只占全国总土地面积的 1/4,近 3/4 的面积均在 500m 以上,其中 1000~2000m 和 3000m 以上各占约 1/4(表 2-3)。所以,全国地势起伏的丘陵山地面积大,这是发生土壤侵蚀的自然条件。另据统计,全国耕地有一半以上分布在山区丘陵区的坡地上,坡度大小是影响土壤侵蚀的主要因素。因此,根据我国各地的自然条件和人为活动的不同,形成了许多具有不同特点的土壤侵蚀类型区。

表 2-3　全国海拔高程面积及比例估算表

海拔/m	面积/万 km^2	占总面积比/%
<500	241.7	25.2
500~1000	162.5	16.9
1000~1500	174.6	18.2
1500~2000	65.3	6.8
2000~3000	67.6	7.0
>3000	248.3	25.9
合计	960.0	100.0

根据我国地形特点和自然界某一外营力在一较大的区域里起主导作用的原则,水利部颁布了《关于土壤侵蚀类型区划分和强度分级标准的规定》,根据区内相似性和区间差异性原则,将全国分为水力侵蚀类型区、风力侵蚀类型区、冻融侵蚀类型区等 3 个一级类型区;西北黄土高原区、东北黑土区、北方土石山区、南方红壤丘陵区、西南土石山区、"三北"戈壁沙漠及沙地风沙区、沿河环湖滨海平原风沙区、北方冻融土侵蚀区、青藏高原冰川冻土侵蚀区等 9 个二级类型区,并从地貌、气候、水土流失等方面描述各区的特点。各类型区的分布范围见表 2-4。

表 2-4　全国各级土壤侵蚀类型区的范围及特点

一级类型区	二级类型区
Ⅰ 水力侵蚀类型区	Ⅰ$_1$西北黄土高原区
	Ⅰ$_2$东北黑土区(低山丘陵区和漫岗丘陵区)
	Ⅰ$_3$北方土石山区
	Ⅰ$_4$南方红壤丘陵区
	Ⅰ$_5$西南土石山区
Ⅱ 风力侵蚀类型区	Ⅱ$_1$"三北"戈壁沙漠及沙地风沙区
	Ⅱ$_2$沿河环湖滨海平原风沙区
Ⅲ 冻融侵蚀类型区	Ⅲ$_1$北方冻融土侵蚀区
	Ⅲ$_2$青藏高原冰川冻土侵蚀区

2.1.2.1　水力侵蚀为主的类型区

这一类型区大体分布在我国大兴安岭—阴山—贺兰山—青藏高原东缘一线以东，包括西北黄土高原区、东北黑土区、北方土石山区、南方红壤丘陵区、西南土石山区5个二级类型区。总面积为129.32万 km^2，约占全国总面积的13.47%。

1. 西北黄土高原区

这一高原区主要是指大兴安岭—阴山—贺兰山—青藏高原东缘一线以东；西为祁连山余脉的青海日月山；西北为贺兰山；北为阴山；东为管涔山及太行山；南为秦岭。主要流域为黄河流域。地带性土壤：半湿润气候带自西向东依次为灰褐土、黑垆土、褐土；干旱及半干旱气候带自西向东依次为灰钙土、棕钙土、栗钙土。土壤侵蚀分为黄土丘陵沟壑区（下设5个副区）、黄土高原沟壑区、土石山区、林区、高地草原区、干旱草原区、黄土阶地区、冲积平原区等8个类型区，是黄河泥沙的主要来源。

2. 东北黑土区（低山丘陵区和漫岗丘陵区）

本类型区南界为吉林南部，东、西、北三面被大、小兴安岭和长白山环绕，漫川、漫岗区为松嫩平原，是大、小兴安岭延伸的山前冲积洪积台地。地势大致由北向西南倾斜，具有明显的台坎，坳谷和岗地相间是本区重要的地貌特征；主要流域为松辽流域；低山丘陵主要分布在大、小兴安岭和长白山余脉；漫岗丘陵则分布在东、西、北侧等地区。

（1）大、小兴安岭山地区：系森林地带，坡缓谷宽，主要土壤为花岗岩、页岩发育的暗棕壤，轻度侵蚀。

（2）长白山千山山地丘陵区：系林草灌丛，主要土壤为花岗岩、页岩、片麻岩发育的暗棕壤、棕壤，轻度—中度侵蚀。

（3）三江平原区（黑龙江、乌苏里江及松花江冲积平原）：古河床自然河堤形成的低岗地，河间低洼地为沼泽草甸，岗洼之间为平原，无明显水土流失。

3. 北方土石山区

本类型区范围为东北漫岗丘陵以南，黄土高原以东，淮河以北，包括东北南部、河北、山西、河南、山东等部分地区。本区气候属暖温带半湿润半干旱区；主要流域为淮河流域、海河流域；按分布区域，可分为以下6个主要类型区。

（1）太行山山地区。包括大五台山、小五台山、太行山和中条山山地，是海河五大水系发源地。主要岩性为片麻岩类碳酸盐岩等；主要土壤为褐土；水土流失为中度～强烈侵蚀，是华北地区水土流失最严重的地区。

（2）辽西—晋北山地区。主要岩性为花岗岩、片麻岩、砂页岩；主要土壤为山地褐土、栗钙土；水土流失为中度侵蚀，常伴有泥石流发生。

（3）山东丘陵区（位于山东半岛）。主要岩性为片麻岩、花岗岩等；主要土壤为棕壤、褐土，土层薄，尤其是沂蒙山区，水土流失属中度侵蚀。

（4）阿尔泰山地区。主要分布在新疆阿尔泰山南坡，山地、森林、草原植被；无明显水土流失发生。

（5）松辽平原、松花江、辽河冲积平原，范围不包括科尔沁沙地。主要土壤为黑钙土、草甸土；水土流失主要发生在低岗地，水土流失强度为轻度侵蚀。

（6）黄淮海平原区。北部以太行山、燕山为界；南部以淮河、洪泽湖为界，是黄河、淮河、海河三条河流的冲积平原；水土流失主要发生在黄河中下游、淮河流域、海河流域的古河道岗地，流失强度为中、轻度。

4. 南方红壤丘陵区

本区的范围大致以大别山为北屏，巴山、巫山为西障（含鄂西全部），西南以云贵高原为界（包括湘西、桂西），东南直抵海域并包括台湾、海南及南海诸岛。主要流域为长江流域；主要土壤为红壤、黄壤，是我国热带及亚热带地区的地带性土壤，非地带性土壤有紫色土、石灰土、水稻土等。

按地域分为 3 个区：

（1）江南山地丘陵区。北起长江以南，南到南岭，西至云贵高原，东至东南沿海，包括幕阜山、罗霄山、黄山、武夷山等。主要岩性为花岗岩类、碎屑岩类，主要土壤为红壤、黄壤、水稻土。

（2）岭南平原丘陵区。包括广东省、海南岛和桂东地区。以花岗岩类、砂页岩类为主，发育赤红壤和砖红壤。局部花岗岩风化层深厚，崩岗侵蚀严重。

（3）长江中下游平原区。位于宜昌以东，包括洞庭湖平原、鄱阳湖平原、太湖平原和长江三角洲；无明显水土流失现象。

5. 西南土石山区

本区北接黄土高原，东接南方红壤丘陵区，西接青藏高原冻融区，包括云贵高原、四川盆地、湘西及桂西等地。气候为热带、亚热带季风气候；主要流域为珠江流域；岩溶地貌发育；主要岩性为碳酸岩类，此外还有花岗岩、紫色砂页岩、泥岩等；山高坡陡，石多土少；高温多雨，岩溶发育。山崩、滑坡、泥石流分布广，发生频率高。

按地域分为 5 个区：

（1）四川山地丘陵区。主要为四川盆地中部除成都平原以外的山地丘陵；主要岩性为紫红色砂页岩、泥页岩等；主要土壤为紫色土、水稻土等；水土流失严重，属中度—强烈侵蚀地区，并常有泥石流发生，是长江上游泥沙的主要来源之一。

（2）云贵高原山地区。多高山，有雪峰山、大娄山、乌蒙山等；主要岩性为碳酸盐岩类、砂页岩；主要土壤为黄壤、红壤和黄棕壤等，土层薄，基岩裸露，坪坝地为石灰土，溶蚀为主；水土流失为中度—轻度侵蚀。

（3）横断山山地区。包括藏南高山深谷、横断山脉、无量山及西双版纳地区；主要岩性为变质岩、花岗岩、碎屑岩类等；主要土壤为黄壤、红壤、燥红土等；水土流失为中度—轻度侵蚀，局部地区有严重泥石流。

（4）秦岭大别山鄂西山地区。位于黄土高原、黄淮海平原以南，四川盆地、长江中下游平原以北；主要岩性为变质岩、花岗岩；主要土壤为黄棕壤，土层较厚；水土流失为轻度侵蚀。

（5）川西山地草甸区。主要分布在长江上中游、珠江上游，包括大凉山、邛崃山、大雪山等；主要岩性为碎屑岩类；主要土壤为棕壤、褐土；水土流失为轻度侵蚀。

2.1.2.2　风力侵蚀为主的类型区

风力侵蚀类型区分为"三北"戈壁沙漠及沙地风沙区、沿河环湖滨海平原风沙区两个二级类型区（"三北"指东北西部、华北北部和西北大部），总面积为 165.59 万 km^2，约占全国总面积的 17.25%。

1. "三北"戈壁沙漠及沙地风沙区

本区主要分布在西北、华北、东北的西部，包括新疆、青海、甘肃、宁夏、内蒙古、陕西、黑龙江等省（自治区）的沙漠戈壁和沙地。气候干燥，年降水量为 100～300mm，多大风及沙尘暴、流动和半流动沙丘，植被稀少；主要河流为内陆河。

按地域分为 6 个区：

（1）（内）蒙（古）新（疆）青（海）高原盆地荒漠强烈风蚀区。包括准噶尔盆地、塔里木盆地和柴达木盆地，主要由腾格里沙漠、塔克拉玛干沙漠和巴丹吉林沙漠组成。

（2）内蒙古高原草原中度风蚀水蚀区。包括呼伦贝尔、内蒙古和鄂尔多斯高原，毛乌素沙地，库布齐沙漠和乌兰察布沙漠。主要土壤：南部干旱草原为栗钙土、北部荒漠草原为棕钙土。

（3）准噶尔绿洲荒漠草原轻度风蚀水蚀区。围绕古尔班通古特沙漠，呈向东开口的马蹄形绿洲带，主要土壤为灰漠土。

（4）塔里木绿洲轻度风蚀水蚀区。围绕塔克拉玛干沙漠，呈向东开口的绿洲带，主要土壤为淤灌土。

（5）宁夏中部风蚀区。包括毛乌素沙地部分、腾格里沙漠边缘的盐地等区域。

（6）东北西部风沙区。多为流动和半流动沙丘、沙化漫岗，沙漠化土地发育。

2. 沿河环湖滨海平原风沙区

本区主要分布在山东黄泛平原、鄱阳湖滨湖沙山及福建省、海南省滨海区。湿润或半湿润区，植被覆盖度高。

按地域分为 3 个区：

（1）鲁西南黄泛平原风沙区。北靠黄河，南临黄河故道；地形平坦，岗坡洼相间，多马蹄形或新月形沙丘；主要土壤为砂土、砂壤土。

（2）鄱阳湖滨湖沙山区。主要分布在鄱阳湖北湖湖滨，赣江下游两岸新建流湖一带；沙山分为流动型、半固定型及固定型三类。

（3）福建及海南滨海风景区。福建海岸风沙主要分布在闽江、晋江及九龙江入海口附近一线；海南海岸风沙区主要分布在文昌沿海。

2.1.2.3　冻融侵蚀为主的类型区

冻融侵蚀类型区分为北方冻融土侵蚀区、青藏高原冰川冻土侵蚀区两个二级类型区，总面积为 59.81 万 km^2，约占全国总面积的 6.23%。

1. 北方冻融土侵蚀区

本区主要分布在东北大兴安岭山地及新疆的天山山地。按地域分两个区：

（1）大兴安岭北部山地冻融水蚀区。高纬高寒，属多年冻土地区，草甸土发育。

（2）天山山地森林草原冻融水蚀区。包括哈尔克山、天山、博格达山等；为冰雪融水侵蚀，局部发育冰川泥石流。

2. 青藏高原冰川冻土侵蚀区

本区主要分布在青藏高原和高山雪线上。按地域分为两个区：

（1）藏北高原高寒草原冻融风蚀区。主要分布在藏北高原。

（2）青藏高原高寒草原冻融侵蚀区。主要分布在青藏高原的东部和南部，高山冰川与湖泊相间，局部有冰川泥石流。

2.2　我国水土保持的区域特征

水土保持是一项涉及面广、影响因素多的综合性工作，做好决策至关重要，而科学的决策是建立在对主要矛盾、问题的准确把握和科学的区划、规划基础之上的。我国水土流失类型复杂多样，分布广泛，各地区间的生态环境和经济社会发展状况也千差万别，决定了各地水土保持工作的内容、重点、途径和措施各不相同。只有因地制宜，科学决策，突出重点，对位防治，才能取得实效。多年的实践表明，按照"分区防治"的原则开展水土保持工作，能够抓住各地水土流失防治的要害和关键，搞好区划和规划，从而有效提高科学决策水平，指导水土保持工作取得实效。

由于我国西部、东北、中部和东部区域的自然地理条件、水土流失现状和经济社会发展的不同，所以各区域的水土保持工作具有明显差异。

2.2.1　西部地区

西部地区包括重庆、四川、贵州、云南、西藏、陕西、甘肃、青海、宁夏、新疆、内蒙古、广西等 12 个省（自治区、直辖市），总面积为 685 万 km^2，约占国土面积的 71.4%。

实施西部大开发战略，加快中西部地区发展，是我国政府在 21 世纪初，从建设社会主义和谐社会的全局出发作出的重大决策。然而，西部地域广大、人口众多，发展极不平衡，与东部地区的差距甚大，特别是基础设施落后，生态环境脆弱，水土流失严重，与西部大开发的战略要求还有相当大的差距。

西部地区的生态环境脆弱固然有自然条件的作用，但其症结所在却是人类的不合理开发活动加剧了生态环境的恶化。一方面，西部地区社会经济发展落后，迫于生存的压力，往往以牺牲生态环境为代价来换取经济的短期发展；另一方面，脆弱的生态环境和有限的环境容量，危及人类的生存基础，大大制约了西部地区的脱贫致富。西部生态脆弱的地区，往往是生态贫困导致经济贫困，经济贫困加剧生态贫困。生态环境脆弱既是贫困的根源，又是贫困的结果。

因此，该区域主要把以水土保持为主体的生态建设作为实施西部大开发的切入点，建设良好的生态屏障，以支撑和保障西部大开发战略的顺利实施，实现西部地区经济社会的跨越式发展。

西部地区生态环境建设是一项长期艰巨的工程，特别是地方经济发展水平的限制，水土保持工作在总体布局上必须集中力量，突出重点，以点带面，分层推进。

黄土高原区：围绕多沙粗沙区淤地坝建设工程、砒砂岩区的沙棘建设与开发利用工程和生态修复工程，以建设高产稳产的基本农田为突破口，保障群众基本粮食需要，不断增加群众收入，促进退耕还林还草。在荒山荒坡和退耕的陡坡地上，大力营造以柠条、沙棘等灌木为主的水土保持林和水源涵养林，减轻土壤侵蚀。在沟壑区开展沟道治理，防止沟头前进、沟底下切和沟岸扩张。沿沟沿缘线修筑沟边埂，在干、支、毛沟，建设以淤地坝治沟骨干工程为核心，谷坊、淤地坝、小水库相配套的坝系，拦泥蓄水，发展坝地农业，实现"米粮下川"。利用村庄、道路、坡面、沟道的径流、洪水，以及地下水资源，兴修水窖、涝池等雨水集流工程、小水库和引水工程，推广节水灌溉技术，有效利用水资源，解决农村饮用水困难，为农、林、牧业发展创造条件。积极开展封山禁牧，充分发挥生态的自然修复能力，恢复植被。建设生态型农业，因地制宜，多业并举，逐步形成各具特色的主导产业，实现农民脱贫致富、农村经济社会持续发展。

长江上游及西南诸河区：突出坡耕地改造和基本农田建设，加强坡面水系工程建设，有效防治水土流失，加大经济林果业种植比例，提高农业生产能力，增加群众收入，提高环境人口容量。推动陡坡退耕和生态修复，发挥生态系统的自然修复能力，加快水土流失治理速度。在金沙江下游和陇南、川西山地泥石流分布集中、暴发频繁、危害严重的地区，加强泥石流监测和预警预报工作，扩大山地灾害预警系统的控制范围，把泥石流可能造成危害的地区都纳入预警范围，积极防治，综合治理和控制泥石流。加强对开发建设项目的监督管理，特别是加大对山地农林开发的管理力度，禁止全垦造林和炼山造林，控制人为新增水土流失。

西南岩溶石漠化地区：该地区的首要任务是抢救正在石漠化的土地资源，维护群众的基本生存条件。继续严格实行25°以上陡坡地退耕，并将25°以下坡耕地修成水平梯地，配置坡面截水沟、蓄水池等小型排蓄工程，控制土壤冲刷，保护耕作土层，同时积极改良土壤，为农业生产创造基本条件。对尚未修成梯田的坡耕地，推行等高沟垄等保土耕作措施，减轻水土流失，提高作物产量。根据石灰岩山区土层薄、肥力低的特点，选种适生林草；因地制宜，大力发展经济林、草，增加群众收入。利用当地雨量多、气温高的特点，搞好封禁治理，恢复植被。就地取材，在沟道中修筑土石谷坊，抬高侵蚀基准面，拦截泥沙。

风沙区：我国的风蚀面积达 191.6 万 km^2，主要分布在西北地区几大沙漠及其邻近地区、内蒙古草原和东北部分平原地区。该区的主要任务是合理开发利用水资源，保护和恢复林草植被，实行轮封轮牧，防止草场退化、沙化和盐碱化。已沙化的移动沙丘区在垂直沙丘移动方向营造防风固沙林带，设置植物和工程沙障，固定沙丘。已固定的沙丘间低地种草或营造以灌木为主的薪炭林、放牧林。在有水源条件的地方引水拉沙，治沙造田。在农田四周，营造乔、灌、草相结合的防护林网，改善小气候，为发展农、林、牧业创造条件。改良风沙农田，改造沙漠滩地。在内陆河流域，开发利用水资源，大力节水，发展高效农牧业。塔里木河、黑河等水资源严重短缺的河流，要统筹规划，合理安排生态用水，恢复生态绿洲。

草原区：主要分布在内蒙古、新疆、青海、四川和西藏等地，有可利用草场近 30 万 km²，是我国主要的畜牧业生产基地。针对草原区气候干旱、风蚀严重、植物种类少、生态环境十分脆弱，以及过度放牧、鼠害严重，导致草地退化、沙化和盐碱化加剧的现状，以保护现有草地植被为重点，恢复和改良草场，配套水利基础设施，改良草种，提高草场载畜能力。大力推行先进的放牧技术，建设"草库伦"，以草定畜，变粗放经营为集约经营，实行围栏、封育和轮牧，提高牧业生产水平。增加投入水平，建设高标准的人工草地，发展舍饲养畜，防止草场过度放牧。同时，大力发展畜产品深加工业，形成种、养、加工一体化，产、供、销一条龙的畜产品生产、经营体系，将资源优势转化为商品优势。

农牧交错区：该区重点是合理调整农业产业结构，退耕还草，小范围开发，大范围保护，依靠生态自然修复能力恢复植被。对于以农为主的地区，减少农耕地面积，高效开发利用有限的水资源，增加单产，进一步实施退耕还牧，控制和减轻水土流失，促进农牧业协调发展；对于传统牧区，采取禁牧与限牧、轮牧、休牧结合的办法。牧区应以保护现有草地植被为重点，根据草场的承载能力，确定合理的畜群数量，做到以草定畜。通过牧区水利建设、围栏、封育、防护林网建设和改良草种，建设高标准的人工草地。推进舍饲养畜，变粗放经营为集约经营，恢复草原植被。生态十分脆弱的地区，实行生态移民。

冻融侵蚀区：我国的冻融侵蚀地区主要分布在西部的青藏高原、新疆天山等地。该区以自然侵蚀为主，人为活动影响较小，水土保持工作主要是加强预防监督保护，并积极开展冻融侵蚀规律、发展趋势和冻土扰动对侵蚀的影响等重大课题的研究，加强水蚀和冻融侵蚀交互作用的过程研究，开展治理示范工程建设，保护和建设青藏高原生态屏障。

2.2.2 东北地区

东北地区包括辽宁、吉林、黑龙江三省，总面积为 79 万 km²，2015 年总人口为 10953 万。东北地区土地辽阔，地势平坦，人口密度相对较小，人均耕地面积、森林面积和积蓄量及宜农荒山荒地面积居全国之首。东北地区人少地多，作为东北象征的 700 多万 hm² 黑土地是世界上三大黑土带之一，生产潜力极大，是我国重要的"粮仓"和木材生产基地。但长期以来东北地区的发展主要靠资源型经济拉动，对自然资源的过度索取，导致了一系列的生态和环境问题，突出表现为土地退化、水土流失严重。

该区水土流失面积大、范围广，水土流失类型以水力侵蚀为主，并且各种类型的侵蚀交互作用，特别是水力侵蚀和冻融侵蚀的交互作用，进一步加剧了黑土地的水土流失。目前，东北黑土区水土流失面积达 27.16 万 km²，占黑土区总面积的 27.11%，而且土质严重退化，黑土层厚度由开垦初期的 80~100cm，下降到目前的 20~30cm，平均每年流失表土0.17~1cm。东北地区严重的水土流失问题，已经引起了有关部门的高度重视和社会各界的广泛关注。水土保持工作布局的重点是突出坡耕地综合治理，加大侵蚀沟治理力度。具体如下。

东北黑土漫川漫岗区：该区主要分布在松花江中上游、大兴安岭向平原过渡的山前波状起伏台地，是我国主要的商品粮基地之一。水蚀面积约 13 万 km²，地形坡度虽缓，但坡面较长，一般达 800～1500m。该区水土保持工作以坡耕地面蚀治理为重点，兼顾沟蚀和风蚀治理。主要治理措施包括：在岗脊坡顶植树造林，林地与耕地交界处开挖截水沟，就地就近拦蓄径流、泥沙；大力推行坡耕地横坡垄作，在 3°～5°的坡耕地上修筑地埂，埂上配置植物篱，将 5°～7°的坡耕地修成水平梯田，大于＞7°的坡耕地全部退耕还林还草。荒山荒坡采用鱼鳞坑整地，营造水保林；沿沟缘线修沟边埂、蓄水池，在沟底修谷坊、建塘坝，营造沟底防冲林。通过植物、工程、耕作三大措施的立体复合配置，实现"高水高蓄、坡水分蓄、沟水节节拦蓄"，有效控制水土流失。同时，大力调整产业结构，实行粮、畜、林、果、药、杂全方位开发，发展优质高效农业，实现水土保持生态建设与经济协调发展。

丘陵沟壑区：该区主要分布在嫩江、西松花江中上游，是农区和农林混合区，水土流失主要发生在坡耕地、荒山荒地、侵蚀沟、疏林地等，农区的坡耕地多为 3° 以上，坡耕地年平均流失表土层厚 0.2～0.5cm，沟壑密度为 1.5～2.0km/km^2，年土壤侵蚀模数平均为 5000t/km^2。水土保持综合治理以坡顶植树造林为主，种草植灌为辅，分水岭防护林与水流调节林相结合；水源涵养林、用材林与水保经济林相结合。坚持多林种、多层次、多功能、低成本、高效益的防护体系配置模式，做到网、带、片相结合，乔、灌、草相结合，防护、经济、用材林相结合，固沟林与薪炭林相结合。在树种、草种选择上，以乡土树种为主，积极引进成活率高、保持水土效果好、经济价值高的树种、草种和灌木等。

风水蚀交错区：分布在嫩江下游的黑龙江、吉林的西部，以及辽宁北部，面积为 10.41 万 km^2，主要特征是地势开阔平坦，植被稀少，土地利用方式以农业和畜牧业为主。"乔灌草结合，建设植物网带"，大力种植柠条、苜蓿草、羊草等，发展草田林网，控制农地和放牧地的水土流失。

2.2.3　中部地区

中部地区包括山西、河南、安徽、江西、湖北、湖南。中部地区处于我国腹地，位于东部沿海和西部山地高原之间，纵贯南北，横连东西，是全国商品粮和优势农副产品生产加工基地，最明显的优势是资源非常丰富，这点远优于东部，在分布密度上也高于西部。经济上处于农业经济向工业经济的过渡和产业结构的转型时期，生活水平处于提高阶段，开发建设数量多、规模大，城市化的进程较快。中部处于东部平原和西部高原的过渡地带，地形复杂，生态环境脆弱，长期以来由于资源过度利用，水土流失问题严重。

中部地区水土保持工作的重点是加强开发建设活动造成水土流失的预防监督，加强水土保持法制建设，加大执法和监管的力度，将企业参与的大规模农地开发纳入开发建设项目水土保持管理的范畴，切实落实"三同时"制度，遏制人为水土流失；对严重水土流失区尽快开展治理，提高人口环境容量，促进生态经济良性循环。加大水土流失综合治理开发的力度，加快永定河上游、太行山区、桐柏山和大别山区、湘西鄂西、丹江口水源区和南方红壤丘陵地区水土流失治理工程建设，有效减轻水旱灾害，遏制生态环境恶化趋势。同时，完善生态环境恢复补偿机制，加强城镇化过程中的水土保持工作，严格执行开发建设项目"三同时"制度，做好城镇周边和开发区的水土流失防治工作。

2.2.4　东部地区

东部地区包括北京、天津、河北、上海、江苏、浙江、福建、山东、广东、海南，是我国经济发达地区，农耕地压力小，降水充足，植被良好，水土流失较为轻微。

该区水土保持工作的特点是以改善人居环境为目标，开展更高层次的水土流失防治，推进水土保持创新发展。工作的重点是巩固已有的治理成果，提高水土资源利用效率，加强生态环境的保护。具体包括：加强沿海水土保持防护林体系建设，治理和减少台风和风沙灾害；搞好水土流失预防和监督执法，坚决控制新的人为水土流失的发生和发展；加大植被保护力度，采取有效措施控制林下水土流失；开展清洁型小流域建设，加强重要水源地的保护和面源污染的控制；加强城市水土流失的防治，加大对城市水系和生活区周边水土流失的治理和监督管理，提高绿化指数和雨洪调蓄能力，增加城市绿地，提高城市生态系统功能，实现生态环境的良性循环，保障经济社会的可持续发展。同时，鼓励东部地区自主创新、积极实践，探索生态环境可持续发展模式，为中西部地区的发展探索积累经验。

北方土石山区：主要分布于松辽、海河、淮河、黄河等四大流域，面积为 75.4 万 km^2，其中水蚀面积为 48 万 km^2。本区地表土石混杂，石多土少，细粒物质流失后，地面极易砂砾化或石化，甚至失去农业利用价值。本区植物资源丰富，在积极保护现有林草植被的前提下，结合治理，充分发挥资源优势，积极培育各类经济林、草，发展商品经济。本区的主要治理措施是：以梯田、条田建设为突破口，改造坡耕地，提高粮食产量，改广种薄收为少种多收；开发治理荒山荒坡和退耕坡地，多林种配置，既发展水土保持林、水源涵养林，又重视经济林、用材林、牧用林（草）培育，全面绿化，林、牧、果各业并举；在沟道比降大，下切强烈的支、毛沟修筑谷坊，在沟道开阔处，顺沟修筑防洪石堤，治沟滩造田，导水归槽，防治洪水危害。

南方红壤丘陵区：主要分布在长江中下游和珠江中下游及福建、浙江、海南、台湾等省，土壤为赤红壤（或砖红壤），总面积约为 200 万 km^2，其中，丘陵山地为 100 万 km^2，水蚀面积为 50 万 km^2，是我国水土流失较严重且涉及范围最广的类型区。本区的水土保持措施应考虑南方雨量大、气温高的特点，利用优越的水热条件，将防护性治理与开发性治理紧密结合起来，发展优质高效农业和生态经济。主要治理措施包括：封禁治理和造林种草相结合，提高植被覆盖度，减轻地表土层流失。植物措施、工程措施并举，采用上拦、下堵、中间封的方法治理崩岗产生的水土流失，即在崩岗上方修筑天沟，引走径流，控制溯源侵蚀；在崩岗口修筑谷坊，抬高侵蚀基准面，稳定崩岗体；采用生物措施覆盖崩岗面，固土保水，减少流失。通过挖"三沟"（拦洪沟、排水沟、灌溉沟）排"五水"（地下水、铁锈水、黄泥水、积水、山洪水），拦、排、灌结合，改造中低产田，提高粮食产量，为退耕还林还草创造条件。应因地制宜地采取多种能源互补的措施，除栽植薪炭林草外，还应修建沼气池，发展小水电，推广节柴灶和以煤代柴等，解决农村能源问题，保护现有植被，促进封禁治理。充分利用丘陵山区水土资源优势，种植经济林果，发展商品经济，把资源优势转化为商品优势，增加农民收入。

平原地区：我国平原地区面积近 200 万 km^2，主要分布在东部地区。平原地区地势平坦，土质肥沃，水利设施较完备，农作物产量高，交通发达；城市村镇密集，人口密度大，多为当地政治、经济、文化中心。该区水土流失总体较轻微，但河流两岸向河倾斜的地方，往往存在轻度的水力侵蚀，局部地面起伏较大，有中度侵蚀。加之由于平原区地势开阔，风力畅行无阻，存在不同程度的风蚀。其危害主要表现在：河流两侧的土质河岸，常因水流淘刷产生崩塌，蚕食农田，甚至危及附近的村镇和交通安全；平原灌渠的填方渠段，渠岸常因雨水冲刷，造成不同程度的破坏，特别是部分傍山渠道，常因山坡产生的水土流失造成渠内泥沙淤堵，甚至冲坏渠槽，影响渠道正常输水。平原区在搞好水利建设的同时，要加强水土保持工作，应着重采取以下措施：开展河道综合整治，在河流两岸最高洪水位以上的河滩地，有条件的应按河流治理规划的治导线修建河堤，治河造田，增加粮食生产；没有造田条件的，应按治导线，利用河滩地营造乔灌混交护岸林或经济林、果园等。结合渠系与道路建设，营造农田防护林网，搞好渠、路、树结合的规划，同步实施。在河道整治中，尽可能采取深根性林草保护土质河岸。在填方渠道的岸坡上，种植有经济价值的浅根性草类，减轻坡面雨水冲刷。开展傍山渠道山坡的综合治理，在坡面造林种草，开挖截水沟，控制水土流失，减少坡面径流。

通过以上各区的水土保持工作措施可以看出，水土保持是一项综合措施，涉及水利、农业、林业、环境等多个行业，不仅在减轻土壤侵蚀方面具有重要作用，还具有涵养水源、蓄水保水、拦沙减沙、生态维护、防风固沙、防灾减灾等多个功能，是生态环境保护和治理中的重要措施。我国地域辽阔，自然条件差异较大，水土流失分布大、面积广，侵蚀形式多样、类型复杂、强度不一，使得不同地区对应的水土保持功能需求不尽相同。所以，我国的水土保持工作必须根据我国区域水土流失的影响因子发生发展规律及水土保持发展方向，分区指导，因地制宜，做好水土保持区划工作并形成区划体系，同时依据不同区域的水土保持功能类型的需求，提出不同区域水土流失防治方向和综合整治措施，为区域水土资源合理开发利用与环境保护提供决策依据，为全国生态环境建设服务。

2.3　水土保持区划的性质与定位

2.3.1　水土保持区划的概念与性质

2.3.1.1　水土保持区划的概念

区划是根据不同地域单元的特性对较大区域的划分，其目的是实现对不同分区的决策、管理及科学研究。水土保持区划就是根据水土保持的特点进行的区划，其概念有广义和狭义之分。

狭义的水土保持区划存在几种具有代表性的概念。

1996 年的《山西水土保持科技》中指出：水土保持区划就是在一个较大范围内（如一

个省、地区或较大的流域），根据不同的自然条件、社会经济情况和水土流失特点，划分为若干个不同的水土保持类型区，在一个类型区内，也可进一步划分出若干个亚区，并因地制宜地对各个类型区分别提出不同的生产发展方向和水土保持治理要求；以便指导各地科学地开展水土保持，做到扬长避短，发挥优势，使水土资源能得到充分合理的利用，水土流失得到有效的控制，收到最好的经济效益、社会效益和生态效益。

《中国水利百科全书·水土保持分册》中给出的定义是：水土保持区划（regionalization of soil and water conservation）指在调查分析生态环境因素与土壤侵蚀类型、侵蚀强度及侵蚀影响因素、社会经济条件的基础上，根据水土流失与治理的相似性及地域分异性，对水土保持区按类型分区（王礼先，2004）。

国家标准《水土保持术语（GB/T20465—2006）》中，水土保持区划指根据自然和社会条件、水土流失类型、强度和危害，以及水土流失治理方法的区域相似性和区域间差异性进行的水土保持区域划分，并对各区分别采取相应的生产发展方向布局（或土地利用方向）和水土流失防治措施布局的工作。

从几种不同的水土保持区划概念可以看出，狭义的水土保持区划强调划分因素的综合性并能反映水土流失及其治理的特点，其目的是指导各分区的水土保持工作。

广义的水土保持区划指的是与水土保持密切相关的区划的总和，狭义的水土保持区划是其中重要的一部分，主要包括土壤侵蚀（或水土流失）区划、水土流失重点防治区划分和水土保持功能区划等。

土壤侵蚀区划（regionalization of soil erosion）指根据土壤侵蚀类型、成因、强度，以及影响土壤侵蚀的各种因素的相似性和差异，对某一地区进行地域划分。土壤侵蚀区划反映土壤侵蚀的区域分异规律，是研究不同地区土壤侵蚀特征和水土流失治理途径的基础工作，为水土保持规划和分区治理提供科学依据。水土流失区划与土壤侵蚀区划概念基本一致，具有代表性的土壤侵蚀区划是辛树帜和蒋德麒在 1982 年出版的《中国水土保持概论》中提出的中国水土流失类型区的划分。

水土保持功能区划是指在生态环境状况评价、水土流失敏感性评价与生产服务功能评价的基础上，按其空间分异规律，划分的水土保持功能区；是根据国家"十一五"规划关于搞好主体功能区划的要求而划分的，是为维护区域生态安全，确定农业产业结构调整的方向，制定开发建设项目的准则和限制条件及为建立生态补偿机制服务的综合区划。水土保持功能区划的研究尽管刚刚起步，但它是水土保持区划工作新的立足点和发展方向。

本书中的水土保持区划指狭义的水土保持区划，但其研究离不开广义的水土保持区划，尤其是在水土保持区划系统架构中，必须注意并协调好水土保持区划与其他相关区划的关系。

2.3.1.2　水土保持区划的性质

水土保持区划是水土保持的一项基础性工作，将在相当长的时间内有效地指导水土保持的各项工作及水土保持综合规划和专项规划。水土保持区划存在三个层面上的性质。

在政策法规层面上，《中华人民共和国水土保持法》（以下简称《水土保持法》）明确规定"国家对水土保持工作实行预防为主，保护优先，全面规划，综合治理，因地制宜，突出重点，科学管理，注重效益的方针"。因地制宜的工作方针要求必须做好水土保持区划工作。另外，《水土保持法》中还规定"国务院和县级以上地方人民政府水行政主管部门，应会同同级人民政府有关部门编制水土保持规划，报本级人民政府或授权的部门批准后，由水行政主管部组织实施"。而区划是规划的基础，只有科学合理的区划才能有效指导规划的编制。所以说，水土保持区划是法律政策的要求，具有一定的规范性，水土保持区划在认定上应有一定的保障，应该是一定程序下认定的法律性文件，这样区划的成果才能更好地为我国的水土保持事业服务，也有利于国家的管理。

在规划的层面上，水土保持区划与规划息息相关，不可分割。随着国家将规划作为计划管理的组成部分，规划必须做到目标任务明确、规模适度、重点突出、计划有序、分步实施、有内容、有项目、可实施、有效果（王治国和王春红，2007）。这一切都需要在区划的指导下进行，离开区划很难确定一定时期、不同地域水土流失防治的方向和任务，规划就会出现偏差。所以说水土保持区划对规划具有高度的指导性。

在技术应用的层面上，水土保持区划具有高度的系统性。水土保持工作是一项非常复杂的系统工作，而水土保持区划是水土保持工作的一项基础性工作，涉及自然、社会和经济各方面的因素，涉及农、林、水等各个部门，涉及国家、流域、省等各级行政管理部门，这就说明水土保持区划也必须是一项系统工作，要求能够协调考虑上述涉及的要素，所以说水土保持区划应形成体系，这样才有利于国家的统一管理，水土保持区划系统架构是其实际应用的要求。

2.3.2　水土保持区划的定位及特点

2.3.2.1　水土保持区划的定位

水土保持是山丘区、风沙区及水土保护规划确定有关区域的水和土（地）自然资源的保护、改良与合理利用。《水土保持法》中明确指出水土保持是指对自然因素和人为活动造成的水土流失所采取的预防和治理措施。可以看出水土保持是一项综合性工作，水土流失的产生是多种自然因素和人为活动相互作用的结果，所以说水土保持区划的对象是人与自然的综合体，涉及多种自然的和社会的因素，是根据区域不同水土流失的特点和自然社会条件的差异而进行的区划，而且为了便于管理，水土保持区划一般不打破行政界线。水土保持区划的目的是分区提出不同的生产发展方向和水土流失防治要求，将在相当长的时间内有效指导水土保持工作。总之，水土保持区划是一种部门综合区划，与土壤侵蚀分区等部门自然区划有着本质的区别。

2.3.2.2　水土保持区划的特点

（1）涉及面广。水土保持区划是一个综合部门区划，是以土壤侵蚀区划为基础，结合经济社会发展情况而进行的。所以，水土保持区划不仅涉及自然资源情况和水土流失情况的调查，还涉及经济社会状况调查，涉及农、林、水、国土等其他行业相关情况的调查。

（2）基础工作量大。水土保持区划必须在大量调查的基础上进行，必须清楚掌握区域水土流失情况，掌握气象、水文、地貌、土壤等自然条件状况，掌握人口、国民生产总值、农民人均纯收入等经济社会情况。所以在区划工作中，基础工作量巨大，需要进行大量的实地调查勘测，或者采用遥感技术与典型调查结合的方法收集数据；同时还要协调各相关部门、地方政府部门收集自然、经济社会情况资料。收集的海量数据要校核并建库，方便以后的管理、使用和更新。

（3）科学性强。水土保持区划是在充分收集资料的基础上，首先确定区划的原则、途径，然后进行指标的确定，构建区划指标体系，确定等级系统，选择相应的方法进行分区。整个过程需要大量的科学分析并借助相关软件来完成，是一个严谨的科学过程。

（4）时效性强。水土保持区划是在一定的时期内指导水土保持规划和相关工作，时期不同，水土保持区划的目的、原则和方法就不同，区划的结果也不相同，随着时代的发展，区划也要发展。

（5）系统性强。水土保持区划是水土保持的基础工作，同水土保持一样具有较强的系统性，区划系统架构和区划体系是水土保持区划系统性的体现。

（6）区域性强。水土保持区划是宏观的、方向性的技术文件，是在一个较大范围内（如一个省、地区或较大的流域）形成的，目的是提出不同分区的水土保持防治对策和生产发展方向，其不同于小尺度下的水土保持工程设计中的水土保持分区，设计层面上的分区目的是进行措施配置和典型设计。水土保持区划是具有战略性的，是大中尺度范围下的水土保持工作策略。

2.3.2.3 水土保持区划与其他相关区划（分区）的关系

在国务院批复全国水土保护规划之前，我国一直没有形成真正意义上的全国性的水土保持区划，多年来我国的水土保持工作多以其他相关区划为指导，土壤侵蚀区划和水土流失重点防治区划分是目前应用比较多的。那么，随着水土保持区划的展开及新的区划的出现（如水土保持功能区划），处理好各种区划（分区）之间的关系，成为水土保持区划能够正确科学应用的关键。

1. 水土保持区划与土壤侵蚀区划

土壤侵蚀区划，也称为水土流失区划，是根据土壤侵蚀的地域分异规律划分的部门自然区划，是水土保持的基础性工作之一。辛树帜和蒋德麒 1982 年提出的中国水土流失类型区的划分是土壤侵蚀区划的原型，并写进了水利水电部颁发的《关于土壤侵蚀类型区划分和强度分级标准的规定（试行）》中，随后在 1996 年水利部发布的《土壤侵蚀分类分级标准》中又进行了调整。土壤侵蚀区划主要应用在土壤侵蚀分级分类的标准之上，按侵蚀营力划分了土壤侵蚀的级别，并明确了以水力侵蚀为主的类型区下各分区的容许土壤侵蚀量。结合土壤侵蚀的特点和应用来看，土壤侵蚀区划的目的是认识土壤侵蚀的地域差异规律，是水土保持区划的基础，水土保持区划应在土壤侵蚀区划的基础上，结合社会经济情况，进一步明确人文因素在水土保持工作的作用，更加科学合理的指导我国水土保持工作的开展。

2. 水土保持区划与水土流失重点防治区划分

2006 年，依据水土保持法及其他相关法律法规，结合第二次全国土壤侵蚀遥感调查结果，划定了 42 个国家级水土流失重点防治区。其目的是明确国家级水土流失防治重点，实施分区防治战略，分类指导，有效地预防和治理水土流失，促进经济社会的可持续发展。相应的，各省、市、县也公布了其水土流失重点防治区划分。根据水土流失重点防治区的划分制定了开发建设项目水土流失防治标准，并且水利部根据分区制定了水土流失防治的对策。可以看出，水土流失重点防治区划分是法律的要求，具有法律效力，是指导我国水土保持工作的重要分区。那么，在进行水土保持区划的过程中，要充分考虑水土流失重点防治区的划分，使其互为补充。

3. 水土保持区划与水土保持功能区划

水土保持功能区划是结合国家主体功能区划和生态功能区划提出的，目前我国还没有进行水土保持功能区的划分，但是它将是水土保持工作新的立足点和研究方向，因此本书对水土保持功能区划与水土保持区划的关系做了进一步的探讨。水土保持功能区划的依据是水土保持功能的差异性，水土保持功能的主要表现形式有水源涵养、防风固沙、土壤固持和改良、生物多样性保护等，根据功能或其主次地位的不同确定不同的区域划分，功能的差异则通过水土保持功能评价来区分。水土保持功能区划的目的是为我国水土保持与生态建设、区域开发与产业布局提供一个地理空间上的框架，为水土保持生态补偿提供科学依据。生态补偿是一种资源环境保护的经济手段，通过调整损害或保护生态环境主体间的利益关系，将生态环境的外部性进行内部化，达到保护生态环境，促进自然资本或生态服务功能增值的目的，其实质是通过资源的重新配置，调整和改善自然资源开发利用、生态环境保护中的生产关系（尤艳馨，2007）。水土保持生态补偿是生态补偿的一个方面，目前，我国水土保持生态补偿存在着标准不一、对象范围各异的现象，导致水土保持生态补偿机制的不健全。而水土保持功能区划以水土保持功能的差异性为依据，通过水土保持功能分区主要功能的不同，制定相应的水土保持生态补偿标准，是解决现阶段水土保持生态补偿机制问题的基本要求。通过水土保持功能区的划分，还可以制定相应的开发项目建设限制条件，如在以水源涵养为功能的区域禁止开发建设项目的开展。由以上可知，水土保持功能区划是水土保持区划的延伸，从水土保持功能的角度对区域进行了划分，水土保持功能区划是以水土保持区划为基础的。

综上所述，水土保持区划与相关各区划（分区）存在着密切的关系，它们既有共同点，同样以指导水土保持工作为主要目的，但在性质和实际应用中又存在差别（表 2-5）。因此，必须清楚认识各区划（分区）的关系，在实际工作中协调好它们的关系，才能使各区划达到更好的应用。

表 2-5　水土保持相关区划（分区）表

区划（分区）	性质	目的	应用
水土保持区划	部门综合区划	指导水土保持工作	水土保持规划，综合治理标准制定
土壤侵蚀分区	部门自然区划	认识土壤侵蚀地域分异	土壤侵蚀分级分类标准
水土流失重点防治区划分	重点分区划分	明确重点，分类指导	建设项目水土流失防治标准
水土保持功能区划	功能区划	明确功能，指导各业布局	水土保持生态补偿标准、开发项目建设限制条件

2.3.2.4 水土保持区划与规划

水土保持区划是水土保持规划的基础，规划是在区划指导下完成的。随着国家行政体制的改革进行，规划已经成为国家宏观管理的依据。水土保持规划是指为了防止水土流失，做好国土整治，合理开发和利用水土资源，改善生态环境，促进农林牧及经济发展，根据土壤侵蚀状况、自然社会经济条件，应用水土保持原理、生态学原理及经济规律，制定的水土保持工作的总体部署和实施安排的工作计划。

规划是为了达到某一既定的目标而制定的一整套行动方案。广义上讲，规划大致应包括我国目前的规划、项目建议书和可行性研究，下一步为具体的设计与施工问题。狭义上讲，规划可以看作是一个宏观的、战略的、长期的行动计划，国家和省级的规划一般都属于这一类。水土保持规划是按特定区域和特定时段制定的水土保持总体部署或专项部署及实施安排。

水土保持区划是一项基础性的工作，是一个宏观的、战略的技术文件，对水土保持规划有着非常大的指导意义，其指明了不同时期不同区域水土保持的工作方向，根据区域自然、社会经济和水土流失的状况制定的水土保持区划，充分体现了水土流失防治因地制宜的要求，根据不同区域的基础情况制定相应的农业结构调整方案、水土保持措施布局和经济发展方向，这对全国水土保持科学决策具有重要意义。

2.4 我国水土保持区划的现状与问题

2.4.1 我国水土保持区划发展

2.4.1.1 我国水土保持区划的启蒙阶段

1940 年，黄河水利委员会、林垦设计委员会与金陵大学农学院，在成都召开了一次防止土壤冲刷的科学讨论会，第一次提出"水土保持"一词。1941 年 1 月 1 日，黄河水利委员会在甘肃天水设立了陇南水土保持试验区。1942 年 8 月，农林部也在天水设立了天水水土保持试验区。1944 年广西开展了水土保持工作。1945 年 1 月，农林部在黔南惠水县设立了西江水土保持实验区（郭廷辅，1995）。

这一阶段，主要是一些大学、科研单位和个别流域机构的学者和技术人员，对一些水土流失重点地区进行了调查，并建立了几个水土保持试验区，对水土流失的规律进行了初步探索，为开展水土保持区划提供了依据，为以后水土保持事业的发展打下了初步基础。

2.4.1.2 我国水土保持区划的起步阶段

20 世纪 50~80 年代，水土保持工作由启蒙、探索进入示范推广阶段，发展过程中有高潮、有停顿，呈波浪式前进（郭廷辅，1995）。此阶段水利部和农业部分别设立水土保持机构。黄河水利委员会和中国科学院在黄河中游地区组织了三次大规模水土流失考察。1957

年国务院决定成立国务院水土保持委员会，下设办公室，由水利部代管。同时，国务院又颁布了《中华人民共和国水土保持暂行纲要》。此时期召开了两次全国水土保持会议，提出了水土保持工作的方针。

这一阶段，水土保持区划及其研究取得了长足的发展。早期的水土保持区划工作主要集中在黄土高原。1955 年，黄秉维编制了"黄河中游流域土壤侵蚀区域图"，按三级分区划分类、区、副区，该分区图得到广泛承认，并沿用至今（唐克丽等，1993）。1955～1957年，中国科学院组织综合考察队赴黄土高原地区进行了水土保持调查，并编制完成了"黄河中游黄土高原水土保持土地合理利用区划"（中国科学院黄土高原综合科学考察队，1958）。水利部黄河水利委员会编制了《1958～1962 年黄河中游水土保持规划》，明确了黄河中游地区的水土保持分区，确定了黄河中游的方针任务、实施措施，并进行了效益估算。在陕西、山西、河南等水土流失比较严重的地区也进行了区划，但多以流域为单元进行。1958 年，国务院水土保持委员会办公室编制了《中国土壤侵蚀图及其有关资料》，提出了土壤侵蚀程度及其分布（国务院水土保持委员会办公室，1958）。1965 年，朱显谟又根据我国不同目的、形式和要求进行的多项土壤侵蚀普查工作，分析综合后，初步完成了除西藏以外的中国土壤侵蚀图。

2.4.1.3　我国水土保持区划的全面发展阶段

党的十一届三中全会后，从中央到地方都加强了对水土保持工作的领导。这一时期的水土保持工作不但速度快、质量好，而且开始向科学化、规模化发展，全国水土保持工作进入了以小流域为单元综合治理的新阶段。1982 召开了全国第四次水土保持工作会议，同年国务院颁布了《水土保持工作条例》。辛树帜和蒋德麒 1982 年出版的《中国水土保持概论》中提出了中国水土流失类型区的划分。

这一阶段，区域性的水土保持及其相关区划也得到了发展。1985～1990 年，中国科学院再次组织黄土高原区综合科学考察，并进行了相关研究，明确了黄土高原地区土壤侵蚀区域特征及其治理途径（中国科学院黄土高原综合科学考察队，1990）。陕西从 1980年开始进行全省县级水土保持区划，汇总了县级水土保持区划成果，经过综合研究，多次论证，汇总 1980 年和 1983 年两个年度的数字，完成了《陕西省水土保持区划》。1986年，张碧岭对江西水土保持区划进行了初步探讨，将江西初步划分为 7 个水土保持区。此后，山东（王玉俭，1990）、湖南（刘觉民等，2002）、宁夏（魏晓和孙峰华，2005）及东北黑土区（解运杰等，2005）也进行了水土保持区划的探讨，提出了相应的水土保持区划方案。

1990 年，水利部组织了全国第一次土壤侵蚀遥感调查，查明了当时我国水土流失的状况；1999～2000 年，又进行了全国第二次土壤侵蚀遥感调查，明确了全国水土流失的状况和动态，为国家水土保持宏观决策提供了科学依据。1993 年，国务院批复了《全国水土保持规划纲要（1991～2000 年）》，编制了《全国水土保持规划（1991～2000 年）》；1998 年，水利部为了配合全国生态环境建设规划组织编制了《全国水土保持生态环境建设规划》，其中的水土保持分区都以土壤侵蚀分区为基础。

2005～2007 年，水利部、中国科学院和中国工程院联合开展了中国水土流失与生态安全综合科学考察，在第二次全国土壤侵蚀遥感调查的基础上，有针对性地进行了重点实地考察和核对，进一步明确了全国水土流失的现状，并制作了全国土壤侵蚀图，明确了土壤侵蚀强度分布。全国第一、二次土壤侵蚀遥感调查和科考为水土保持的区划工作打下了坚实基础。2006 年《关于划分国家级水土流失重点防治区的公告》经国务院同意由水利部发布，明确了国家级重点预防保护区、重点监督区和重点治理区。2015 年国务院批复的全国水土保持规划（2015～2030 年）首次明确了全国水土保持区划方案。

2.4.2　我国水土保持区划研究进展

20 世纪 50 年代以来，诸多学者对水土保持区划作了大量的研究，主要集中在对水土保持区划的原则和方法上。1983 年，侯光炯在四川省长宁县相岭区运用农业生态系统学理论指导当地的水土保持区划工作，充分认识土壤、大气水文和土壤水文对水土保持的影响，以此为原则进行水土保持区划；这是对小尺度内水土保持区划的研究。1984 年，《中国水土保持》杂志刊登了名为"水土保持区划的原则、方法"一文，文中对水土保持的依据、需要收集的资料、区划工作的方法步骤、成果要求及应用进行了阐述，这对当时的水土保持工作起到了重要的指导作用。1985 年，赵树九等对水土保持区划的概念、任务、目的、内容、原则、依据和指标的选择作了详细的探讨和论述，指出水土保持区划主要为农业发展服务，其选择的指标应包括反映土壤侵蚀特征和程度的指标、耕地条件和反映生产活动的指标，具有一定的指导意义。

进入 20 世纪 90 年代，水土保持区划的研究集中于方法的研究，新的统计学及 3S［遥感（remote sensing, RS），地理信息系统（geography information system, GIS），全球定位系统(global positioning system, GPS)］技术的应用使水土保持区划向着更科学的方向发展。张汉雄 1990 年在构建指标体系的基础上，运用模糊聚类的方法对安塞县进行了水土保持分区。1993 年，周世波等使用定量系统方法，建立判别模型，对窟野河、孤山川流域进行了水土保持区划，证实了方法的实用性，提高了规划的质量。胡志勇等（1994）采用模糊-动态聚类方法，对青海东部农业区进行水土保持分类，克服了单用模糊聚类或系统聚类易出现聚类分散，分类结果难以预见和单用动态聚类人为授权过多的弊病，是对区划方法的发展。邓根松等（1995）根据水土流失的成因、现状和治理特点，按地域分异规律，运用灰色系统理论中聚类星座图法对邵武市水土保持区划作了初步探讨。2006 年，林敬兰和朱颂茜在 GIS 的支持下，依据水土流失类型区的划分原则，将汀江流域划分为 5 个水土流失类型区。另外，随着国家及地方生态功能区划的开展，水土保持规划也开始重视生态功能的重要性。2006 年，张永江和张瑞指出了水土保持生态功能区的内涵、目的与原则，在分类评价的基础上对三川河流域进行了水土保持生态功能区的划分。

总之，通过水土保持区划的研究现状可以看出，水土保持区划的研究多集中于方法研究，其体系及方案的研究较少。同时，研究区域多为中小尺度，国家、流域和省级的区划研究较少。我国水土保持区划主要成果见表 2-6。

表 2-6　我国水土保持区划主要成果一览表

区划类型	区划方案名称	编者或研究者	年份	区划性质	等级	区划方案简述
全国性	水土流失类型区划分	辛树帜 蒋德麒	1982	部门自然区划	二级	首先根据全国主要侵蚀营力的不同划分为三大类型区，再根据地形地貌条件将以水力侵蚀为主的类型区划分为 6 个区。该方案是较早的全国性质的有关水土保持的区划，为我国以后的土壤侵蚀区划打下了基础
	土壤侵蚀类型区划	水利部	1996	部门自然区划	二级	全国土壤侵蚀类型区划在原规定的基础上进行了调整，按土壤侵蚀的外营力不同将全国土壤侵蚀区划分为 3 个一级区，根据地质、地貌、土壤等形态又在 3 个一级区划的基础上分为 9 个二级区，此区划一直沿用至今
	水土保持类型划分	关君蔚	1996	部门综合区划	一级	中国水土保持类型以全国为背景，就地区的特点、水土流失和水土保持的相似性和分异性进行宏观轮廓性划分，全国共划分为 10 个类型区，并分别给出了各类型区的自然、社会经济、水土流失形式和水土保持工作开展情况
	全国水土保持区划	唐克丽等	2004	部门综合区划	三级	前两级以辛树帜和蒋德麒的中国水土流失类型区划为基础，按照主要地貌单元、侵蚀类型、侵蚀强度、土地利用结构和生产发展方向、水土保持方略和措施配置等人为因素，划分了 43 个水土保持类型区
	国家水土流失重点防治区	水利部	2006	部门综合区划		水利部按照《中华人民共和国水土保持法》及《中华人民共和国水土保持法实施条例》的有关规定，在土壤侵蚀遥感普查成果的基础上，划定了 42 个国家级水土流失重点防治区（包括重点预防保护区 16 个、重点监督区 7 个、重点治理区 9 个）。该三区划分是水土保持相关区划中唯一一个国务院批准的重点区域划分
	全国水土保持区划	国务院	2015	部门综合区划	三级	构建了全国三级区划体系，一级区 8 个，二级区 41 个，三级区 105 个（不含港、澳、台），是国务院首先批复的完整的水土保持区划
	中国土壤侵蚀区划	黄秉维	1955			黄秉维以土壤侵蚀强度作为指标，将黄河中游地区划为 10 个土壤侵蚀区
		朱显谟	1958			将黄河中游地区划分为 5 个地带、28 个区带、68 个侵蚀副区和 22 个侵蚀区
			1965			根据我国不同目的、形式和要求进行的多项土壤侵蚀普查工作，分析综合后，初步完成了除西藏以外的中国土壤侵蚀图
		辛树帜和蒋德麒	1982			根据土壤侵蚀方面的研究结果，采用自然界某一外营力在一较大的区域里起指导作用的原则，将全国区分为水力侵蚀区、风力侵蚀区和冻融侵蚀区三大类型区。新疆、甘肃河西走廊、青海柴达木盆地，以及宁夏、陕北、内蒙古、东北西部等地的风沙地区，是风力侵蚀为主的类型区；青藏高原和新疆、甘肃、四川、云南等地分布有现代冰川的高原、高山，是冻融侵蚀为主的另一个类型区；其余的所有山地丘陵地区，则是以水力侵蚀为主的第三个类型区

续表

区划类型	区划方案名称	编者或研究者	年份	区划性质	等级	区划方案简述
区域性	黄河中游流域土壤侵蚀区划	黄秉维	1955	部门自然区划	三级	首先根据植被覆盖情况划分为两大区域，然后根据气候、土壤、植被类型、水土流失类型及强度划分为 7 个区，其中黄土丘陵区又在考虑侵蚀强度和陡坡地情况下分为 5 个副区
	黄河中游黄土高原水土保持土地合理利用区划	中国科学院黄土高原综合科学考察队	1958	部门综合区划	二级	第一级分成 3 个区域，主要考虑各地的自然条件和农林牧发展的合理性、可能性和国家的要求；第二级根据地形和土壤侵蚀情况分为 15 个地区，个别存在比较显著的差异时划分副区
	陕西省水土保持区划	陕西省	1985	部门综合区划	二级	将陕西省划分为 5 个一级区，16 个二级区，分区论述了各区的特点、侵蚀强度、成因，提出了分区治理的方向等
	江西省水土保持区划方案	张碧玲	1986	部门综合区划	一级	结合江西省水土保持特点，提出以流域和地貌为主要依据，并尽量照顾县、市行政区域的完整性，将全省划分为 7 个水土保持区
	山东省水土保持区划	王玉俭	1990	部门综合区划	二级（区、亚区）	综合考虑自然、社会经济及土壤侵蚀和水土保持情况，将山东省划分为 3 个三级区，13 个三级亚区
	湖南省水土保持区划	刘觉民等	2002	部门综合区划	一级	根据不同地域水土流失的成因、特点、分布规律及发展方向、治理措施等综合情况，将湖南省水土保持划分为 6 个类型区
	东北黑土区水土保持区划	解运杰等	2005	部门综合区划	四级	以土壤侵蚀类型作为一级区划指标，地貌类型为二级指标，降水和植被类型为三级指标，并充分借鉴了第 2~3 次遥感调查动态分析成果，以土壤侵蚀的地域差异和生态环境本底差异作为四级区划指标。将东北黑土区划分为 3 个一级区，12 个二级区
	宁夏回族自治区水土保持区划	魏晓和孙峰华	2005	部门综合区划	一级	依据宁夏回族自治区内各地水土流失的程度、自然和社会经济状况的地域差异类型及防治措施的相对一致性将其划分为 5 个区

2.4.3　我国水土保持区划存在的问题

根据水土保持区划的发展和研究进展，通过分析我国水土保持区划的现状，不难看出 2015 年之前水土保持区划中存在的问题。

1. 以全国土壤侵蚀区划成果指导全国水土保持工作不尽合理

首先，土壤侵蚀区划属于部门自然区划，在划分时没有考虑社会经济因素，不符合水土保持的特点，反映不出人类经济生产活动对水土保持的影响，对指导水土保持工作存在很大的局限性。其次，目前全国土壤侵蚀区划界限不清晰，分级不够详尽，命名不规则，分区空间上不连续，不符合新时期区划的要求。最后，土壤侵蚀区划较多得考虑自然边界，对行政区划的完整性未进行考虑，这样对于水土保持工作的开展和国家的统一管理十分不利。总之，以全国土壤侵蚀区划作为水土保持工作的指导是不适应自然与社会经济的总体要求的，缺乏现实的可操作性。因此，形成真正意义上的全国水土保持区划是十分必要的。

2. 区域性区划缺乏统一标准，不能与国家区划相衔接

随着水土保持工作和学科的发展，为了更好地开展水土保持工作，各地区和地方展开了大量的水土保持区划工作，这些地方区划对当地水土保持工作的开展起到了积极作用，但是区划间缺乏联系和衔接，划分的标准不尽相同，不利于国家对水土保持工作的宏观管理和规划，使水土保持区划失去了自上而下的连续性，不利于全国水土保持工作的开展。

3. 区划理论、方法研究深度不够，命名规则不规范

水土保持区划研究工作开展的比较多，但多集中于中小尺度下区划方法的研究，对大尺度，尤其是全国范围内的水土保持区划及其体系的研究较少，与生态区划、功能区划等研究相比，水土保持区划研究相对滞后。侵蚀强度是一个动态变化的描述，随着水土流失防治工作的加强，侵蚀强度等级是不断变化的，而且因社会经济功能的要求，如水源地保护还要考虑面源污染，仅用强度进行表述显然是不尽合理的，否则对未来的水土保持工作指导造成诸多的误解。

4. 缺乏水土保持功能研究及在区划中的应用

水土保持功能作为水土流失防治的重要依据，是水土保持区划工作的重要研究内容，目前缺乏系统的研究及在水土保持区划中的应用。

总之，全国土壤侵蚀区划及水土保持分区工作取得了一定的成效，对水土保持工作起到了一定的指导作用，促进了水土保持工作的开展。

2.5 水土保持区划的发展趋势

第一，可持续发展已成为全人类的共同选择，可持续发展的核心是资源持续高效利用，而水土资源的持续高效利用是其基础。水土流失是我国的头号环境问题。水土流失既是各种生态退化的集中表现，也是导致生态环境进一步恶化的根源，水土保持是扭转生态恶化和解决贫困的关键。"十七大"报告中明确提出"建设生态文明，基本形成节约能源资源和保护生态环境的产业结构、增长方式、消费模式"。社会的发展、严峻的形势和国家的政策要求新时期的水土保持区划要以可持续发展理论为基础，保护生态环境和解决贫困为出发点，运用先进的技术手段构建新时期的水土保持区划体系。

第二，从国家体制改革看，政府的管理重心将转向社会公共利益。而水土保持对于保障防洪安全、生态安全、饮水安全和山丘区粮食安全等方面有着重要意义。水土保持区划不仅要高度重视与规划相关的工程布局、任务和重点，更要考虑水土保持的社会管理功能和公共职能，包括工程管理、生态补偿机制的建立、法律法规体系的完善、监测与科技发展等，要综合工程技术的、行政管理的、经济的和法律的多种因素进行水土保持区划工作，推进水土保持法制化建设，以便使其更好的为国家及地方的水土保持宏观管理服务，为经济社会的可持续发展服务。

第三，向"现代水土保持区划"发展。随着经济社会的发展、区划研究的进展，水土保持区划要及时吸纳新理念，拓展工作内涵，延伸服务内容。区划还要积极运用新技术、新设备、新方法，在加快区划工作进度的同时，提高区划的精度和质量，提高区划成果的科技含量，增强区划的前瞻性、实效性和可操作性，更好地指导全国各级水土保持工作的开展。把"3S"技术等现代化技术应用于水土保持相关基础数据的更新与管理，建立水土保持区划基础数据库，实现数据的快速准确更新，使水土保持区划更符合实际。深入研究制定适合水土保持区划因子体系，建立科学的区划程序，明确各级水土保持区划的途径、方法、等级系统等，使水土保持区划向着规范化、系统化的方向发展。

第四，构建新时期水土保持区划体系。按照科学发展观的要求，综合考虑经济发展、生态保护、防洪减灾、资源的节约利用等诸多方面的要求，根据我国水土流失的分布特点，结合相关的地貌、植被及其他相关行业区划，努力构建新时期的水土保持区划体系。最终目标是实现全国区划、流域区划、省、县各级行政区域区划，以及相关水土保持区划齐全配套，更好地为经济社会的可持续发展服务。

总之，水土保持区划的发展要符合时代发展的要求，为新时期的水土保持工作更好的服务。

2.6　我国水土保持区划系统

水土保持区划系统是水土保持区划的技术支撑系统，目的是提高水土保持区划的科学性，促进水土保持区划研究的不断发展。水土保持区划系统的要素主要包括：区划的基础理论、目的、性质、范围、原则、途径、依据、指标、等级系统、界线、基本单元、数据获取、方法等，各要素之间联系十分密切，从研究的角度出发，可以把以上各要素分为三个层次（图 2-1）。控制层，主要是区划的总体控制性要素，包括基础理论、目的、性质、范围、原则、途径和依据；结构层，主要是区划的结构性要素，包括基本单元、指标、等级系统和界线；方法层，主要是区划的方法论，包括数据获取方法和区划方法。控制层决定结构层，结构层决定方法层，但方法层反过来又对结构层的要素产生影响。下面对各要素提出初步的看法。

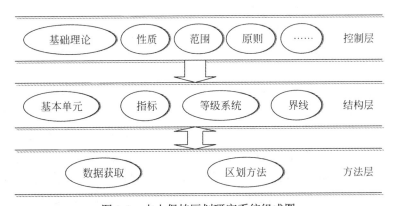

图 2-1　水土保持区划研究系统组成图

2.6.1　水土保持区划控制层要素

水土保持区划的理论基础、目的、性质、范围、原则、途径和依据是区划的决定性要素，这些要素影响水土保持区划的方向，所以这些要素的研究意义重大。

区划基本理论的发展是一个逐步丰富的过程，通过不断地汲取新的理论完善自身的理论体系。地域分异规律是水土保持区划最基础的理论，通过不断地丰富和发展，可持续发展理论、系统科学原理、生态经济学理论逐渐进入水土保持领域，成为指导区划的理论基础。另外，水土资源经营方式的差异是导致水土流失分异现象的重要因素，应该给予足够的重视。

水土保持区划的目的是因地制宜地指导水土保持工作，但是在不同的时期，其目的有不同的侧重，在 20 世纪七八十年代，水土保持区划的主要目的是为农业服务。而到了 90 年代以后，尤其是进入 21 世纪后，水土保持区划的目的已经发展为在为农业发展服务的同时，注重生态环境的建设，注重水土资源的可持续经营，以实现生态效益、经济效益和社会效益的共赢。

水土保持区划的性质是部门综合区划，有别于部门自然区划，其综合性体现在水土保持区划综合考虑自然、社会和经济因素对水土保持工作造成的差异，在重视自然因素的同时，对人文因素给予充分的考虑，充分体现人对水土保持的客观影响，为政府部门更好地进行决策提供保障。

水土保持区划的范围是一个基础性控制要素，范围的大小即研究对象的大小是决定结构层和方法层要素的基础。本书中的水土保持区划针对的是大中尺度的区划，一般以全国、流域或省为区划范围，最终形成的是宏观的技术性文件，用于指导大区域内的水土保持规划和相关工作。大中尺度下的水土保持区划由于涉及因素复杂，指标设置难度大，所以大中尺度下的水土保持区划研究工作必须加强。

水土保持区划的原则是由其区划的性质和目的决定的，同时，原则又直接决定了区划指标的选择和基本单元的确定，所以，原则是水土保持区划中一个控制性要素，与区划的合理性关系密切。同时，水土保持区划的原则也具有动态性，其随着水土保持科学和区划基础理论的发展而发展，具有鲜明的时代特性，是水土保持区划研究的重点之一。本书中提出的水土保持区划原则包括发生学原则、区内相似性和区间的差异性、整体性原则、主导因素原则、区域共轭原则、行政边界完整性原则、定性与定量分析相结合原则及时限性原则。

区划的途径是指区划划分的方向性，是归纳还是演绎，形象地称为"自下而上"和"自上而下"。早期的区划主要采用"自上而下"的区划途径进行地域单元的划分，是一种演绎途径，定性的成分比较多。而水土保持作为一个受自然要素和人类活动双重作用的复合系统，在划分的时候除了要考虑自然要素的影响外，还应该充分考虑人类活动的影响。"自下而上"的方法是在基本单元的基础上对区域进行相似性合并，逐级得出区划单元，下级单元界线的可靠性较大，同时也保证了更高一级区划单元界线的精确性，并且能从根本上体现人类活动的影响，但相对于"自上而下"途径，工作量大，操作过程复杂，在水土保持区划研究中未能充分展开。因此，水土保持区划中应加强"自上而下"和"自上往下"两种途径的有机结合，以"自下而上"方法为主，兼顾"自上而下"的途径进行区划，合理、准确反映自然和人类活动对水土保持的影响。

区划的依据是进行区划的科学原理所在，水土保持区划的依据指水土保持原理，即水土保持影响因素的集成系统，包括自然因素和人为因素及其相互作用。

2.6.2　水土保持区划结构层要素

确定了水土保持区划控制层要素后，进而要确定的就是基本单元、指标、等级系统和界线等结构层要素。

水土保持区划基本单元是指区划中数据收集和分区时的最小区域单位，是水土保持区划的最基本要素。水土保持区划的主要目的就是划分不同的水土保持分区，因地制宜地指导区域水土流失防治工作，为科学的水土保持规划提供基础，而水土保持区划的重要一步就是确定区划的基本单元。水土保持区划作为一种综合部门区划，综合自然和社会经济各相关条件，其中社会经济条件离不开行政区划，国家也以行政单元为管理单元，离开行政区划水土保持区划的可操作性就大打折扣；并且区划的许多数据都是以行政单元进行统计或研究的，撇开行政区划，许多数据都无从获取。所以，水土保持区划的单元必须考虑行政单元，以便于数据的收集和区划管理层面的应用。而区划所使用的基本单元的大小，则是由区划的区域尺度决定的，尺度大相应基本单元也大，由于水土保持区划是大中尺度下的水土保持区划，所以水土保持区划的基本单元以县级行政单元为宜，在进行全国范围内的区划时，可考虑以区级行政单元作为基本单元。

水土保持区划指标直接影响区划结果的科学性和合理性，是水土保持区划中最重要的要素之一，根据水土保持区划控制层各要素的要求，指标体系设计应该有一定的原则，本书提出以全面性与可操作性相结合、独立性与关联性相结合、系统性和层次性相结合、静态性与动态性相结合、普遍性与区域性相结合、数据的权威性与可获取性相结合等作为水土保持区划的原则，水土保持区划的指标要求层次分明，分类清晰，便于指标数据的进一步分析和收集。另外，水土保持指标中可能存在定性的或者没有可比性的指标数据，还需要对这些指标数据进行量化和转化操作；指标的量对区划的操作具有非常大的影响，指标数量少就不能够全面反映水土保持的影响要素，将对区划结果产生严重影响，指标数量太多，指标间的相关性可能太大，导致指标存在冗余，干扰信息也将增多，影响主要指标的作用。因此，还需要对指标进行降维处理，提出主导指标进行区划，提高区划的科学性。总之，区划指标的研究是水土保持区划研究中的重要一环，设计适合全国和其他区域的科学合理的指标体系还需要加大研究的力度。

等级系统指从最大等级区到最小等级区所划分的层次，是针对区划应用所作的层次划分，水土保持区划等级系统是由其研究尺度和目的决定的，由于全国水土保持区划定位为大中尺度区划，而以县级行政单元作为最小分区单元，所以以三级等级系统划分为宜，可由大到小分为区、亚区和类型区。

界线是指区划后的各分区的分界线是否清晰，界线的清晰与否直接影响区划的应用，以前的区划（分区）往往存在界线不清晰的问题，如土壤侵蚀分区界线不明确，在实际应用过程中就会出现很多问题。区划界线与区划的途径有直接的关系,按"自下而上"的途径进行的区划的界线是清晰的,所以水土保持区划采取"自下而上"方法为主,兼顾"自上而下"的途径。

2.6.3 水土保持区划方法层要素

水土保持区划方法层要素主要包括数据获取和区划方法。

由于水土保持区划途径以"自下而上"为主,所以水土保持区划需要大量的数据支持,而这些数据获取的方式方法就成为重要的研究对象。随着 3S 技术的不断发展,越来越多的新技术应用于数据的获取,所以水土保持区划基础数据的获取除了国家相关统计数据和观测数据外,应用 3S 技术进行相关水土保持数据的获取应该成为重要的手段之一。

区划的方法包括定性的方法和定量的方法,以往的水土保持区划往往采用定性的方法,而随着统计方法的发展,统计软件的进步,定量的区划方法逐渐取得优势。另外,GIS 的空间分析功能和绘图功能为区划的快速实现带来了方便。所以,以大量数据为基础,综合采用统计方法和 GIS 进行定量分析的区划方法应作为水土保持区划的主要方法。但是,在进行区划的时候不能指望计算机完成全部的工作,还要结合经验进行判断分析,最终得到合理的区划结果。

综上所述,水土保持研究系统各要素的发展方向见表 2-7。

表 2-7 水土保持区划系统要素研究方向表

层	要素	研究方向
控制层	理论基础	地域分异规律、可持续发展理论、系统科学原理、生态经济学理论等
	目的	因地制宜地指导水土保持工作,实现生态效益、经济效益和社会效益的共赢
	性质	部门综合区划
	范围	大中尺度(全国、七大流域或省级行政区)
	原则	发生学原则、区内相似性和区间的差异性、整体性原则、主导因素原则、区域共轭原则、行政边界完整性原则、定性与定量分析相结合原则及时限性原则
	途径	"自下而上"方法为主,兼顾"自上而下"的途径
	依据	水土保持原理
结构层	基本单元	县级行政单元为宜
	指标	设计方法、量化模型和指标降维
	等级系统	全国分三级,区、亚区、类型区
	界线	界线明晰
方法层	数据获取	3S 技术手段、国家统计数据和观测数据
	区划方法	定性和定量相结合,以定量分析为主

2.6.4　水土保持区划应用层要素

2.6.4.1　区划基本单元

水土保持区划单元是根据区划原则、指标体系、区域水土流失防治任务目标和水土保持管理单元等综合考虑确定的。区划基本单元是区划分析统计的最小单元。如果使用地区作为单元，面积大而数量少，不适合作为基本区划单元；如果以乡级行政单元作为区划单元，乡级行政单元数量太大且数据获取十分困难；根据区划原则和水土保持工作的特点，本书采用县级行政区作为区划基本单元，操作性比较强。重点考虑了如下几个方面。

（1）充分考虑了水土保持的综合性和社会性。在许多自然地理区划中，行政区划作为"人为"的现象，是许多自然地理学家进行研究时不予考虑的。但在许多经济现象的研究中，行政区划往往占有很重要的位置。水土保持是在自然过程和人类活动双重作用下进行的，具有综合性和社会性。因此，在进行水土保持分区时，应该保持县级行政区域的完整性。

（2）水土保持的社会经济功能。县级行政区是我国水土流失治理活动的具体实施者，各种资源的统筹与调配都是以县级行政区为单位为进行的。保持县级行政区的完整性，有利于对水土保持分区后提出的措施和问题更有效地实施和解决。

（3）获取资料和实践应用。根据区划指标体系构建的特点和原则，区划的资料获取应具有实践性和完整性。县级行政区是我国国民经济统计的基本单位，许多社会经济数据都是以县为单位进行统计的，以县级行政区作为区划的基本单元，便于基础数据的获取和分析。所以，要基本上保持县级行政界限的完整性，把区划主要自然、经济、社会因子影响降到最小。同时，考虑水土保持区划的最终目的是应用实践，县级行政区作为水土保持工作的主要执行者，保持县界的完整性具有更强的应用性和实践性，有利于国家对水土保持工作的管理及科学合理的区域规划。

需要说明的是，由于各指标数据统计单元不一，所以对市辖区作单一处理，即每个市辖区包括其管辖的区、县作为一个区划单元。同时，某些县虽然自然、社会、经济等所体现的水土保持功能差异较大，但考虑水土保持区划特点，基本不实施"破县（区）"的方案。

2.6.4.2　我国水土保持区划体系

从我国水土保持区划的现状可以看出，我国现行的水土保持区划（分区）间缺乏联系和衔接，划分的标准不尽相同，使水土保持区划丧失了自上而下的连续性，这对于国家对水土保持工作的宏观管理和规划非常不利，不利于全国水土保持工作的开展。所以尽快建立水土保持区划体系至关重要，水土保持区划体系的建设主要是正确处理各级区划的关系，制定统一的技术标准，使各级区划相互衔接。水土保持区划是大中尺度的区划，全国水土保持规划体系由全国水土保持区划、各流域机构水土保持区划、省级水土保持区划三级构成，在行政上实现分级领导、分层管理，相互关系见图 2-2。

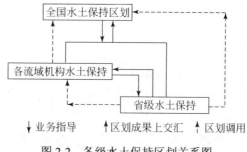

图 2-2　各级水土保持区划关系图

全国水土保持区划应以指导全国水土保持工作为目的，性质为部门综合区划，区划范围为全国国土范围，应在充分调查研究并建立基础数据库的基础上，采用自上而下与自下而上相结合的区划途径，依据水土保持的特点和功能，选用适当的指标和先进的分析分类方法，确定区划等级系统，形成全国水土保持区划，其具有界线清晰明确、等级层次分明、易于国家宏观管理的特征。根据我国水土保持区划的现状，结合已有的土壤侵蚀分区，全国水土保持区划通过以下途径得以实现。

（1）拟定全国水土保持区划分为 3 个等级系统，一级区划参考全国土壤侵蚀分区的二级区划进行划分，划分为 8 个区，分别是北方风沙区、西北黄土高原区、东北低山丘陵和漫岗丘陵区（东北黑土区）、北方山地丘陵区（北方土石山区）、南方山地丘陵区（南方红壤）、四川盆地及周围山地丘陵区（西南紫色土区）、云贵高原区（西南岩溶区）、青藏高原区。

（2）二级、三级区划首先确定指标系统和基本单元，区划最小单元为县级行政单元，然后通过研究和专家讨论确定指标体系并进行指标的分析和提取，通过全国水土保持区划基础数据库系统获得相关指标的数据，对数据进行整理和处理后，应用统计分析软件及地理信息系统软件对各最小单元的数据进行分析，根据分析的结果结合区划的原则和已确定的一级区划，对结果进行调整，最后运用地理信息系统软件进行区划图的制作。

（3）根据各省级水土保持区划，汇总形成全国水土保持区划，并形成四至五级的更为完整的全国水土保持区划体系。

对于省级的区划应制定统一的技术导则，使其在全国区划的基础上按照技术导则进行区划，达到全国区划与地方区划的良好衔接，从而形成全国水土保持区划体系。区划技术导则应明确各级水土保持分区的原则、途径、等级系统、指标体系和区划方法等，并且根据导则的内容统一进行专业人员的培训。各级区划初步成果应经专家审查，在审查通过后纳入水土保持区划体系。

另外，应积极使用"数字"水土保持区划，即在计算机技术的支持下，通过人机交换的模式实现水土保持区划。先确定水土保持区划的指标体系，按指标体系，通过计算机编程和地理信息系统的二次开发功能，形成水土保持区划过程的各个模块，自动实现从水土保持区划基础数据库中提取指标数据并进行指标数据的分析和处理，处理结果的人工调整及结果的输出、打印等功能见图 2-3，这样可以大大提高水土保持区划的效率。

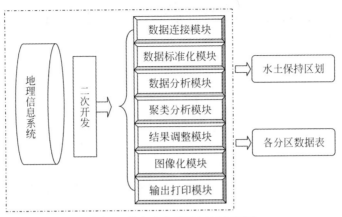

图 2-3　数字水土保持区划实现图

由以上的水土保持区划框架系统的建立过程可以看出，水土保持区划工作是一项涉及面比较广的工作，是国家生态环境建设的一项基础工作，应该由国家相关部门牵头组织，相关技术部门负责来进行，并且应该颁布相应的法律法规，制定相应的标准，使水土保持区划法制化、标准化、规范化，每一级的水土保持区划都应得到同级人民政府的认定和批复，这样才能真正使各级区划起到指导全国水土保持工作的作用。所以说，水土保持区划法律地位的形成是水土保持区划进一步发展的必需保障。

2.6.4.3　水土保持区划与水土保持功能

水土保持措施在国土整治中起着重要作用，治理水土流失、保护和建设良好的生态环境是保证国土生态安全的根本大计，"水土保持功能"这一术语首次出现在水利部《关于水土保持设施解释问题的批复》中，因此，客观地评价水土保持功能显得尤为重要。传统的水土保持功能评价多集中在单一植物效益评价或局部地区规划，具有较完善的评价体系，而对于总体全局的水土保持功能评价则仅局限于定性分析。在这种情况下，本书结合全国水土保持区划，针对水土保持功能各种效益的表现形式，采用相应的价值评估方法，定性与定量相结合地研究水土保持功能，明确区域水土流失的防治方向与途径，制定相应政策，采取相应对策，抓住不同区域的机遇和重点，推进水土保持工作，为全国水土保持规划功能分区和生态环境重建提供了决策依据。

对于不同水土保持功能区，其水土保持工作的战略重点也有所不同，结合对水土保持功能的评价分析，提出不同的水土流失防治途径和水土保持工作的发展方向，以推进未来我国水土保持事业的持续、稳步发展。

2.6.4.4　基础数据获取

大区域的水土保持区划数据量大，应建立水土保持基础数据库系统，其是集数据的收集、输入、建库、管理、用户查询为一体的综合系统，建立的目的是为水土保持区划提供准确及时的基础数据信息，并实现数据的及时更新，同时也为水土保持的研究工作提供基础。

水土保持区划基础数据库系统由数据收集、数据库服务器和用户查询三部分构成，其中水土保持区划数据库服务器是系统的核心，水土保持区划基础数据库系统的结构和流程见图 2-4。

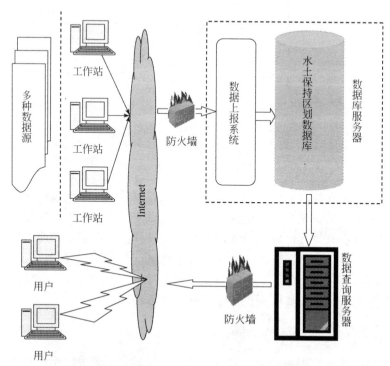

图 2-4　我国水土保持区划基础数据库系统图

　　水土保持区划数据收集是系统建立的第一步。由于水土保持区划涉及自然、社会经济和水土流失等各个方面，在水土保持区划过程中，指标的选择也具有地域性差异，因此，要求水土保持区划基础数据收集力求全面。区划基础数据的收集以行政区划单元为基本单位。全国水土保持区划收集数据的基本单位为县级行政区。数据的输入通过网络访问数据上报系统来实现，县级相关数据由县级水土保持部门负责录入上报，国家级调查及遥感数据由水利部相关部门负责统计上报。省、市、县依据地域大小情况可至乡镇或村。

　　数据库服务器的构建是整个水土保持基础数据库系统的核心，主要完成数据的上报、审核和数据管理。数据库服务器应具有良好的扩展性，可以实现数据的海量存储、数据结构的更改、数据的管理、数据处理及备份。

　　用户查询是水土保持区划基础数据库系统应用的桥梁，首先构建查询服务器，实现与水土保持区划数据库的连接，其具有建立索引文件、设置访问权限等功能，一般用户和县级、市级、省级和各大流域机构管理用户可以按不同的权限访问查询服务器，获取相应的数据。

2.6.4.5　我国水土保持区划应用

1. 全国水土保持区划在规划中的应用

水土保持区划是一项基础性的工作，是一个宏观的、战略性的技术文件，对水土保持规划有着非常大的指导意义，其指明了不同区域水土保持的工作方向，根据区域自然、社会经济和水土流失的状况制定的水土保持区划，充分体现了水土流失防治因地制宜的要求，根据不同区域的基础情况制定相应的水土保持措施布局和农村经济发展方向，这对水土保持科学决策具有重要意义。全国水土保持区划是全国水土保持规划的重要基础工作，为规划的分区防治方略、区域布局与规划、重点项目布局与规划方案的制定提供了决策依据，是规划科学性和可操作性的重要技术保障。全国水土保持区划同时对其他水土保持综合规划和专项规划起到了指导作用，是各类规划分区的基础，是规划布局的技术支撑。

2. 全国水土保持区划在水土保持区划及分区中的应用

全国水土保持区划是部门综合区划，具有长期的指导性。对于省级水土保持区划，可在全国水土保持区划三级分区的基础上进行进一步的划分，以更好地指导省级水土保持规划及相关工作。对于市县级水土保持区划（分区），应明确区域所处的全国水土保持区划地位，制定的分区水土保持方向应符合全国水土保持区划的要求。对于特定区域的水土保持综合区划，其分区应与全国水土保持区划相衔接。对于专项规划中的水土保持分区，可按全国水土保持区划或进行进一步的分区，分区水土保持工作方向应符合全国水土保持区划确定的区域水土保持主导基础功能的要求。在应用的过程中，应区分全国水土保持区划与土壤侵蚀类型区及水土流失重点防治区的关系，全国水土保持区划是水土保持工作的长期指导性文件，是部门综合区划，反映自然、社会经济及水土流失防治需求的差异性和统一性；土壤侵蚀类型区划分的目的是认识土壤侵蚀的地域差异规律，是自然区划的一种，是水土保持区划的基础之一，反映土壤侵蚀类型的差异性；水土流失重点防治区划分是根据可能的投入力度和轻重缓急确定的重点区域划分，是水土保持工作的分区，不具有长期性和稳定性，其重点区域的水土保持技术体系及工作方向仍应遵循全国水土保持区划的要求。

第3章　水土保持区划理论基础与原则

3.1　水土保持区划的理论基础

水土保持区划是根据不同地域单元的特性对较大区域的划分，其目的是实现对不同分区的决策、管理及科学研究。其理论基础是自然地理分异规律、地面组成物质分异规律、生态经济学理论、经济地理与人地关系理论、土地适宜性与可持续发展理论、农业资源地域差异理论等。

3.1.1　自然地理分异规律

地域分异规律是自然地理学极其重要的基本理论。它揭示了自然地理系统的整体性和差异性及其形成原因与本质，为科学地进行自然区划提供了理论基础。影响地域分异的基本因素有两个：一是地球表面太阳辐射的纬度分带性，即纬度地带性因素，简称地带性因素；二是地球内能，这种分异因素称为非纬度地带性因素，简称非地带性因素。地域分异规律是指自然地理综合体及其各组成成分的特征在某个确定方向上保持相对一致性或相似性，而在另一确定方向上表现出差异性，因而发生更替的规律。

自然地域系统研究是从地域角度出发，研究地表自然综合体，揭示地域分异规律，探讨不同尺度的地域划分的科学。气候、土地、水等自然条件或自然资源的类型、数量、质量、结构在时间、空间的分布上是不一样的，而且是错综复杂的。这是水土保持区划具有明显地域性的一个重要原因。然而，农业生产所依赖的这些自然条件的地域差异并非杂乱无章，而是有一定的规律可循，这个规律称为自然地域分异规律。其中，以影响农业生产最大的气候条件，如热量、水分的地域差异规律最为显著。

自然地域分异规律从其形成原因和表现形式而言，一般可以分为地带性差异和非地带性差异两类。地带性差异主要表现为热量、水分等自然条件大致沿纬度或经度方向呈现有规律的变化。纬向地带性差异是指太阳高度角随纬度变化而引起的热量基本上沿纬度方向呈有规律的变化。我国从北到南纬度差约 50°（相距大约 5500km），热量分布的地域差异就很明显，其变化规律是：沿纬度方向由南向北逐渐变化，纬度越高积温越少；纬度越低，积温越多。最北的大兴安岭北部，日平均≥10℃的年积温不足 2000℃，一年中有半年多处于日平均 0℃以下，无霜期不到 80 天，最冷月（1月）日平均气温在-30℃以下，而同期海南岛的日平均气温高达 20℃，≥10℃的年积温多达 8200～9200℃，全年基本无霜。这种纬向地带性差异即使在一个较小的地域范围也不同程度地存在。例如，海南岛最北端的海口市和最南端的三亚市相距不过 200 多公里，纬度相差不到 2°，而年平均温差达 1.6℃。

热量分布的地带性差异深刻影响着植被、降水、土壤和农业生产等，从而进一步影响我国的水土流失。在相当程度上形成植物种类、生长期、栽培、耕作方法与熟制、生产率与经济效益等的地域差异。

根据纬向地带性差异规律，我国自北向南，依次分为寒温带、温带、暖温带、北亚热带、中亚热带、南亚热带、热带和赤道带。每个温度带的降水、植被、农作物种类、耕作制度与耕作方法都不一样，如寒温带的喜温耐寒作物（一年一熟）、暖温带的喜温作物（一年两熟）、热带的热带作物（一年几熟）等。树种的分布、结构也颇不相同：华南南部、滇南、藏东南生长着橡胶、木麻黄、桉树等热带、南亚热带树种；华中、西南生长着松、杉、樟、油桐等亚热带树种；华北暖温带则生长着榆、桦、槐等暖温带树种；东北则广布红松、落叶松等树种。同时，由于热量的季节性变化，牧场的牧草生产率与利用率也随之不同。在热带、亚热带地区，草场四季常青，终年可以放牧；温带地区牧草有荣有枯，一年只有部分时间可以放牧。此外，在我国纬度越高，温度越低，冬季越长，草场可利用的季节越短；反之，草场可利用的季节就越长。这些都直接影响草场的生产力和畜群的饲养规模。

经向地带性差异又称海陆地带性差异。一般是陆地离海的远近及由此产生的海陆相互作用，导致出现降水量由东到西沿经度方向递变的规律。我国大部分地区降水来自太平洋。从东到西，离海远近和受季风影响程度的不同，降水量与湿润度就不一样。大致的规律是：陆地离海越近，受季风影响越大，海陆作用越明显，干燥度越小，降水量越多；反之，离海越远，受季风影响越小，海陆作用越弱，干燥度越大，降水量就越少。

根据降水量的地域差异，我国大陆从东南到西北（东西相距约 5000km），可以划分为湿润区（干燥度<1）、半湿润区（干燥度 1～1.5）、半干旱区（干燥度 1.5～4.0），干旱区（干燥度>4）四个区。降水量的分布很不平衡，全国降水量平均为 629mm，但华南一带年平均降水可达 1500～2000mm，长江中下游为 1000～1500mm，华北一般只有 500～800mm，西北内陆地区只有 100～200mm。有的地方如新疆的塔里木盆地、吐鲁番盆地和青海的柴达木盆地只有 25mm，降水量的这种地区分布差异大致反映了经向地带性差异规律。

水分条件的经向地带性差异规律是水土流失、农作物、植物等种类、结构、分布、灌溉方式、耕作方法与种植制度、生产力等有地域性差异的一个重要因素，并且最终影响农业生产经济效益的区间差异。

非地带性差异又称垂直性差异。其规律表现为：一定的山体，海拔高度的不同引起热量和水分的数量呈现有规律的变化。就热量而言，海拔越高，热量越少，气温越低；反之，海拔越低，热量越多，气温越高。这是由于低海拔空气密度大，吸收热量多。海拔越高，空气越稀薄，吸收的热量就越少。据科学测定，海拔每升高 100m，气温下降 0.5～0.6℃，大于 10℃积温减少 150～200℃。热量的这种垂直性地域差异在海拔高度超过 500m 的山体中就比较明显。我国将近 3/4 的国土海拔高度超过 500m（其中，500～1000m 的占 16.9%，1000～2000m 的占 25%，2000~3000m 的占 7%，3000m 以上的占 25.9%），热量的垂直性差异对农业的影响相当大。

就降水量来说，其与山体海拔高度也有密切关系，其变化规律是海拔高度越高，降水量越多，海拔越低，降水量越少。以海南岛的尖峰岭（海拔 1412m）为例，海拔每升高 100m，降水量增加 140mm，海拔 68m 处的尖峰年降水量为 1649mm，而海拔 760m 处的天池年降水量则达到 2652mm。

　　热量与水分的垂直性差异是形成土地立体利用的自然基础，对水土流失、植被等空间立体分布与耕作制度和方法及产量水平等呈现出不同程度的影响。例如，川西滇北横断山区从海拔 1000m 左右的金沙江谷地到超过海拔 4500m 的川西高原，由低到高可分为河谷热带、山地暖温带、山地中温带、山地凉温带、山地寒温带、高山亚寒带、高山寒带等 7 个垂直气候带。各带的热量与农业利用方向差异相当大。河谷亚热带可以种植双季稻、甘蔗、剑麻、咖啡等亚热带、热带作物，而高山寒带则无作物、树木生长，只有少量牦牛与绵羊分布。因此，水土保持技术体系和水土流失治理活动也应该按山体垂直差异合理安排，这样才能取得理想的效果。

　　地貌地形的垂直分化，指不同高度的地形面在一个垂直带内引起的自然环境的变化，这种分化无论在平原，还是在山区都有明显的表现。在平原，一方面表现为从局部分水岭到河漫滩地下水埋藏深度、排水条件及地方性气候的差异；另一方面又受到切割程度的影响。在森林、草原镶嵌的地带，平地多生长草原；地形切割的沟谷，水分条件稍好，为森林的生长提供了条件。但是，在湿润的森林气候条件下，这种切割又促进了排水。无论稍干或稍湿及其所引起的变化都是在同一水平地带内的差异。至于山区的垂直分化，尽管它与垂直自然带很相似，但也有本质的区别，即前者仅仅是垂直带内的量变，而后者却是量变的积累所引起的质变。

　　应当指出的是，非地带性差异可以发生在任何地带，只要该地带的山体存在海拔高度的差异。这是与地带性差异的不同之处。但这两种差异并非毫不相干，而是有密切的关系，即非地带性差异的存在在某种程度上干扰了地带性差异规律，从而增强了水热等自然条件的差异。

　　上述自然地域分异的存在与作用是水土流失防治必须遵循因地制宜原则的一个根本原因，也是水土保持区划的一个重要的客观依据。

　　必须指出，强调按自然地域分异规律的要求进行水土流失防治，并不意味着可以忽视人的主观能动性对自然条件的影响，要看到人在自然条件面前并非无能为力。随着科学技术水平与生产力水平的提高，人们改造自然的能力增强，可以突破某些自然条件，如气温的限制或者改变某些生物的生长习性以适应自然环境，拓宽作物的适生区域。不过人们驾驭自然的能力和科学发展水平在一定的时期内总是有限的，而且只有在认识和掌握自然规律后才能正确地把不利的自然条件转化为有利条件。因此，任何时候，只要自然条件存在差异足以影响因地制宜，水土保持就必须以自然地域分异规律为依据，才能为促进发展生产、改善生态环境达到预期的目标奠定基础。

3.1.2　　地面组成物质分异规律

　　土壤中的矿物质部分组成依母质成分而定，因而引起生物生长变化与差异。例如花岗岩母质与流纹岩母质比较，虽然化学成分相似，但前者更粗疏，更易透水，而后者多细粒物质，质地较敷。玄武岩风化物一般也较黏细，由于磷灰石含量较多，因此在玄武岩母质上发育的土壤是较为肥沃的，它能提供较丰富的磷肥。石灰岩的主要成分是碳酸钙。在雨水的溶蚀下，碳酸钙被溶解，剩下难以分解的氧化铁和氧化硅。所以，在石灰岩母质上发育的土壤除质地黏重外，还有土层较薄、蓄水能力差的特点。除基岩风化物外，第四纪疏松沉积物的分布也是地方性的分异因素。

在较大范围地面组成物质差异方面，我国黄土高原及其毗邻地区分布的黄土最为典型。在黄土分布区除一般了解的侵蚀强烈、沟壑纵横外，地下水位较深，也是较共同的特征。同时，由于黄土所含黏土矿物，特别是含量最多的伊利石的作用，所以凡有黄土分布的地区景观外貌一般都显得较为干旱，或者说其干旱程度比同类水平地带的相同类型要差一个级别。由于黄土堆积地形与古地形关系密切，因此，在古地形为丘陵的情况下，其顶部、斜坡和坡脚所堆积的黄土厚度是不一样的，这也会导致自然条件分异。就黄土的粒度组成而言，也有明显的地域分异，即自西北向东南趋于变细，可分出若干带，如朱海之把它分为砂黄土、黄土和瀚黄土三个带（刘东生等，1985）。在黄土高原这是引起土壤侵蚀、农业生产，乃至整个生态环境地方性分异的因素。

3.1.3　生态经济学理论

生态经济学是一门研究生态系统和经济系统之间相互作用关系的学科，重点在于探讨人类社会的经济行为与其引起的资源和环境嬗变之间的关系，是一门由生态学、经济学、环境经济学、资源经济学、环境生态学和景观生态学等学科相互交叉形成的具有边缘性质的学科（徐中民等，2003）。它从复杂巨系统的角度探讨生态系统和经济系统之间的关系，主要处理自然社会经济系统的可持续发展问题。生态经济学是研究社会经济发展与自然生态的对立统一关系，着眼于合理地发展社会经济。研究经济与生态的协调发展规律，即研究如何在经济发展中合理遵循自然生态规律，并把经济规律和生态规律相结合，综合运用到经济建设之中，使社会经济能得到合理的、高速度的发展，又能在发展经济的过程中注意保护生态环境和自然资源，以使生命系统和环境系统协调发展。

生态经济系统存在着地域分异的现象，生态经济问题、生态经济规律在不同类型的区域也呈现出明显的差别。生态经济系统的地域差异性主要体现六个方面：①地理环境的差异性；②生物群落结构的差异性；③经济系统的差异性；④生产关系的差异性；⑤人口系统的差异性；⑥区域生态经济系统各要素组合上的差异性（王书华，2002）。

水土保持区划作为部门综合区划，研究的对象是人与自然的综合体，与生态经济学的研究对象存在一致性，而上述差异性也是水土保持区划的研究内容。

3.1.4　经济地理与人地关系理论

3.1.4.1　经济地理理论

区域条件与资源是影响区域形成、存在与发展的诸因素的总和。区域条件与资源的分析是区域经济地理学体系的重要组成部分。区域条件与资源要素囊括庞大内容，但其作用的方式有三种：①直接作用，即直接转换为区域经济要素，参与区域经济活动并发挥其作用；②通过影响区域经济要素投入和经济地域功能进而影响地域经济的运行；③为区域经济的存在与运动提供整体性支持或限制。

经济地理学是以区域研究为基础和出发点的，将区域作为一个综合性大系统进行整体分析研究。区域系统的研究对于分析我国区域经济增长过程中的问题、制定适合我国及区域经济发展的政策都有不可估量的作用。我国区域系统的基本特征：①区划系统（经济区划、行政区划）只要有区域差异存在就将不可缺少，由于经济发展的"惯性定律"或"马太效应"作用，我国区域发展在相当长的一段时期内仍难以缩小其差异，甚至会扩大。②城市系统是经济地域的核心，城市经济地理特点往往是经济地域的缩影，城市对经济地域的形成发展产生重要影响。③四大板块与三大经济圈是我国当今区域发展与比较的基本单位，不可或缺。④区域间联系随着我国经济地理区域内涵的变化将更加频繁和多样化。区域研究的着眼点不仅局限于区域本身，还要追求区域间的统一和整体利益的最优化。同时，区域发展不能过分强调区域的个体，而应优化区域系统的组合。

从区域经济地理角度，对不同类型地区进行分析，如香港特别行政区、全国最大的经济特区——海南岛、国内经济最发达的长江三角洲和珠江三角洲地区、天府之国的四川盆地、塞上江南的宁夏、热带风光的西双版纳、干旱区的新疆和河西走廊、经济联系紧密的重工业基地——东北区、条件富有特色的黄土高原和黄淮海平原，以及边疆重点建设地区的西藏"一江两河"地区、"丝绸之路"经济带沿线区域，各区内部也有经济发展的主要矛盾、发展方向和可持续发展战略等。我国经济地理在实践中发展了人地关系理论、宏观区位理论等基础理论。经济地理学中的经济活动都是在具体的地域内进行的，在中国的地域上表现为中国经济地理特质。

3.1.4.2　人地关系理论

人地关系存在于人类发展的各个时期，正确地协调人与地的关系是人类为此共同努力的目标。人类社会与赖以生存的环境之间的关系就处于不断变化的过程中。人地关系论是人文地理学的重要理论，影响人文地理学的各个要素和方面，同时其与水土资源也有着密切的关系。人地关系论，当前突出研究人口、资源、环境如何协调、可持续发展等问题。

"人"是指在一定生产方式下，一定地域空间上从事各种生产活动或社会活动的人；"地"是指与人类活动有密切关系的、无机与有机自然界诸要素有规律结合的、存在着地域差异、在人的作用下已经改变了的地理环境。人地关系是指人类与自然环境之间互感互动的关系，一方面反映了自然条件对人类生活的影响与作用；另一方面表达了人类对自然现象的认识与把握，以及人类活动对自然环境的顺应与抗衡。

"地"，即资源环境基础，是研究区域差异和人地协调的重要因素。传统的农业社会较多依赖资源环境基础中的水、土资源，因为水、土资源是农业生产的必要条件。当代社会与传统农业相比较，生产力得到明显提高，进而导致生产对象也逐渐多元化。相关研究指出，现代国家资源环境基本要素组成中包括土地、水、矿产、能源和生态环境。

人类对人地关系地域系统的影响作用是显著的，但是地域系统的运作、循环有其特定的内在机制，作为人地关系地域系统一部分的人，当其活动超过系统负荷时，系统内在机制的紊乱将给整个系统带来灾难。近年来工业化进程的加快，人口数量的不断增加和人类活动强度的加大对系统环境带来的压力使人地关系的问题日渐凸显。人地关系状态的定量研究，是判断区域人地关系状况、制定区域发展战略、营造区域和谐氛围的基本出发点，同时，可持续发展理论和科学发展观要求人地关系的研究应着眼于未来，为人类社会谋求长远的福利。

人类出现以来，就产生了人类社会进步与地理环境变化两者相互依存和相互作用的关系，即人地关系。在人地关系演进状态理论中，人是作为主体存在的，用人口密度结合区域经济活动的强度，估算区域的人类活动量，再与区域相对背景区域的资源环境基础相比较，得出区域"人—地"关系的矛盾程度。

人地关系，即人类社会和自然环境的关系，人口与土地之间的数量表现。可用人口密度和人均占地等项指标加以反映。人口密度为单位面积土地拥有的人口数量，是衡量人口分布的重要指标。人均占地为每人平均占有的土地数量，如人均占有土地、人均占有农用地、人均占有耕地等，是衡量人地关系的重要标志。人均占有耕地数量，决定着人均占有粮食等农产品的数量。

人地关系的定量测定，首先要明确"地—地"的对应关系状态。区域基本公式的评价目的是确定地区持续发展的资源环境保障程度，实际上就是指某一研究区域的基础资源环境要素与这些要素分布的空间面积之间的关系，明确资源环境要素与其分布空间面积关系，定量显现资源环境要素在区域中的分布密度，它反映的是该区域在发展中的本底和潜力。然后进一步确定"人—地"的对应关系状态，即人类在地理空间分布与资源环境要素空间分布的对应关系。

3.1.5　可持续发展理论与生态区划

可持续发展是既满足当代人的需求，又不对后代人满足其自身需求的能力构成危害的发展。包括以下三个方面内容：①满足需要，尤其是贫困人民的基本需要；②消除极限，尽可能地节约利用资源，积极治理和保护生态环境；③平等共享，即要求各代人之间和同代人之间实现资源的平等与公平分配、良好生态环境的平等与公平共享。主要原则包括：①发展的原则，和平与发展是当代人类进步的两大主题；②现代生态型生产的原则；③区域间协调发展的原则；④资源利用代际均衡的原则；⑤社会各阶层间公平分配的原则；⑥经济、社会、环境与生态协调发展的原则；⑦消除贫困的原则。

随着全球和区域经济的发展和人类活动的加强，自然生态系统的维护与功能发挥直接制约着经济社会的发展。因此，改善生态环境并使之与经济发展相适应从而达到可持续发展是当前亟待解决的问题。这就要求对当前的生态环境状况要有一个宏观的了解，并且区分不同区域的主要环境问题，为区域经济的发展和环境保护政策的制定提供科学依据。而生态区划正是以此为目的。随着生态学的发展，人与生态系统的相互作用研究成为生态学研究的重要领域。因而，生态区划和生态制图也日益受到人们的重视，并在很多国家得到充分开展。

3.1.6 土地适宜性评价理论

土地适宜性评价是土地利用规划、土地资源开发利用以及综合农业区划的基础工作，也是水土保持区划的基础之一。根据我国复杂的土地类型，对土地适宜性进行评价时遵循：①针对性原则，要针对一定的土地用途或利用方式进行土地的适宜性评价。②持续利用原则，针对土地某种用途或利用方式的适宜性进行评价，即指土地在长期持续利用条件下的适宜性评价。③比较原则，通过土地质量的鉴定，进行比较鉴别。④辩证原则，土地适宜性评价要采用综合分析与主导因素相结合，以主导因素为主的方法。⑤实践性原则，在一个地区的土地适宜性评价中，评价对象和评价范围的提出，必须从实际出发，充分考虑当地的自然、社会和经济条件。⑥潜在适宜性原则，不仅要评定某一土地单元在目前状态下对某种土地用途和利用方式的适宜性，即当前适宜性，还需要评定土地在经过改良后的潜在适宜性。

长期以来，土地适宜性评价一直在土地规划利用中起着基础作用。十几年来，林业土地适宜性评价持续深入开展，城市用地、旅游用地、土地整理复垦及其他用地的土地适宜性评价日渐增多；基于此，土地适宜性评价的理论思想得到了进一步的丰富，景观生态学被引入土地适宜性评价；土地适宜性评价在方法上也有新的发展，"3S"在土地适宜性评价中得到广泛的应用，使得土地适宜性评价更为灵活、科学。这对于水土保持区划有重要借鉴意义。

土地适宜性评价并非必须采用统一的尺度和指标。不同区域应根据生产实际，针对不同的土地利用需要，选取不同的评价指标，建立不同的评价体系。这样，才能更好地满足区划规划需要，实现合理利用土地的目标。

对土地进行适宜性评价的显著特点是近年来环境生态脆弱区土地适宜性评价明显增加。随着人口的增多，社会经济的持续发展，土地资源的供求矛盾日益严重并引起一系列生态环境问题，正是在这样的背景下，一些研究者在内蒙古地区、喀斯特地区、黄土丘陵沟壑区、祁连山地区、紫色土丘陵区等生态脆弱地区开展了土地适宜性评价。这些评价旨在为生态脆弱区人地矛盾的解决提供指导，以满足土地合理利用、防止土地退化、水土保持、植被恢复等方面的要求。

3.1.7 农业资源地域差异理论

水土保持与农业资源地域分异有着密切的联系。根据农业资源的地域差异性理论，分区划片合理布局农业生产，因地制宜发展区域农业经济，明确水土保持工作方向是十分关键的。农业资源地域差异的成因集中表现在以下两个方面。

1. 自然地带性

地带性规律是自然地理的首要规律，它揭示了在不同的纬度、高度和具有不同自然地理特征的地区，其地表热量与水分的组合和运动是不同的。这一物质能量地理上分配的差异，使各种具有不同适应性的生物随之分布，因而在地球表面形成了各种生态系统，从而也决定与之相依存的农业资源在性质、数量、质量及组合上的地域性和差异性。

2. 非自然地带性

自然地带性只是自然资源地域性形成的基础和前提，而人的作用则直接、主动地导致了农业资源的地域分异。因此，农业资源的地域差异性与人们的资源利用方式密切相关，这种非自然地带性表现在以下两个方面：第一，农业自然资源的形成、分布及构成与人类活动有一定的关联性；第二，人们对自然资源利用方式的差异，在一定程度上决定了自然资源的地域差异。

自然资源利用的地域差异性是不同的社会经济条件作用于不同的自然资源而长期形成的结果，是由自然生态因素和社会经济因素运转共同决定的。农业生产的地域差异性是农业、水利、林业、水土保持等区划的主要理论依据。

农业资源地域差异性的形成原因是错综复杂的，有自然的、经济的、历史的、民族的、政治的因素等。其中由于自然地带的差异性，各地作物、家畜、特产等的种类都是不同的，许多农产品的地域界限、温度界限也都很严格。即使是非自然地带因素，也对农业地域分工产生很大的影响，如山地地区与草原地区的农业结构、生产水平显然不同。

我国地域辽阔，自然条件差异很大，生产力发展很不平衡，因而各地区经济发展水平参差不齐，掌握农业资源地域差异理论对于充分发挥和利用各地的资源及条件优势，制定水土流失防治措施，发展特色产业具有重要意义。

3.2 水土保持区划的基本原则

3.2.1 区内相似性和区间差异性原则

自然环境条件是水土保持区域特征和功能特征形成和分异的物质基础，虽然在大尺度范围内，某些区域内其总体的自然条件趋于一致，但是其他一些自然因素的差别（如地形地貌、气候、土壤等），使得区域内自然社会条件、水土流失类型及水土保持功能、结构也存在着一定的相似性和差异性，同一分区内，自然条件、自然资源、社会经济情况、水土流失特点应具有明显的相似性。同时，同一分区内水土保持的功能需求及生产发展方向（或土地利用方向）与防治措施布局应基本一致，应做到区内差异性最小，而区间差异性最大。

3.2.2 主导因素与综合性相结合原则

与单一要素分区不同，水土保持区划具有显著的综合性。它是由各自然、水土流失、社会经济因子等组成的统一整体。在进行分区时，不能仅仅分析个别因子的地域分异，而应全面分析所有因子及由之组成的系统组合的地域分异，评价其地带性与非地带性的表现程度，确定水土流失类型与程度和水土保持方向，确认水土保持区的存在并划定界线。这就是综合性原则。由于所有生态因子不仅具有自身发展所获得的特性，还具有对其他因子的发展与性质产生一定程度的制约或协同作用的共性。这就决定了这些因子在"共性"体系中能够存在和发展，但又不能单独存在和发展。它们处在一个相互作用的"链网"中，其中一种因子发生变化，必然导致与其联系的其他因子的变化，结果会影响整个"共生"体系的性质和演变。因此，在划分或合并过程中需要综合分析上述相互作用的关系。在综合分析中注重：①各因子之间相互作用的性质，如相互制约中的相互削弱、抵制作用，相互协同中的相互加强、助长、放大作用等。②各因子之间相互作用的方式和过程，如过程因果联系、正负反馈关系，主导的物质迁移、能量传输和转换过程等。③各因子之间相互作用的程度。定量的分析以实验和观测为依据，定性的分析则划分出一些相互作用的子系统或子链。④各因子相互作用的结果和总体效应。运用最小限制因子原理、"整体大于部分之和"原理、时间（过程）迟滞、边缘效应、结构与功能相互作用原理等方面的知识，进行宏观分析。

但是，对任何生态地理区而言，在众多生态因子中，必然有某个因子对其本质特征的形成及与其他区的差别起着主导作用，主导因子原则由此引出。这一原则要求在区划时着重考虑区域水土保持分异的主导因子，即决定体系基本特性或其变化可以引起整个系统发生较大程度量变甚至质变的那些因子。但主导因子不能离开综合性而孤立存在，也不能凭借主观臆断去"认定"，而必须符合客观实际，是在综合分析的基础上得到的。一般说气候经常是大尺度地域分异的主导因子，但宏观地貌结构常常导致气候变化，进而造成若干生态地理区间整体特征的差异，因而也常常成为大尺度非地带性地域分异的主导因子。水土保持区划具有自然与社会双重性，不同地区各因素所起作用的程度不同，其中往往一个或几个因素起主导作用，突出主导作用因素才能反映水土流失治理的本质。因此，水土保持区划必须坚持主导因素与综合分析相结合。

3.2.3　区域连续性与取大去小原则

区域连续性原则要求各个区保持完整而不出现"飞地"，除非行政区划界线使某个区被分隔。但即使在这种情况下，被分隔的区域在境外或域外仍然是连续的。由于水土保持区域分异中的地带性特征往往会因非地带性因素的影响而遭到破坏，因而在考虑区域连续性时，必须根据区划空间范围的大小进行取舍，避免区划结果破碎零散。

取大去小即共轭性，主要考虑地域之间的共轭关系和联系特点，主要反映在毗连地域系统之间的互相作用，特别是一定的结构网络联结条件下的物理迁移、能量传输，如一组地形系列（分水岭、斜坡、河谷、水域）上化学元素的迁移，地表水、地下水之间的联系，风化物和侵蚀产沙的搬运、堆积过程等。空间连续性原则对于进行自下而上合并的区域划分具有尤为重要的意义。同时，在把一些数量"分类"方法改造为"分区"方法时，考虑地域联系条件下的地域毗连就成为重要的方法论依据。水土保持区划与水土流失类型分区存在着本质上的差别，类型是可重复的，而区域是个体的和不可重复的。

3.2.4　以地带性为主，兼顾非地带因素的原则

水土流失类型地域分异是由地带性因素和非地带性因素相互制约、共同作用形成的。在区划过程中，必须基于水土流失发生的自然成因，将地带性与非地带性有机地结合在一起，客观地反映水土保持区域分异的本质。

地带性与非地带性是地表自然界最基本的地域分异规律。地表自然界的地域分异是地带性因素和非地带性因素相互制约、共同作用的结果。根据气候在土壤、植被上的反映来观察自然现象的水平地带规律，是广义理解的地带性规律。

在水土保持区划中，地带性和非地带性的对立统一贯穿着过程的始终，决定着过程的本质。从地球表层生态系统的空间格局来看，不同尺度的空间分异反映着不同尺度的地带性与非地带性的组合关系。全球性的地域分异规律反映了海陆分布与大的温度带的对立统一关系；大陆尺度的地域分异规律反映了纬度地带性与距海远近的对立统一；区域性的地域分异规律反映了地带性与经向差异的对立统一；地方（局地）性地域分异规律虽然以属于非地带性的分异占主导，但也隐含着地带性因素的强烈影响。

总之，地带性与非地带性因素相互作用以后表现出来的形式，是地球表层最基本的分异规律。因此，在水土保持区划分与合并过程中，应该将贯彻始终、影响全局、决定分异本质和过程的地带性与非地带性的有机结合关系放在重要位置，作为总的指导原则，才能较为客观地反映这种分异规律。尤其是在采用自上而下顺序划分的生态地域划分中，这一原则更应得到重视。

3.2.5　自上而下与自下而上相结合的原则

分区的多级单位在于区分和认识大的区域差异，在区划方法上采用"自上而下"的演绎途径，而分区的低级单位是自然和社会经济属性的结合，为水土保持措施的配置、功能效益的最大发挥服务，宜采用"自下而上"的归纳方法。我国大区域区划中往往是把二者结合起来，即由中央部门制定"自上而下"的总体分级方案，然后"自下而上"征询意见，反复商榷，最终确定其分区边界。

3.2.6　水土保持区划与功能相结合原则

水土保持基础功能是水土保持区划的重要内容，也是明确水土流失防治目标的切实需求。水土保持基础功能主要体现在区域单元内生态环境特点和水土保持设施所发挥或蕴藏的有利于保护水土资源、防灾减灾、改善生态、促进社会经济发展等方面的作用。只有明确了每个区域单元的水土保持主导功能，才能更好地把握水土保持发展方向，从而提出水土保持措施体系。所以，水土保持区划一定要与水土保持功能相结合。

此外，还应考虑继承和应用已有的区划成果和地理、行政、历史沿革的传统习惯的原则（杨勤业等，2002）。区划中要结合我国已有的综合自然区划和专题（地貌、土壤、

植被、经济、人口）区划成果，充分继承和应用已有的相关水土保持区划成果，考虑传统习惯，以便于区划成果的应用推广。考虑我国国家宏观管理和水土流失综合防治与水土资源的综合开发利用都是在行政区范围内决策实施的，还应坚持保证县级行政边界基本完整的原则。为便于区划基础数据的获取和成果管理与应用，将县级行政区作为区划的基本单元。

第4章　水土保持区划技术途径与方法

水土保持区划是人为划分的，但绝不是随心所欲的任意划分，不能凭借主观臆断，而必须在一定的理论指导下，采用适当的方法建立合理的指标体系作为分区标志，只有这样才能正确反映地表自然界的客观存在。本章主要讨论水土保持区划技术、分级及指标体系和划分方法。

4.1　水土保持区划技术途径

水土保持区划方法和途径与分区的原则是密切相关的，方法和途径是贯彻原则的手段。

4.1.1　自上而下推演途径

通常进行大范围中高层次的地域划分时，较多采用自上而下顺序划分的演绎法。其特点是能够客观把握和体现地域分异的规律，更适合于中高层次区划、单位的划定，全国水土保持区划的一二级区就属于中高层次单元划分，以影响水土保持的要素分析为基础并多采用主导要素指标、综合分析及地理相关关系法。

全国水土保持区划研究中，特别是自上而下顺序分析所采用的分类单位体系，可以区分为类型区划和区域区划两种。两者是可以相互转化的，作为自上而下顺序划分的重要步骤和途径。先是较高级单位中按照地带性分异原则进行类型区划，然后在较低级单位转化为区域区划，如温度带的划分、地带性水分状况的划分都属于类型区划的性质，把它们结合在一起则是由类型区划向区域区划的转变和过渡。

全国水土保持区划方案制定过程中，为贯彻相对一致性原则，按照自上而下的顺序逐级划分，同时结合"自下而上"的方法进行验证、协调与调整。为体现综合性原则，着重采用地理相关法、类型制图法、影响因子区划图叠置法等。类型制图法，如全国生态地理区划，以气候、地貌、植被和土壤类型图为依据，确定其整体生态地域类型，并在此基础上进行生态地理分区。生态因子区划图叠置法是指将现有各生态因子的不同比例尺区划图相互叠置，借此查明同一气候区、水文区、地貌区与土壤区间界线的吻合程度，调整其不吻合部分，获得具有综合性特点的分区界线。只有通过"自下而上"反复调接与调整，才能获得综合的界线。地理相关分析法的要旨是运用各种专门地图、文献和统计资料，分析各自然要素间的相互关系，而后进行分区。这一方法在分区实践中运用很广，全国水土保持区划也是在此基础上，结合定量分析确定边界，并注意与叠置法相结合。

还需要特别提出与主导因子原则相适应的主导标志法。选取反映水土保持区主要特征或分异主导因子的标志作为确定分区界线的依据，即主导标志法的基本内涵。在进行高等级水土保持区的划分时，普遍采用硬性的量化指标，如日平均气温≥10℃的天数和积温、年平均降水量等，而在划分三级区时则较多应用非量化指标，如植被、土壤类型分布，地表物质组成，地貌类型变化等。

4.1.2 自下而上归纳途径

自下而上逐级合并的归纳法途径应在考虑大的自然地域分异的背景下，揭示和分析中低级地域单元"集聚"为高级地域单元的规律。水土流失类型特征规律作为其理论基础，结合自然地理、社会经济特征，有以下几个方面的考虑：从基础和程序上看，水土流失类型划分最基本、最直接的是水土流失类型特征分析。只有通过特征分析，才能较全面地揭示水土流失类型组合的规律性以反映其区域特征，进而为自下而上的逐级合并提供理论根据。它主要是在中高级单位下，自下而上合并出低级单位。这些较低级单位的形成和特征，除受控于区域性的地域分异规律外，很大程度上取决于其内部的因素组合特征。所以，以水土流失类型特征的规律为理论根据合并或确定低级区域，符合不同级别水土保持区划单位发生、发展的客观实际。从水土流失类型特征的相对一致性和差异性上看，每个区域都有一定的水土流失类型及其面积比例，有一定的排列组合方式，这就是水土流失类型特征。区域水土流失类型结构不仅是该区域各种成分（条件）的综合反映，也是该区域各水土流失类型部分的综合反映，它最能代表区域的综合特征，是自下而上进行划分的客观依据。同时，水土流失类型结构在质、量、时间、空间方面都有相应的表现形式，它所反映的规律性比通常所指的区域分异规律在内容上更为丰富和全面。

自上而下顺序划分和自下而上逐级合并是实现区域综合的两种基本途径。由于其理论基础不同，方法论也有明显差别。

从区域综合的途径看，自上而下的划分是由"整体"到"部分（低级主体）"；自下而上的合并正好相反。前者主要考虑高级地域单位如何划分为低级单位，而后者则主要考虑低级地域单位如何合并为高级地域单位。虽然这两种综合途径的结果具有一定的等价性，但是，自下而上逐级合并的方法对于确定低级单位有更确切和客观的效果，这是归纳途径进行区划的优点。

从综合的内容（如依据和指标）看，演绎途径主要是对水土保持各要素（地貌、气候、水文、土壤和植被等）进行综合；归纳途径则根据水土流失类型、土地类型等的组合关系，从类型单位进行区划单位的合并。虽然两种综合也具有一定的等效性，但各有其最佳的实用范围。高级区划单位的形成主要取决于气候和宏观地貌格局的分异，并反映在土壤和植被等其他要素的特征上，适用于要素综合分析基础上自上而下顺序划分出高中级区划单位。当在中小尺度范围内进行研究时，由于土地等类型结构对于低级区划单位的形成与特征起到重要的作用，加之土地类型等划分已经对地域分异及各要素进行过综合分析。所以，以此为依据自下而上才能逐级合并出低级区划单位。

4.1.3　定性分析分区法

从定性定量的角度来看,主导因素分析法、区域对比法、地图叠加法、综合平衡法等都属于定性分析法。这种方法是在掌握一定资料和数据的基础上,依据区划的目的,确定分区原则和指标体系或绘制有关指标的单因子分区图,相互叠加进行分区,对分区中存在的不确定边界或有争议的分区界线,由区划研究人员运用已有的经验,在实地调查和综合分析的基础上,加以调整和完善。这种方法的主要步骤是:①通过编制各有关指标的单因子分布图,揭示地域分异现象。②根据实地调查研究资料,分析地域分异形成的因素,特别是水土流失成因。③抓住主要矛盾的稳定因素,考虑划区的轮廓。④根据主要矛盾,找出这个区的核心,也就是从整体上找出这个区的特点,再根据其特点来确定区的界线。⑤对每个区进行分析阐述,扬长避短,发挥优势。这种定性分析法的主要优点是方法比较简单,容易被人们掌握,而且许多经验来自于实践,因而凭经验所调整的边界比较符合实际。但是,这种方法的工作量大,费时费力,时间较长,受人为主观局限性的制约,存在一定主观随意性,科学性稍差。

4.1.4　定量分析分区法

定量分析法是用数学方法进行分区。比较常用的方法有聚类分析法和模糊聚类法等。从现有资料看,运用这种方法进行分区的事例,多是中尺度以下部分地区的区划。这种方法主要根据分类单元及其指标体系所含的特征量,经过数学处理,对研究地区进行分区划片。其主要步骤是:①围绕区划的目的,罗列出与其相关的因素。②针对各相关因素对水土流失防治影响的重要程度,确定各相关因素的权重。③进行聚类。尽管聚类有多种方法,但基本思路大致可分为三种:一是聚合法。开始时每个分类单元自成一类,再把相似程度最大的合为一类,使类的数目减少,如此继续下去,直到所有单元都合成满意的若干区或类为止。二是分解法。开始时将全体分类单元看作一类,然后将差异最大的类分开,直到分成所需要的若干区或类为止。三是调优法,开始时先将分类单元粗略地分成若干区或类,然后根据分类函数尽可能小的原则,对各类进行调整,直到最佳为止。④将聚类结果放到实际中检验和调整。这种方法进行区划的优点是科学性强,可以借助计算机多元统计软件等加快区划的速度,节省时间和人力,方法也准确可靠。其缺点是较难掌握,有时由于输入的数据误差较大,虽然运算方法精确,但其结果也有较大误差,还需区划研究人员依据经验加以调整。特别是针对全国性的区划,由于范围广,差异大,指标体系难以统一,同一指标不同地区其权重差异也很大。因此,定量数学方法适用于局部资料翔实准确的地区。

4.1.5　综合技术途径

在大中范围内进行生态地域划分时,区域划分的级序往往较多。既有中高层次的区划单位，也要求有中低层次的区划单位。在这种情况下，不仅需要分别采用自上而下划分和自下而上合并途径确定不同层次级别的区划单元，更重要的是两者之间的衔接和协调。由于"自上而下"的途径具有宏观控制意义，因而"自下而上"提高了分区边界合理调整和确定的精度。因此，问题在于确定在哪一级区划单位上衔接和如何衔接，协调的关键是区划指标和方法的协调。因为两种途径的有机结合，最后还是体现在具体的区划指标和方法上。

从定性与定量角度来讲，定性的方法主要包括传统的顺序划分法、合并法、主导因子法等，采用经验性的定性方法，具有很大的人为指定性，科学性不强。因此，综合多因素、多指标进行定量的系统分析，客观地、准确地进行水土保持区划，是水土保持科学发展的客观要求与必然趋势。随着统计学及 3S 技术的发展，大量的定量区划方法得以很好的应用，主要包括多元统计分析中的多元聚类分析、主分量分析、正交函数排序法、判别分析；模糊数学中的模糊聚类分析、模糊相似优先比、模糊模式识别、模糊综合评判；灰色系统中的灰色聚类、灰色局势决策、综合集成法等。定性与定量相结合的方法是本次区划中的主要应用方法。

4.2 水土保持区划分级体系研究

4.2.1 相关区划（分区）分级体系分析

4.2.1.1 中国地貌区划分级体系

地貌区域是在一定的自然环境条件下，以特有结构形式出现的若干地貌类型组合的单元。其中，诸类型可能以某一优势类型或特征为代表，或以若干性质相关、地位并列的类型而组合；地貌区域具有气候地貌与构造地貌互相作用的区域协调性和统一性，以及地形外貌的近似性。而地貌类型则强调内部成因与形态的统一性和近似性，其范围界线相对破碎而不规则，并可能在不同区域重复出现。

1994 年，陈志明依据地貌形态成因、区域性、大地构造标志和综合标志等四个原则将中国地貌共分 4 个一级区、8 个二级区与 36 个三级区，它们分别称为"区域""区"与"亚区"。

中国地貌各级划分的依据与特征是：一级区，地貌内外力相互作用的区域协调性与统一性，具有特定的类型组合规律与结构特征，并反映一定的自然环境条件；二级区，同一内外营力的近似强度，具有独特的类型组合特征，或较近似的地形外貌（海拔高度和地形切割度相差不大）；三级区，以特定优势类型为代表和若干次要类型的相合为特征，具有同一主要地貌营力。

4.2.1.2 中国植被区划分级体系

植被区划是综合自然区划、自然生态区划和各类农业区划包括水土保持区划的主要依据之一，指在一定地区，依据植被类型及其地理分布特征划分出彼此有区别，但内部有相对一致性的植被组合的分区。植被分区在空间上是完整的、连续的和不重复出现的植被类型或其组合的地理单位。从理论意义来说，植被区划所展现的地球各地区的植被地域分异，可以指示植被地理分布的规律性及其与环境的关系，提供区域或全球的植被地理图式；还可以确定某一地区在植被带中的位置及其与周围分区的相应关系，从而能更深刻地认识该区的植被实质。

2007 年，中国科学院编制的《中国植被区划》具有 4 级区划单位，从上到下分别为植被区域—植被地带—植被区—植被小区，各级单位还可以划分为亚级，如亚区域、亚地带等。全国共划分为 8 个植被区域及 12 个植被亚区域、28 个植被地带及 15 个植被亚地带、119 个植被区和 453 个植被小区。

各级植被区划单位的涵义与划分依据是：第一级植被区域（region）。是区划的最高级单位，它是由具有一定水平地带性的热量-水分综合因素所决定的一个或数个"植被型"占优势的区域，区域内具有一定的、占优势的植物区系成分。全国分为 8 个植被区域。其中，青藏高原具有在大陆性高原气候条件下出现的一系列高寒植被型的组合，也划分为独立的植被区域。

第二级植被亚区域（subregion）。植被亚区域为植被区划的高级单位。它是在植被区域内，由水分条件（降水的季节分配、干湿程度等）差异及植物区系地理成分差异而引起的地区性分异。由于这类分异主要是受到干湿度地带性或不同大气环流系统的作用，因而，"亚区域"在我国通常按东西方向或东南—西北方向相区分，但是，往往受到地貌状况的影响而发生偏离。在我国，热带季雨林、雨林区域，亚热带常绿阔叶林区域，温带草原区域与温带荒漠区域均可分为东西两个亚区域；青藏高原高寒植被区域则依照干旱程度由东南向西北增加而分为寒温性针叶林亚区域、高寒灌丛与草甸亚区域、草原亚区域与荒漠亚区域。

第三级植被地带（zone）。植被地带和植被亚地带为中级植被区划单位。在幅员广袤的植被区域或亚区域内，南北向的光热变化，或地势高低所引起的热量分异而表现出植被型或植被亚型的差异，则可划分出植被地带。

第四级植被亚地带（subzone）。在植被地带内可根据优势植被类型中与热量或水分有关的伴生植物的差异，划分植被亚地带。

第五级植被区（area 或 province）。是区划的低级单位。在植被地带内，局部的水热状况，尤其是由中等地貌单元所造成的差异，可根据占优势的中级植被分类单位（群系、群系组或其组合，其中包括垂直地带性或非地带性的植被占优势的组合）划分出若干"植被区"（相当于过去称作"植被省"的单位）。其具体的划分依据为：①植被区内具有一定的优势植物群系或其组合；②植被区内具有一定的植被生态系列或山地植被垂直带谱；③植被区内具有比较一致的组成植被的区系成分；④植被区内在植被和环境的利用、改造（包括种植业）的布局和发展方向上比较一致。

第六级植被小区（district 或 area）。是植被区划的最低级单位。它反映了植被区内局部地貌结构部分的分异引起的植被差异和植被利用与经营方向的不同。

4.2.1.3　中国土壤区划分级体系

我国土壤调查研究已有半个世纪的历史。在实地调查研究我国土壤，并总结土壤经营管理与培肥经验的基础上，积累了大量科学资料，这是进行土壤区划的主要依据。

中国土壤区划采用的土壤区域、土壤地区、土区三级分区制，是在《我国的土壤》所附"中国土壤分区图"的基础上，参照席承藩和张俊民 1982 年编写的《中国土壤区划图》中的三级区，并予以补充、修改编制而成的。

土壤区域是全国土壤区划一级单元，反映我国土纲组合群体结构与大农业生产的概括特征，体现我国生物气候条件大范围的不均衡性及其所影响的土壤性状与农、林、牧业布局的重大差异，据此将全国分为 3 个不同的土壤区域：Ⅰ. 东部森林土壤区域；Ⅱ. 西北草原、荒漠土壤区域；Ⅲ. 青藏高山草甸、草原土壤区域。

土壤地区是全国土壤区划二级单元，反映土壤区域内部生物、气候条件不同引起较大范围地带性土纲或土类组合的差异。同一土壤地区内，具有大体相近的水热条件和土地生产特点，农、林、牧生产发展的方向较为一致。据此将东部森林土壤区域划分为华南、滇南砖红壤、水稻土（Ⅰ1）等 6 个土壤地区；西北草原、荒漠土壤区域划分为内蒙古黑钙土、栗钙土、棕钙土（Ⅱ1）等 3 个土壤地区；青藏高山草甸、草原土壤区域划分为青藏东部亚高山、高山草甸土（Ⅲ1）等 3 个土壤地区，共计 12 个土壤地区。

土区是全国土壤区划三级单元，反映土壤地区内部生物、气候条件或地域性因素（地形、水文等）不同引起的土类或土类组合的差异。同一土区内，具有比较一致的水热条件和土地生产力，农、林、牧生产的配置和改良利用也相近。据此，东部森林土壤区域共分为 44 个土区，西北草原、荒漠土壤区域共分为 20 个土区，青藏高山草甸、草原土壤区域共分为 8 个土区，共计 72 个土区。

4.2.1.4　中国林业区划分级体系

林业区划是以林业生产为对象而进行的区划，是在分析研究自然地域分异规律和社会经济状况的基础上，根据森林生态的异同和社会经济对林业的要求而进行的林业地理分区。

2012 年国家林业局完成了全国林业发展区划。该区划采用三级分区体系，将全国划分为 10 个一级区，62 个二级区，501 个三级区。

一级区为自然条件区，旨在反映对我国林业发展起到宏观控制作用的水热因子的地域分异规律，同时考虑地貌格局的影响。

二级区为主导功能区，以区域生态需求、限制性自然条件和社会经济对林业发展的根本要求为依据，旨在反映不同区域林业主导功能类型的差异，体现森林功能的客观格局。

三级区为布局区，包括林业生态功能布局和生产力布局，旨在反映不同区域林业生态产品、物质茶农和生态文化产品生产力的差异性，体现森林功能的客观格局。

4.2.1.5　中国水利区划分级体系

中国在 1979～1981 年配合农业区划，首次完成了全国及流域、省（自治区、直辖市）、县（旗、自治县）四级水利区划。这次水利区划以农业发展为主要对象，并考虑国民经济发展和国土整治的需要，将全国分为 10 个一级区、82 个二级区、252 个三级区、2130 个四级区。分区研究水资源综合开发、合理利用的战略布局和开发治理方向（中国水利区划编写组，1989）。

一级区概括地揭示了中国水利发展最基本的地域差异。它以地形、地貌、水系、气候和地理位置等因素为主进行分区。分区命名采用复合名称，由两部分组成：第一部分表示地理位置；第二部分表示地理特征，如东北山丘平原区、黄淮海山地平原区、内蒙古草原区、西北黄土高原区、江淮丘陵平原区、川陕山丘盆地区、东南沿海区、云贵高原区、西北内陆区、青藏高原区。

二级区以水资源开发利用条件、水旱灾害规律、水利建设现状和发展方向为主要因素进行分区。分区命名同样采用复合名称，名称组成除反映地理位置和地形条件外，还反映主要灾害和水资源合理开发利用的主要措施，其先后次序反映主次关系，如辽河中下游平原洪涝旱区、珠江三角洲平原洪涝区等。

三级区一般不跨省（自治区、直辖市）界或流域界。

四级区一段结合县（旗、自治县）行政界限划定。

各级分区关系密切，但作用各异。一、二级区主要为全国及地区性农业区划、国土整治规划、国民经济发展规划、流域规划及地区水利规划提供依据。三、四级区有直接指导地方国土整治、农业生产与水利建设的作用。

《中国水利区划》在分区研究的基础上，将 82 个二级区归纳为 10 种不同类型。

（1）耕地稀少，以林地为主的高山区。主要包括东北大小兴安岭和长白山、西南川滇藏高山峡谷，西北祁连山、天山、阿尔泰山和西藏、新疆边境山区。

（2）山地丘陵林农过渡区。主要包括燕山、太行山、秦岭、巴山、川鄂湘黔边界山区、四川盆地外围山地、浙闽赣边界山区、黔滇桂山区及滇西横断山脉南段山区等。

（3）土地资源丰富、开发程度较低的农牧高原。主要包括内蒙古东部草原、青藏高原、黄土高原和云贵高原等地区。

（4）水土资源开发程度较高的山地丘陵农业区。主要包括长白山低山丘陵，辽西、辽南及嫩江右岸丘陵，江淮丘陵，胶东低山丘陵，泰沂及豫中伏牛山丘，湘赣山丘和浙、粤、桂丘陵地区等。

（5）地下水丰富，水资源开发条件较好的山前地带。主要包括华北太行山、燕山山前地带，河西走廊，天山南北麓等山区向平原的过渡带。

（6）土地资源较好生产潜力较大的盆地。主要包括开发利用程度较高的汾渭盆地、四川盆地、云贵高原的构造湖盆和溶蚀盆地。

（7）水资源开发利用程度较高，社会经济条件优越的平原地带。主要位于中国大陆东部各大江河的中下游，为中国主要粮棉生产基地。

（8）滨海平原和河口三角洲。主要包括冀鲁滨海地区、江淮下游平原水网地区和珠江三角洲。

（9）高温多雨的东南沿海岛屿。主要包括台湾与海南。

（10）荒漠、沙漠和戈壁地带。主要包括鄂尔多斯高原及内蒙古西部阿拉善左旗、新疆古尔班通古特沙漠和塔克拉玛干沙漠等干旱风沙区。

4.2.1.6 全国水资源分区分级体系

水资源分区是以水资源及其开发利用的特点为主，综合考虑地形地貌、水文气象、自然灾害、生态环境及经济社会发展状况，结合流域和区域进行的分区划片。

2011年，水利部在收集整理已有的各项水资源相关区划成果的基础上，考虑新形势下水资源工作的要求，制定了《全国水资源综合区划导则》，明确各级分区的划分依据如下。

水资源一级分区。从保持我国大江大河完整性的角度将全国划分为松花江区、辽河区、海河区、黄河区、淮河区、长江区、东南诸河区、珠江区、西南诸河区、西北诸河区等10个水资源一级分区。

水资源二级分区。在水资源一级分区的基础上，结合地形地貌和控制断面对大江大河干流进行合理分段，结合干支流相互关系进行支流水系分区，结合汇流及用水关系对区域进行合理分区，同时结合行政分区按照土地面积及人口情况适当调整，使其具有一定程度的可比性，共划分80个水资源二级分区。

水资源三级分区。为满足流域层面和区域层面水资源规划、水资源调配和日常管理等工作的要求，在水资源二级分区的基础上，按照水系内河流的关系，兼顾地级行政区的完整性，考虑水文站及重要工程的控制作用，按照有利于进行分区水量控制的要求进一步划分，全国共划分为214个水资源三级分区。

4.2.1.7 全国水生态区划分级体系

2009年，水利部在对全国主要河流、湖泊划分水生态区的过程中，贯彻以科学发展观、实现人与自然和谐相处的基本指导思想，并坚持区域相关性原则、协调原则、主导功能原则、分级区划原则的基础上，对全国进行了水生态区划分。

各级分区的划分依据如下。

1. 水生态一级区的划分

我国气候和地势特征决定了我国生态系统发育和演变的基本条件。结合全国由西向东形成的三大阶梯地貌类型、由北向南所跨5个温度带与1个高原气候区、自西北向东南延伸的干湿区分布特征，并参照全国生态功能区划方案，将全国划分为7个水生态一级区。

2. 水生态二级区的划分

在水生态一级区划分的基础上，依据全国水资源分区和生态功能区划成果来划分水生态二级区。划分二级区时，重点考虑区域间的水资源条件、人类活动强度、经济社会布局及生态结构类型在空间上的分布差异，并参考50个全国重要生态功能区划及水资源综合规划分区成果。

根据全国水资源分区和生态功能区划成果，在每个水生态一级区内，依据气候、降水、人口密度、大城市分布情况等，参考50个全国重要生态功能区划及水资源综合规划分区，将全国分为34个水生态二级区。

3. 水生态功能定位及功能区划分

在水生态二级区划分的基础上，对各分区进行水生态功能定位。考虑诸多分区生态功能的双重性、多重性及在地理位置上的交错性、重叠性，进行模糊划分水生态功能区。以水生态的保护和修复为原则，结合各生态分区的实际情况，与环境保护总局（现环境保护部）2003 年生态功能相对应，对全国水生态功能进行分类，共分为 8 种，分别为水源涵养、河湖生境形态保护、物种多样性保护、地表水供水保障、拦沙保土、水域景观维护、洪水调蓄、地下水保护。

全国共划分为 100 个水生态功能区，其中东北温带亚湿润区 17 个，华北东部温带亚湿润区 13 个，华北西部温带亚干旱区 11 个，西北温带干旱区 11 个，华南东部亚热带湿润区 21 个，华南西部亚热带湿润区 17 个，西南高原气候区 10 个。

4.2.1.8　中国农业气候区划分级体系

中国农业气候区划遵循了农业气候相似性和差异性，区划指标具有明确的农业意义，主导指标与辅助指标相结合，按照指标系统，逐级分区。分区系统依次为农业气候大区、农业气候带、农业气候区。农业气候大区主要反映光、热、水组合状况的差异和气候生产潜力的高低；农业气候带的划分主要考虑具有明显地带性的热量带及能够反映农业生产的熟制、不同种类经济林木和作物地域分布、越冬状况和产量等方面的热量特征值；农业气候区着重考虑非地带性的农业气候因素。

1987 年，李世奎根据农业气候相似性和差异性、区划指标具有明确农业意义、主导指标与辅助指标结合的基本原则，逐级将我国划分为 3 个农业气候大区、15 个农业气候带、55 个农业气候区。

一级区——农业气候大区。划分大范围的农业气候区域，反映大农业部门发展方向的基本气候差异。这一级区包括东部季风农业气候大区、西北干旱农业气候大区和青藏高寒农业气候大区。

二级区——农业气候带。通过划分具有显著地带性的农业气候带（也称热量带），为农林牧合理布局、调整种植制度提供主要气候依据。二级区包括 15 个农业气候带，其中东部季风农业气候大区有 10 个农业气候带，分别为北温带、中温带、南温带、北亚热带、中亚热带、南亚热带、藏南亚热带、北热带、中热带和南热带；西北干旱农业气候大区含有两个农业气候带，分别为干旱中温带和干旱南温带；青藏高寒农业气候大区含有三个农业气候带，分别为高原寒带、高原亚寒带和高原温带。

三级区——农业气候区。主要反映非地带性的农业气候类型区，为农业布局具体化提供气候依据。三级区由 55 个农业气候区组成。

4.2.1.9　中国自然地理区划分级体系

通过自然区划，可以了解全国各地自然界的基本概况，自然资源和自然条件对中国生产建设和人民生活的有利方面和不利方面，从而为充分利用、改造各地的自然环境提供科学依据。

1995 年赵济在《中国自然地理》中根据自然情况的主要差异，采用三级区划，将全国划分为三个大区，根据水热条件的组合不同，将全国划分为 7 个自然地区，根据地形的差异，将全国划分为 35 个自然地理分区。

一级区：将全国划分为东部季风区、西北干旱区、青藏高原区。

二级区即自然地区：将全国划分为东北、华北、华中、华南、内蒙古、西北、青藏 7

个自然地区。

三级区即自然副区：将全国划分为 35 个自然地理副区。

根据我国自然情况最主要的差异，将全国划分为东部季风区、西北干旱区和青藏高原区三个大自然区。三大自然区划分的主要根据是：①现代地形轮廓及对它有决定作用的新构造运动的不同；②气候特征及其所导致的土壤、植被、地貌外营力和水文的最主要特征的差异；③自然界（土壤、生物、地质地貌）的主要发展过程不同；④人类活动对自然界的影响，以及利用、改造自然方向的差异；⑤自然界地域分异所服从的主导因素的差异。

在上述三大自然区的基础上，将全国进一步划分为 7 个自然地区。自然地区是根据温度条件和水分条件组合大致相同，区域气候的成因基本相似，土壤、植被、土地利用等方面有一定共同性而划分的。同一自然地区对自然环境开发利用的方向基本一致。将全国划分为 7 个自然地区：东北、华北、华中、华南、内蒙古、西北、青藏。

自然地理副区主要是依据地形的差异，并参照土壤、植被的差异划分的。将全国划分为 35 个自然地理副区。所划分的单位，照顾了地貌单元的完整性，如台湾、黄土高原、鄂尔多斯高原等分别划为一个自然地理副区。一些面积较小的单元，如三江平原等，与自然特征相近的邻近地区划分在同一副区之内。

4.2.1.10　全国生态功能区划分级体系

生态功能区划是实施区域生态环境分区管理的基础和前提，是以正确认识区域生态环境特征、生态问题性质及产生的根源为基础，以保护和改善区域生态环境为目的，依据区域生态系统服务功能的不同，生态敏感性的差异和人类活动影响程度，分别采取不同的对策。它是研究和编制区域环境保护规划的重要内容。

在全国生态功能区划过程中，首先按照我国的气候和地貌等自然条件，将全国陆地生态系统划分为 3 个生态大区：东部季风生态大区、西部干旱生态大区和青藏高寒生态大区。然后依据《生态功能区划暂行规程》，将全国生态功能区划分为 3 个等级：①根据生态系统的自然属性和所具有的主导服务功能类型，将全国划分为生态调节、产品提供与人居保障三类生态功能一级区。②在生态功能一级区的基础上，依据生态功能重要性划分生态功能二级区。生态调节功能包括水源涵养、土壤保持、防风固沙、生物多样性保护、洪水调蓄等功能；产品提供功能包括农产品、畜产品、水产品和林产品；人居保障功能包括人口和经济密集的大都市群和重点城镇群等。③生态功能三级区是在二级区的基础上，按照生态系统与生态功能的空间分异特征、地形差异、土地利用的组合来划分的。

2008 年，环境保护部和中国科学院联合编制了《全国生态功能区划》。全国生态功能区划生态功能一级区共有 3 类 31 个区，包括生态调节功能区、产品提供功能区与人居保障功能区。生态功能二级区共有 9 类 67 个区。其中，包括水源涵养、土壤保持、防风固沙、生物多样性保护、洪水调蓄等生态调节功能，农产品与林产品等产品提供功能，以及大都市群和重点城镇群人居保障功能二级生态功能区。生态功能三级区共有 216 个（表4-1）。

表 4-1　全国生态功能区划体系

生态功能一级区（3 类）	生态功能二级区（9 类）	生态功能三级区举例（216 个）
生态调节	水源涵养	大兴安岭北部落叶松林水源涵养
	防风固沙	呼伦贝尔典型草原防风固沙
	土壤保持	黄土高原西部土壤保持
	生物多样性保护	三江平原湿地生物多样性保护
	洪水调蓄	洞庭湖湿地洪水调蓄
产品提供	农产品提供	三江平原农业生产
	林产品提供	大兴安岭林区林产品
人居保障	大都市群	长三角大都市群
	重点城镇群	武汉城镇群

4.2.1.11　全国重要江河湖泊水功能区划分级体系

　　水功能区划是根据我国水资源的自然条件和经济社会发展要求，确定不同水域的功能定位，明确管理目标，强化保护措施，实现分类管理和保护的区域划分。水功能区划分为两级体系，即一级区划和二级区划。一级水功能区分四类，即保护区、保留区、开发利用区、缓冲区。二级水功能区将一级水功能区中的开发利用区具体划分为饮用水源、工业用水区、农业用水区、渔业用水区、景观娱乐用水区、过渡区、排污控制区七类。一级区划在宏观上调整水资源开发利用与保护的关系，协调地区间关系，同时考虑持续发展的需求；二级区划主要确定水域功能类型及功能排序，协调不同用水行业间的关系。

　　水功能区划为两级体系（图 4-1），即一级区划和二级区划。

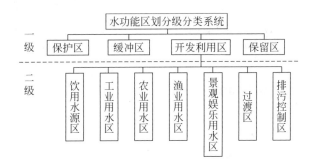

图 4-1　水功能区划分级分类体系图

4.2.2　水土保持区划分级体系构建

4.2.2.1　已有全国水土保持区划相关研究成果概述

　　全国范围的水土保持区划的分级体系构建方案，前人做了大量工作，概括起来有五种，前四种以水土流失或土壤侵蚀类型区划分为主，最后一种属于水土保持区划。这为制定合理的全国水土保持区划提供了很好的技术支撑和基础条件。

1982 年，在国务院颁布了《水土保持工作条例》的同时，辛树帜和蒋德麒主编的《中国水土保持概论》，根据其研究土壤侵蚀等方面的成果，采用主导侵蚀外营力原则，将全国区分为水力侵蚀区、风力侵蚀区和冻融侵蚀区三大类型区，其中新疆、甘肃河西走廊、青海柴达木盆地，以及宁夏、陕北、内蒙古、东北西部等风沙地区，是风力侵蚀为主的类型区；青藏高原和新疆、甘肃、四川、云南等地分布有现代冰川的高原、高山，是冻融侵蚀为主的另一个类型区；其余的所有山地丘陵地区，则是以水力侵蚀为主的第三个类型区。再根据地形地貌条件等将以水力侵蚀为主的类型区划分为 6 个区。在水力侵蚀类型区中，将淮阳山地及秦巴山地并入四川盆地及周围地区，将长江中下游平原和华南丘陵区合并为南方山地丘陵区。该方案对全国性质的水土保持区划打下了坚实基础。

1989 年，陈代中和朱显谟编制的《中国土壤侵蚀类型及其分区图》中，按侵蚀营力，把全国分为三大土壤侵蚀区：东部流水侵蚀区、西北风力侵蚀区和青藏高原冻融及冰川侵蚀区。其中，东部流水侵蚀区包括大兴安岭—阴山—贺兰山—青藏高原东缘一线以东的地区，有 8 个二级区。西北风力侵蚀区包括位于大兴安岭—阴山—贺兰山—青藏高原东缘一线西北的地区，地处欧亚大陆腹地，距海洋较远，气候干旱少雨，是中国沙漠、戈壁分布地区，土壤侵蚀以风蚀为主，包括 5 个二级区。青藏高原冻融及冰川侵蚀区包括青藏全部、青海南部及四川的甘孜、阿坝两州，土壤侵蚀营力以冻融和冰川作用为主，包括 5 个二级区。这一划分方案大体与辛树帜等提出的方案是一致的。

1996 年水利部发布的《土壤侵蚀分类分级标准》中，全国土壤侵蚀类型区划在原规定的基础上进行了调整，按土壤侵蚀的外营力不同种类将全国土壤侵蚀区划分为 3 个一级区，根据地质、地貌、土壤等形态又在 3 个一级区划的基础上分为 9 个二级。区划的类型区为：①水力侵蚀为主的类型区，包括 5 个二级区，西北黄土高原区、东北黑土区、北方土石山区、南方红壤丘陵区、西南土石山区；②风力侵蚀为主的类型区，包括两个二级区，"三北" 戈壁沙漠及沙地风沙区和沿河环湖滨海平原风沙区；③冻融侵蚀为主的类型区，包括两个二级区，北方冻融土侵蚀区和青藏高原冰川冻土侵蚀区。

1996 年，关君蔚编写的《水土保持原理》对我国的水土保持类型进行了分类，初步提出了 10 个类型区及粗略的分布图。我国的水土保持类型以全国为背景，就地区的特点、水土流失和水土保持的相似性和分异性进行宏观轮廓性划分。我国水土保持类型主要分为 10 个类型：北方土石山地丘陵、西北黄土高原丘陵、晋陕峡谷高中山地、南方丘陵山地、西北干旱风沙地区、西北干旱山地丘陵、东北漫岗丘陵山地、东北内蒙古林区、青藏高原、平原、盆地和绿洲。

2004 年唐克丽等编著的《中国水土保持》一书中阐述了全国水土保持区划分级，其区划的一级、二级分区基本上以辛树帜和蒋德麒编制的中国水土流失类型分区图为依据。在二级类型区的基础上，按照主要地貌单元、侵蚀类型和侵蚀强度、土地利用结构和生产发展方向、水土保持方略和措施配置及人文因素等，划分了 43 个水土保持类型区。全国水土保持区划的一级分区按侵蚀营力，分为 3 个一级分区（区）：水力侵蚀为主的水土保持区（Ⅰ）、风力侵蚀为主的水土保持区（Ⅱ）、冻融侵蚀为主的水土保持区（Ⅲ）。全国水土保持区划的二级分区主要在一级分区的基础上，根据影响水土流失自然因素的特点，按区域性地貌单元的分异性划分，将全国划分为 9 个水土保持二级区：①水力侵蚀为主的水土保持一级区（Ⅰ）基础上的二级分区（地区）包括东北低山丘陵和漫岗丘陵水土保持地区（Ⅰ-1）、北方土石山地丘陵水土保持地区（Ⅰ-2）、西北黄土高原水土保持地区（Ⅰ-3）、南方山地丘陵水土保持地区（Ⅰ-4）、四川盆地及周围山地丘陵水土保持地区（Ⅰ-5）、云贵高原水土保持地区（Ⅰ-6）；②风力侵蚀为主的水土保持一级区（Ⅱ）基础上的二级分区（地区）包括内蒙古及长城沿线水土保持地区（Ⅱ-1）、新（新疆）甘（甘肃）蒙（内蒙古）水土保持地区（Ⅱ-2）；③冻融侵蚀为主的水土保持一级区（Ⅲ）的二级分区（地区）为青藏高原冻融侵蚀地区（Ⅲ-1）。

以上的水土保持分区方案各有优缺点。朱显谟的分区方案与辛树帜和蒋德麒的划分方案，一级分区范围基本相同，而辛树帜和蒋德麒对风力侵蚀、冻融侵蚀类型区没有再划分二级分区，在水力侵蚀类型区中，辛树帜和蒋德麒将朱显谟方案中的秦巴山地及淮阳山地并入四川盆地及周围地区，将长江中下游平原和华南丘陵区合并为一个二级区即南方山地丘陵区。水利部《土壤侵蚀分类分级标准》的分区将辛树帜和蒋德麒划分的四川盆地及周围山地丘陵与云贵高原区合并为一个，称为西南土石山区；将青海、新疆、甘肃、宁夏划分为风力侵蚀区中的"三北"戈壁沙漠及沙地风沙区，还把内蒙古、陕西和黑龙江的部分地区划分到该二级区；除此之外，又增加了一个风力侵蚀为主的二级区——沿河环湖滨海平原风沙区，指山东黄泛平原、鄱阳湖滨湖沙山及福建、海南滨海区；将东北大兴安岭山地及新疆天山山地纳入冻融土侵蚀区。关君蔚的分区与其他水土保持分区稍有不同，全国只有一级分区并且各种类型区互相之间会有穿插和渗透，但比较宏观，实际应用比较困难。而唐克丽等的《中国水土保持》中水土保持分区是在辛树帜和蒋德麒分区基础上的划分，分区较为细致，但只采用了自上而下的分区途径，界线不明确。

4.2.2.2　水土保持区划三级分级体系构建

比较完善的水土保持区划等级体系，应满足以下几点要求：较为客观地反映与一定空间规模和尺度相对应的地域单元的等级从属关系，等级之间有紧密的发生上的联系，级与级之间既不缺失，又无重复；反映各级地域单元成因背景及其分异的主导因素，各个等级的地域单元有其鲜明的特征、级际之间不能互相代替；能够与相邻层次的地域单元〔如植被地域单元〕进行大致的比较。

分级体系指从最大等级区到最小等级区所划分的层次，制定区划分级体系是体现地域分异规律的重要手段。全国水土保持区划作为全国规划的指导性文件，不仅要在宏观上明确不同区域水土保持发展的战略方向、生产发展方向和防治途径，还要明确不同区域水土保持措施体系的特点。

区划分级体系是由其研究尺度和目的决定的，由于全国水土保持区划定位为大中尺度区划，而以县级行政单元作为最小分区单元，所以分级体系不宜过多。以往全国范围内的水土保持区划，主要依据水土流失类型和大地貌进行了两级分区，分区范围较为粗略，同时未考虑区域的社会经济因素、水土保持设施状况及其发挥的功能，具有一定的缺陷。水土流失与各种自然区划一样具有明显的地域分异规律，其中与水土保持密切相关的区划如地貌区划、气候区划、林业区划、植被区划和土壤区划等均采用 3~4 级分区系统，其中以三级分区居多。鉴于此，根据自然地域特点和与水土流失防治相结合的目标，遵循统一的、上下彼此承接、地带性与非地带性相结合等原则，全国水土保持区划采用三级分区体系，概括起来，是采用总体格局区—区域协调区—基本主导功能区三级地域单元的分级体系。

（1）一级区主要用于确定不同区域水土保持工作战略部署与水土流失防治方略，反映全国水土资源保护、开发、利用的总体格局，体现水土流失的自然条件（地势-构造和水热条件）及水土流失成因的区内相对一致性和区间最大差异性。应依据中国地貌区划二级分区和中国气候区划，保持区内地势地质构造及气候带的相对一致性，同时应保持区内侵蚀营力及优势地面组成物质或岩性的相对一致性。

（2）二级区主要用于确定水土保持区域总体布局，协调跨流域、跨省区的重大区域性规划目标、任务及重点，反映区域特定优势地貌特征、水土流失特点、植被区带分布特征等的区内相对一致性和区间最大差异性。应依据中国地貌区划二级分区，以区域特征优势地貌类型单元和若干次要地貌类型为组合，保持区内优势地貌类型基本一致。同时保持区内侵蚀营力、植被带和土壤的相对一致性。

（3）三级区主要用于确定水土资源优化配置及措施体系，明确项目布局与规划。反映区域水土流失及水土流失防治需求的区内相对一致性和区间最大差异性。应保持区内优势地貌类型基本一致，同时保持区内社会经济发展方向及土地利用结构的大体一致性，保持区内土壤侵蚀强度和程度的基本一致性。

4.3　水土保持区划指标体系研究

区划的指标体系是指区划过程中选取的包括地貌、植被、土壤、气候、社会经济、水土流失与水土保持等不同属性的分层次的定性和定量的指标。指标的选取既要客观地反映事物的本质，又要本着抓主要矛盾的思想，并以尽可能少的数量涵盖更多的信息。正确合理地选择水土保持区划的指标，是使区划得以合理划分的基础保证。

建立水土保持区划指标体系的指导思想是立足于我国水土保持生态建设的区域条件和重要性，尽可能全面反映和体现区划的内涵和目标，充分考虑区域水土保持工作各种条件的数据获得便利性，以满足区划所确定的基本途径和方法的要求。

水土保持区划指标体系的建立对水土保持区划起着导向作用，因此确定科学合理的指标体系十分重要。科学合理完成水土保持区划，必须正确选择一系列的指标作为支撑，必须建立相应的指标体系。指标体系的建立是水土保持区划的基础和关键，直接影响区划的精度和结果，指标体系应能够反映区域水土保持及其影响条件的主要特征和基本状况；并且通过指标体系的建立，可以分析各指标对水土保持的影响，揭示社会、经济和生态环境之间的相互关系和矛盾。水土保持区划指标体系是水土保持区划的核心，也是开展水土保持区划工作的最基本依据，具有十分重要的意义（张超，2008）。

4.3.1　相关区划指标体系研究

4.3.1.1　中国植被区划指标体系

影响我国植被分异规律的主要因素有：地貌条件、气候条件、土壤条件、主要建群植物区系特征和地理分布、青藏高原的隆起和人类活动。按照我国的地理格局，将植被分为：纬度地带性、经度地带性、垂直地带性，呈现出明显的"三项地带性"。

在植被分布地理规律性的总原则下，进行植被区划的具体依据则是植被类型及其组成者——植物种类区系成分，以及气候、地貌与土壤等。其中，植被类型、植物区系成分、地貌和土壤，只具有质量特征，进行区划时，具体的植被类型、植物种类、地貌类型和土壤类型等可称为质量指标或特征指标；气候中的热量和水分状况，都具有人为赋予的数量特征，进行区划时，则依其数量确定指标，它们可称为数量指标。

表 4-2 是中国各植被区域的区划依据和自然地理要素指标。

表 4-2　中国各植被区域的区划依据和自然地理要素指标

植被区域	地带性植被型	主要植被区系成分	地带性土类	主要气候指标						
				年均温度/℃	最冷月均温/℃	最暖月均温/℃	≥10℃积温/℃	无霜期天数/d	年降水量/mm	干燥度
Ⅰ. 寒温带针叶林区域	寒温性针叶林	温带亚洲成分，北极高山成分	灰化针叶林土	−5.5~−2.2	−38~−28	16~20	1100~1700	80~100	350~550	—
Ⅱ. 温带针阔叶混交林区域	温性针阔叶混交林	温带亚洲成分，东亚（中国-日本）成分	暗棕色及棕色森林土	2.0~8.0	−25~−10	21~24	1600~3200	100~180	500~800	—
Ⅲ. 暖温带落叶阔叶林区域	落叶阔叶林	东亚（中国-日本）成分，温带亚洲成分	褐色森林土与棕色森林土	9.0~14.0	−13.8~−2	24~28	3200~4500	180~240	500~900	—
Ⅳ. 亚热带常绿阔叶林区域	常绿阔叶林，常绿落叶阔叶混交林，季风常绿阔叶林	东亚（中国-日本）成分，中国-喜马拉雅成分	黄棕壤、红壤与砖红壤性红壤	14~22	2.2~13	28~29	4500~7500	240~350	800~3000	—
Ⅴ. 热带季雨林、雨林区域	季雨林（季节性）雨林	热带东南亚成分	砖红壤性土	22~26.5	15~21	26~29	8000~9000	基本全年无霜	1200~3000	
Ⅵ. 温带草原区域	温性草原	亚洲中部成分，干旱亚洲成分，旧世界温带成分	黑钙土、栗钙土、棕钙土、黑垆土	−3~8	−7~27	18~24	1600~3300	100~170	150~450（550）	1.0~4.0

续表

植被区域	地带性植被型	主要植被区系成分	地带性土类	主要气候指标						
				年均温度/℃	最冷月均温/℃	最暖月均温/℃	≥10℃积温/℃	无霜期天数/d	年降水量/mm	干燥度
Ⅶ.温带荒漠区域	温性荒漠	亚洲中部成分，中亚成分，干旱亚洲成分	灰棕壤土与棕漠土	4~12	-6~-20	20~30	2200~4500	140~210	210~250	4.0~60.0
Ⅷ.青藏高原高寒植被区域	高寒灌丛与草甸，高寒草原，高寒荒漠	东亚（中国-喜马拉雅）成分，亚洲中部成分，青藏成分	高原草甸土、高寒草原土与高寒荒漠土	-10~8	-20~0	5~16	0~2250	0~180	50~800	0.9~6

4.3.1.2　中国气候区划指标体系

（1）温度带的划分：日平均气温是否达到 10℃的天数和总量对自然界的第一性生产具有极为重要的意义，因而日平均气温稳定≥10℃期间的积温（以下简称活动积温或≥10℃积温）以往一直作为我国气候区划与农业气候资源评价中一个非常通用的指标，如中国科学院、中国气象局及中国农业区划委员会等部门编制气候和农业气候区划时，都以活动积温作为温度带划分指标。但自"中国气候区划新探"发表后，学者们逐渐认识到，以≥10℃积温作为指标划分温度带时，对于地势高低悬殊和幅员广大的中国而言有一定的局限性；而采用日平均气温稳定≥10℃的日数（积温日数）作为指标，更能准确地划出我国温度条件的地域分异，特别是对高原地区的气候区划分更具实践意义。因此，这一指标在 20 世纪 80 年代以后就被中国科学院和中国气象局等部门编制的气候区划所采用。中国气候区划也采用积温日数作为主要指标划分温度带；仅在热带地区，由于≥10℃活动积温（除边缘热带可能有数日低于 10℃外）以上，所以不再采用该指标进行温度带划分，代之以活动积温日数作为指标进行温度带划分。划分温度带的指标体系及标准见表 4-3。

表 4-3　划分温度带的指标体系及标准

指标＼温度带	≥10℃积温日数/d	辅助指标		参考指标	
		1 月平均气温/℃	7 月平均气温/℃	≥10℃积温/℃	年极端最低气温平均值/℃
寒温带	<100	<-30		<1600	<-44
中温带	100~170	-30~-12.6		1600 至 3200~3400	-44~-25
暖温带	170~220	-12.6~0		3200~3400 至 4500~4800	-25~-10
北亚热带	220~240	0~4		4500~4800 至 5100~5300	-14~-10 至 -6~-4

续表

温度带＼指标	≥10℃积温日数 /d	辅助指标		参考指标	
		1 月平均气温/℃	7 月平均气温/℃	≥10℃积温/℃	年极端最低气温平均值/℃
中亚热带	240～285	4～10		5100～5300 至 6400～6500（云贵，4000～5000）	-6～-4 至 0（云贵，-4～0）
南亚热带	285～365	10～15（云南，9～10 至 13～15）		6400～6500 至 8000（云南，5000～7500）	0～5（云南，0～2）
边缘热带	365	15～18（云南，13～15）		8000～9000（云南，7500～8000）	5～8（云南，>28～20）
中热带	365	18～24		9000～10000	8～20
赤道热带	365	>24		>10000	>20
高原亚寒带	<50	-18 至 -10～-12	<11		
高原温带	50～180	-10～-12 至 0	11～18		
高原亚热带	180～350	>0	18～24		

注：①指在云贵高原，以活动积温 4000~5000℃作为该地区的划分标准，其他括号含义同。②在热带地区，全年的日平均气温皆≥10℃，所以活动积温常不作为指标进行温度带划分，括号中数值为积温，单位℃。③高原范围参考：张镱锂，李炳元，郑度.论青藏高原范围与面积. 地理研究，2002，21（1）：1-8.

（2）干湿区划分指标：区域干湿状况主要取决于降水与潜在蒸散之间的平衡，其中降水是区域最主要的水分来源。潜在蒸散则反映在土壤水分充足的理想条件下的最大可能水分支出。因此，年干燥度（即潜在蒸散多年平均与年降水量多年平均的比值）作为干湿区划分的主要指标，以年降水量作为辅助指标。划分干湿区的指标及其标准见表 4-4。其中在计算潜在蒸散时，采用 1998 年联合国粮食及农业组织改进的 FAO56-Penman- Monteith 模型，并根据我国实测辐射对模型有关参数进行了修正，使之更适合我国的气候特点。

表 4-4　划分干湿区的指标及其标准

指标（干湿状况）	主要指标（年干燥指数）	辅助指标（降水量/mm）
湿润	≤1.00	>800～900（东北、川西山地>600～650）*
半湿润	1.00～1.50	400～500 至 800～900（东北，400～600）
半干旱	1.50～4.00（青藏高原，1.50～5.00）	200～250 至 400～500
干旱	≥4.00（青藏高原，≥5.00）	<200～250

*指在东北、川西山地地区，以年降水量>600~650mm 作为该指标的划分标准，其他括号含义同。

（3）气候区划分指标：温度带和干湿区的划分主要体现了气候的地带性差异，然而由于气候还受非地带性因素的影响，因而在同一温度带与干湿区内，气候和相应的自然景观也会存在明显的差异。在我国，7 月平均气温的地理分布能较为综合地表现出非地带性因素对气候的影响，而且在中纬度地区，夏季气温又是决定喜温作物能否种植的关键因子。因此，采用 7 月平均气温作为气候区划指标。气候区划分指标划分标准见表 4-5。

表 4-5　气候区划分指标划分标准

气候区代码	Ta	Tb	Tc	Td	Te	Tf	Tg
7 月平均气温/℃	≤18	18～20	20～22	22～24	24～26	26～28	≥28

4.3.1.3　中国农业气候区划指标体系

《中国农业气候区划》分三级区，农业气候大区、农业气候带和农业气候区，并且每级区采用的分区指标体系各有不同。中国农业气候大区的划分指标和指标确立方法逐区而异。青藏高寒大区与其他两个气候大区的分界指标是日平均气温≥0℃积温（简称≥0℃积温或称生物学积温）3000℃和最热月平均气温 18℃等值线；东部季风大区与西北干旱大区的分界指标以年降水量≥400mm 出现频率 50%为主，日平均风速≥5m/s 的年平均日数为辅。依据上述指标将我国划分为各具特色的三个农业气候大区。指标体系如表 4-6 所示。

表 4-6　中国农业气候区划指标体系

农业气候大区	农业气候带		农业气候区参考指标
	名称	指标	
I 东部季风农业气候大区（46.2%）	I 1 北温带（1.3%）	(1)≥0℃积温<2100℃ (2)最热月平均气温<16℃ (3)最冷月平均气温<-30℃	(1)≥0℃积温 (2)最热月平均气温 (3)最冷月平均气温
	I 2 中温带（10.6%）	(1)≥0℃积温 2100～3900℃ (2)最热月平均气温 16～24℃ (3)最冷月平均气温-30～-10℃	(1)≥0℃积温 (2)年湿润度 (3)年降水量
	I 3 南温带（8.2%）	(1)年极端最低气温多年平均-22（西段-20℃）～-10℃ (2)≥0℃积温 3900（西段 3600℃）～5500（西段 4800℃） (3)负积温≥-650℃（西段≥-500℃）	(1)年水分供求差 (2)4～6 月水分供求差 (3)年降水量 (4)3～5 月降水量
	I 4 北亚热带（5.8%）	(1)年极端最低气温多年平均-10～-5℃ (2)≥0℃积温 5500（西段 4800℃）～6100（西段 5900℃） (3)最冷月平均气温 0～4℃	(1)3～5 月湿润度 (2)最热月平均气温
	I 5 中亚热带	(1)年极端最低气温多年平均-5～0℃ (2)≥0℃积温 6100（西段 5900℃）～7000（西段 6500℃） (3)最冷月平均气温 4～11℃	(1)2～4 月湿润度 (2)7～8 月湿润度 (3)最热月平均气温
	I 6 南亚热带（4.0%）	(1)年极端最低气温多年 0～5℃ (2)≥0℃积温 7000（西段 6500℃）～8200℃（西段 6500℃）～8200℃（西段 7500℃） (3)年极端最低气温≤-3℃，出现频率<5% (4)最冷月平均气温 11～15℃	(1)2～4 月湿润度 (2)2～4 月降水量<200mm 频率 (3)8～10 月降水量<250mm 频率

续表

农业气候大区	农业气候带		农业气候区参考指标
	名称	指标	
Ⅰ 东部季风农业气候大区（46.2%）	Ⅰ7 藏南亚热带（1.2%）	≥0℃积温 4000～6000℃	（1）≥0℃积温 （2）年降水量
	Ⅰ8 北热带（1.1%）	（1）年极端最低气温多年 5～10℃ （2）≥0℃积温 8200（西段 7500℃）～8200℃（西段 6500℃）～9000℃ （3）年极端最低气温≤0℃，出现频率<3% （4）最冷月平均气温 15～19℃	2～4 月湿润度
	Ⅰ9 中热带（0.1%）	（1）≥0℃积温 9000～10000℃ （2）最冷月平均气温 19～25℃	（1）≥0℃积温 （2）最冷月平均气温 （3）年降水量
	Ⅰ10 南热带	（1）≥0℃积温>10000℃ （2）最冷月平均气温>25℃	（1）≥0℃积温 （2）最冷月平均气温
Ⅱ 西北干旱农业气候大区（28.2%）	Ⅱ11 干旱中热带（19.8%）	≥0℃积温 2100～4000℃	（1）年降水量 （2）≥0℃积温 （3）日平均风速≥5m/s 的年日数 （4）年降水量≥400mm 频率
	Ⅱ12 干旱南温带（8.4%）	≥0℃积温 4000～5700℃	（1）≥0℃积温 （2）年降水量
Ⅲ青藏高寒农业气候大区（25.6%）	Ⅲ13 高原寒带（6.2%）	（1）≥0℃积温<500℃ （2）最热月平均气温<6℃	（1）≥0℃积温 （2）最热月平均气温 （3）最热月极端最低气温 （4）年降水量 （5）年湿润度
	Ⅲ14 高原亚寒带（6.8%）	（1）≥0℃积温 500～1500℃ （2）最热月平均气温 6～10℃	
	Ⅲ15 高原温带（12.2%）	（1）≥0℃积温 1500～3000℃ （2）最热月平均气温 10～18℃	

注：括号内的百分数表示该地区面积占全国陆地总面积的百分比。

4.3.1.4　中国林业区划指标体系

遵循主导因素分异的原则，就每个二级区单元的具体情况，选取主导因素进行三级区划。三级区划主要指标包括两大类：

1. 共性指标

（1）生态区位等级：以县为单位，根据区域生态区位的重要性，确定生态区位的等级。

（2）生产力级数：以县为单位，计算区域的林地生产力，确定区域生产力级数。

（3）非木材林业资源：以县为单位，统计区域内的非木材林业资源状况和规模，提炼特色。

2. 其他指标

根据各区域的实际，考虑不同区域的特征指标，主要有：

（1）地质地貌、土壤、光热、水、植被。①地貌类型的差异性：沙地、沙漠、戈壁、山地、丘陵、平原、盆地、岩溶、湿地。②土壤条件的差异性：地带性土壤、非地带性土壤。③光热指标的差异性：年均气温、≥10℃年均积温、无霜期、年日照时数（小时）、太阳总辐射（kcal/cm^2）。④水资源指标的差异性：年均降水量、地表水资源（径流量及利用条件）、地下水资源（储量及利用条件）。⑤局域性植被类型的差异性：草原、干草原、荒漠草原、荒漠灌丛、草甸、草甸草原、森林草原、森林（应考虑森林类型，优先考虑基本森林类型）。

（2）区域社会经济现状。①社会性指标的差异性：人口密度，GDP，人均 GDP，农村人口 GDP，一、二、三产业结构，土地利用现状及农、林、牧用地比例，城市化水平和新农村建设。②社会发展对林业建设需求的差异性和对林业的依赖：生态环境的依存程度，经济发展的带动程度，文化生活的需求程度。

（3）主要的自然灾害类型、强度及地域分布的差异性和主要的生态需求。

（4）生物多样性：生态系统类型；物种多样性（珍稀、濒危物种的种类和分布面积等）；自然保护区的类型和面积。

（5）森林资源和土地对未来生态和生产力布局和发展的支撑力。①森林资源现状、与社会发展需求的差异：森林资源的防灾减灾能力，森林景观资源的开发潜力，生物多样性保护能力。②资源潜力。

（6）主导布局。主导布局是指区域发展中的目标布局，可能不是区域中面积比重最大的部分，而是本区最有优势、最重要、最有发展潜力的部分。但并不排除也是区域面积比重最大的部分。

（7）措施。根据生态敏感性、主导布局等确定主要治理措施、发展措施、保护措施的差异性。优先采用什么指标，各区可以有所不同。

4.3.1.5　中国生态地理区划指标体系

生态地理区域划分主要考虑温度和水分两个指标。

1. 温度指标

温度是决定陆地地表大尺度差异的主要因素，它对生态地理区域综合体的一切过程都有影响。温度条件的分布受制于行星-宇宙因素，人类不能有意识地使之大规模改变。将地表按照温度条件加以区分，对于了解生态环境中物理、化学、生物等方面的现象和过程都是必要的。中国生态地理区域划分的温度指标见表 4-7。

表 4-7　中国生态地理区域划分的温度指标（郑度和傅小锋，1999）

指标	主要指标		辅助指标		备注
	≥10℃天数/d	≥10℃积温/℃	最冷月平均气温 /℃	最暖月平均气温/℃	
寒温带	<100	<1600	<-30	<16	
中温带	100～170	1600～3200（3400）	-30～-12	16～24	
暖温带	171～220	3200（3400）～4500（4800）	-12～0	>24	
北亚热带	220～239	4500（4800）～5100（5300）	0～4	>24	
中亚热带	240～285	5100（5300）～6400（6500）	4～10	>24	
		4000～5000	5（6）～9（10）		云南
南亚热带	285～365	6400（6500）～8000	10～15	>24	
		5000～7500	9（10）～13（15）		云南
边缘热带	365	8000～9000	15～18	>24	
		7500～8000	>13（15）		云南
中热带	365	9000～10000	18～24	>24	
赤道热带	365	>10000	>24	>24	
高原亚寒带	<50		-18～-10（-12）	<10（12）	
高原温带	50～180		-10（-12）～0	12～18	

2. 水分指标

一般来说，温度条件和水分状况的组合是决定生态地理区域大尺度差异的主要因素。温度条件的作用多随干湿状况不同而变化，温度引起的变化多半是在同一水分状况下的差异，按照由水分状况不同引起的生态地理区域差异进行划分，确定界线，同样要拟定有关的气候指标及与水分状况或干湿程度有关的自然现象（表 4-8）。

表 4-8　辐射干燥指数对应的植被土壤分布

辐射干燥指数	<0.3	0.3～1.0	1.0～2.0	2.0～3.5	>3.5
土壤带	冻土	砖红壤红土、黄土、褐色森林土、灰化土	草原黑土、黑钙土	半沙漠带	沙漠带
植被带	苔原	热带森林、潮湿热带草原、副热带森林、温带阔叶林、针叶林	热带草原、草原、大草原	半沙漠带	沙漠带
径流系数带状变化	>0.7	0.7～0.3	0.3～0.1	<0.1	<0.1

目前划分干湿地区普遍采用的气候指标是年干燥度，它可以近似地表征某一地方的干湿程度。

4.3.1.6　中国地貌区划指标体系

中国陆地基本地貌类型及其划分指标见表 4-9。

表 4-9 中国陆地基本地貌类型及其划分指标

名称		起伏高度 / m						
		<20	<30	<100	100~200	200~500	500~1000	1000~2500	>2500

名称		<20	<30	<100	100~200	200~500	500~1000	1000~2500	>2500
海拔高度	<1000m					小起伏低山	中起伏低山		
	1000~3500m	平原	台地	低丘陵	高丘陵	小起伏中山	中起伏中山	大起伏中山	极大起伏中山
	3500~5000m					小起伏高山	中起伏高山	大起伏高山	极大起伏高山
	>5000m					小起伏极高山	中起伏极高山	大起伏极高山	极大起伏极高山

4.3.1.7 中国河流生态水文分区

指标体系是河流生态水文分区的理论依据与操作基础，指标体系的确定应该尽可能地体现分区的目的与特色，并反映出河流生态环境需水量的空间分异规律。河流生态水文分区遵循流域完整性、综合性与主导性、相似性与差异性及地域发生学与共轭性原则。以全国水资源分区作为分区的主要依据，同时考虑各种自然因素（如水文气象、地貌类型等）和人为因素（如水利工程等）对河流生态环境需水量的影响，选取主导因素建立河流生态水文分区的指标体系。方案采用三级分区，不同级别分区选取不同的指标（表 4-10），一级区的划分主要考虑流域水系的完整性，借鉴全国水资源分区的结果，将全国划分为 10 个一级区。在一级区的框架下，考虑宏观尺度的水文要素、干湿状况和地形地势的差异，选取径流深度、干燥度和地形格局 3 个指标划分二级区。在二级区的基础上，考虑地貌类型、生态环境功能、河湖特征与水利工程等因素对河流生态环境需水量的影响，选取地貌类型、海拔高度、水生态状况、河湖分布与河段划分，以及水库节点等定性和定量指标划分三级区。

表 4-10 河流生态水文分区的指标体系

分区级别	分区指标	指标性质	指标描述
一级区	流域水系	定性、离散型	体现流域尺度的水资源空间分布特征与河流水系的完整性
二级区	径流深度	定量、连续性	表征区域地表水资源的丰歉程度
	干燥度	定量、连续性	反映区域的干湿状况
	地形格局	定性、离散型	体现宏观尺度上地形的差异对区域需水的影响
三级区	地貌类型	定性、离散型	塑造不同的河段形态与栖息地的类型，体现不同河段的生态特征和水文特征
	海拔高度	定量、连续性	反映河道比降、河岸坡度等对需水的影响
	水生态状况	定性、离散型	体现生态保护目标的区域差异及河段的生态重要程度
	河湖分布	定性、离散型	反映河湖（含湿地）的空间位置及其河流的联系
	河段划分	定性、离散型	体现上、中、下游，源头区与河口区的不同河段的特征
	水库节点	定性、离散型	水库大坝影响坝下水流和栖息地的自然属性

4.3.1.8 中国生态区划指标体系

指标体系是划分生态区的理论依据。指标体系随区划对象、区划尺度、区划目的及区划研究者的不同而存在较大的差异，因此，区划指标体系的确定是一个极其复杂的过程，也是历来各区划中争论最多的话题。但是，有一点需要指出，无论任何区划，其指标体系的确定和各个指标的选取应尽可能地体现其区划的目的并反映出其区域的分异规律。由于生态系统的结构、功能及其形成过程是极其复杂的，它受多种因素的影响，是各个因素综合作用的结果，因此，在选取各生态区划分的指标时，应在综合分析各要素的基础上，抓住其主导因素，这样既可把握住问题的本质，又不至于使指标体系过于庞杂而重复。一般而言，气候是大尺度下生态系统的主要决定因素，而地貌和地形对水热因子的分布起重要的作用，因此，它们往往在区划的过程中被确定为主要指标之一。

方案采用三级分区，根据我国的气候、地貌、地形、生态系统特点及人类活动规律等特征，在不同级别的区划中分别选取以下定性和定量指标。

一级区。我国东临太平洋，在气候上主要受东亚季风的影响。此外，我国三级阶梯的地势对气候也有很大的影响。这二者相互结合形成了我国主要的气候特点，即东部湿润、西部干旱、青藏高原高寒。由于水热因子的综合作用决定了宏观生态系统的主要类型，如森林、草原、荒漠及高寒草甸等，因此，在一级区的划分中主要根据我国的气候和地势特点，选取两类指标：①水热气候指标，干燥度（年降水量、年蒸发量）与湿润状况、年均温度；②地势差异，大的地势格局和海拔高度，以此划分出我国主要生态大区，如湿润生态大区、干旱生态大区和高寒生态大区。在各生态大区中，再选取一些指标，进行二级区的划分。

二级区。它与大尺度下的地形和地貌格局及与之相对应的气候情形密切相关。在一级区的框架之下，地形和地貌格局进一步影响着大尺度下的水热因子分布，如热量与纬度有关、水分与经度有关。此外，温湿因子的作用导致区域内的生态类型进一步分异，而地带性植被纬向和经向的分异规律就反映了这种作用的结果。因此，二级区的划分选取以下两类指标：①温湿指标，年均温、≥10°积温、年降水量等；②地带性植被类型，地带性植被的纬向和经向分异。这里，以地带性植被为区域单元划分的主要标志，充分考虑年均温、积温和降水分布的区域差异。

三级区。应是一些在地貌上同源的类型。与上面所说的地形、地貌特点相比，三级区中的地貌类型是进一步的细分。在各二级区中，地貌类型的差异会导致生态系统类型的进一步分异，不同的地貌类型其环境因子不同，使得生态系统的结构和物种组成、生态服务功能及生态敏感性和脆弱性等存在一定的差异，这是划分三级区单元的基础。此外，人类的活动也主要体现在该级别区。一方面，人口压力及人类对土地的需求和不合理利用将极大地影响自然生态系统，甚至使其遭到毁灭性的破坏，引起严重的生态环境问题，如水土流失和荒漠化等。另一方面，人类又可通过合理的管理和适度的干扰营造出一些高生产力的人工生态系统类型，为人类自身的生存和发展服务。因此，在三级区中，同一区域内的生态系统应具有相似的物种组成和结构、相似的生态服务功能、相似的生态敏感性和脆弱性，以及相似的人类活动规律。所以，在三级区的划分中应主要考虑以下三类指标：①地貌类型，盆地、平原、河谷、高原及丘陵；②生态系统类型，生态系统结构和物种组成、生态系统服务功能和生态环境敏感性等；③人类活动指标，人口密度、水土流失状况、沙漠化状况及土地利用状况等。

4.3.2 全国水土保持区划指标选择

4.3.2.1 区划指标选取原则

水土保持是一项系统工程,受自然、经济、社会等多种因素影响。在选择区划指标时,不仅要独立考虑各种指标对水土保持的影响方式和程度,还要把各种与之相关的指标作为系统中的环节综合考虑(周世波等,1993)。指标应易于理解、便于定性或定量描述。水土保持区划指标建立应遵循以下原则。

(1)全面性与可操作性结合:首先体现水土保持区划的内涵和目标,所建立的指标体系必须反映水土保持区划的要求,全面考虑与此相关的因素。同时,指标具有可测性和可比性,指标的获取具有可能性,易于量化,指标的设置尽可能简洁明了,避免繁杂。

(2)独立性与关联性相结合:水土保持区划指标体系必须考虑各要素及指标的独立性,反映各要素的主要特征指标。同时,指标之间也存在一定的相互联系,相互协调,不是孤立存在的。

(3)系统性和层次性相结合:由于水土保持区划系统的多层次性,指标体系也是由多层结构组成的,反映出层次特征。同时,系统中各要素相互联系构成了一个有机整体。因此,指标体系应选择一些从整体层次上能把握系统协调程度的因子。

(4)静态性与动态性相结合:水土保持区划需要在一定的时期内指导水土保持规划及相关工作,所以要求指标的内容在一定时期内应保持相应的稳定性。同时,指标体系也应具有动态性的特点,体系中的指标应对时间和空间变化具有一定的敏感性,便于预测和决策。

(5)普遍性与区域性相结合:由于不同区域的差异性,各区域影响水土保持的因素是不同的,必须根据各地域自身的特点建立起符合本地情况的指标体系。但也要考虑指标的可比性,以便和其他地域进行横、纵向比较分析。

(6)数据的权威性与可获取性相结合:水土保持区划的指标体系数据容易获取,且稳定可靠,考虑数据获取的可能性和费用,尽可能采用国家及各地方或专业统计部门的数据。

4.3.2.2 区划指标选择与分析

自从人类在地球上出现以来,就不断以自己的各种活动对自然界施加影响。水土流失过程受到人为活动的干扰和其越来越剧烈的影响,土壤侵蚀的现象由自然侵蚀状态转化为加速侵蚀状态。气候、地形、土壤、地质和植被等自然因素是产生土壤侵蚀的基础和潜在因素,而人为不合理活动是土壤加速侵蚀的主导因素,因此分析水土流失和水土保持各自然因素和人为因素是水土保持区划指标体系的前提。以下根据水土保持区划理论及原则来确定水土保持区划的指标,主要包括自然因素指标、社会经济指标和水土流失特征指标。

4.3.2.3 自然因素指标

1. 地形地貌指标的选取与分析

地形地貌是影响水土流失和水土保持的重要因素之一。地面坡度的大小、坡长、坡形、分水岭与谷底及河面的相对高差,以及沟壑密度等都对土壤侵蚀有很大影响。

地形地貌是人类社会活动的基底，是自然环境中最重要、最稳定的要素之一；地形地貌的变化与差异造成降水、径流和热量的再分配，制约着气候、水文、植被和土壤的变化，影响水土保持区划；地貌轮廓明显，便于识别掌握；地貌还能体现地面组成物质的特点（地层、岩性、风化壳等），反映地面抗冲刷能力。"因地制宜"是水土保持工作中重要的原则之一，这主要根据地形地貌条件确定。水土保持必须根据地形地貌特点，从实际出发，因地制宜分析水土保持区域功能，从而采取相应的水土流失治理模式。地形地貌作为水土保持区划的主导指标之一，主要包括地貌类型、地形起伏度、平均海拔和坡度坡长。

1）地貌类型

地貌类型是地形形态、地面组成物质、现代侵蚀过程（水蚀、风蚀、重力作用等）及成因年代的综合反映，它对水土流失产生一系列的影响。山地与平原不仅是一种地貌基本的形态划分，同时反映了最基本的内营力和外力地貌过程。相对凸起的山地为地壳隆升区，主导的地貌过程是剥蚀；而平原则是地壳相对稳定或沉降区，主导的地貌过程是堆积。地貌的海拔高度、堆积物厚度及相对起伏高度，则反映了构造运动升降的幅度。地壳运动、断裂活动、流水作用、冰川作用、干燥作用和喀斯特作用等各种内、外力作用千差万别产生了形态各异的地貌，这样的地貌形成过程体现了侵蚀和堆积的基本方式。同时，地貌类型对人类的生产活动、经济发展和土地利用，也有着一定的影响。例如，黄土高原以梁、峁为主的丘陵沟壑区水土流失大于以塬、破碎塬和台塬为主的高塬沟壑区；我国的山地地区又是泥石流和重力侵蚀的多发区；秦岭—阴山山系的导向作用，使西路、西北路的沙尘暴往东移，强化了沙尘暴的强度等。

在一定的区域中，恰当地进行地貌类型的划分，研究各种地貌类型内的水土流失状况，将会发现随着山地、丘陵、阶地和平原等不同地貌类型的变化，土壤侵蚀的程度与强度、水土流失的方式与危害，以及土地利用的方式等有显著的不同。例如，在江南丘陵中，水土流失主要发生在人类活动频繁并由红色岩系组成的低丘、浅丘地区；或者是由花岗岩组成的低山丘陵区。另外，我国的地貌特征显著，将地貌类型作为与地域联系紧密的水土保持区划的主要指标之一是十分重要的。

我国山地约33%，高原约26%，盆地约19%，平原约12%，丘陵约10%。我国习惯上说的山区，包括山地、丘陵和比较崎岖的高原，约占全国面积的2/3。虽然各个地貌分类方案多种多样，强调的成因侧重点各异，但山地、高原、台地、丘陵、平原等基本类型划分是大同小异的，只是在分类系统中所处的级别有所差异。

2）地形起伏度

地形起伏度指在地面特定距离内，最高海拔与最低海拔之差，是坡度概念的延伸，宏观的区域内反映了地面的起伏特征，与水土流失密切相关（刘新华等，2004），是导致水土流失最直接的因素。在大比例尺（坡面尺度）研究中，坡度是最主要的指标。但是在区域性研究中，尤其是面对全国水土流失研究时，坡度将只有数学意义而不具备土壤侵蚀和地貌学意义。地形起伏度与土壤侵蚀在成因上有必然的联系，它决定了一个地区地表流水的势能，也体现了未来土壤侵蚀的趋势，是区域土壤侵蚀研究不可忽视的地形因子。同样，地形起伏度对土壤侵蚀的影响也存在累积效应，即一定范围的起伏度所占面积百分比对土壤侵蚀程度有明显影响。因此，将地形起伏度作为地形地貌主导指标之一。

起伏度是地表形态直观的反映，通常以地表各类坡度组合类型及其起伏高度来表示。

由于起伏高度变化很复杂，其含意和测定方法不一样，起伏高度划分指标确定存在不同的意见。早期的方案较简单，以相对高度50m和500m为指标，将起伏高度分为三级（周廷儒等，1956），但难以反映中国复杂的地貌。陈志明（1993）和刘振东（1989）采用欧洲国际地貌图形态分类中的计算方法，以21km²为起伏高度的统计单元，并利用国家数字地形模型分出了以20m、75m、200m和600m高差将我国地表起伏高度划分前述的五级。这个定义虽较简明，但由于数字高程模型（digital elevation model，DEM）为网格状高程点，在其数据库中并没有该点地貌部位（山顶到谷底的坡面形态）的属性，同时，在我国一些山地形状走向多变和起伏高大的山区与山顶至谷底距离较长的地区，21km²范围统计单元内不包含山脊最高点与顺流方向河谷最低点，取得的高差并不能反映真正的起伏高度。21km²起伏高度的最佳统计单元和其起伏高度分级指标并不适合我国实际，特别是三大地貌台阶的过渡带山地起伏剧烈的地貌差异。1987年编写的《中国1：100万地貌图制图规范（试行）》起伏高度定义是，"指山脊（顶）与其顺坡向最近的大河（汇流面积大于500km²）或到最近、较宽的（宽度大于5km）平原或台地交接点的高差"，从目前来说这个定义较适于我国情况。

地表起伏度的分级是在我国地表起伏高度区域差异全面分析的基础上确定的。从典型地区的大比例尺地形图分析，我国不同台阶上山地起伏高度变化很大。位于第一地貌台阶——青藏高原边缘山地的起伏高度最大，绝大部分在2500~3000m，甚至更大。自高原边缘向内，山地起伏高度逐渐变小，高原东部、中部山脉的主要山脉起伏高度降到2500~1000m，高原腹部的长江、黄河河源地区和羌塘高原上的主要山地起伏高度一般在500~1000m，而其间宽谷盆地的周围山地起伏高度降到500~200m以下，地势起伏和缓。我国东部第三级地貌台阶，除中北部为宽阔的平原外，山地起伏较小，仅少数山地起伏高度超过1000m（如武夷山等），绝大多数山地起伏高度在1000m以下，第三级地貌台阶可以500m和200m为界进一步划分为低山丘陵、山前台地、平原，第二台阶内部的天山、阿尔泰山、秦岭、大巴山、贺兰山，以及川西南和滇西地区大部分山地起伏高度在1000~2000m，天山主脊起伏高度甚至在2500m以上。其他地区除四川盆地、准噶尔盆地（部分地区）、呼伦贝尔盆地、吐鲁番盆地等盆地底部或其边缘山地起伏高度在500m以下（不少地区<200m），其中塔里木盆地东缘—内蒙古高原起伏高度大多数在200m以下，山地大片分布。山地起伏高度分级及其高度指标的确定，应考虑能较好地显示我国地貌起伏高度变化的宏观规律，反映内外营力作用的差异，并考虑山地起伏高度变化复杂性和现有的研究精度。

考虑中国山地地势起伏变化很大，并根据第一、第二级地貌台阶前缘起伏高度和各台阶内部山地起伏高度变化，水土保持区划二级分区中按起伏高度对山地进一步细分，将我国山地起伏高度共划分为七级。各级山地起伏高度名称及其划分的高度指标分别为：平原、台地、丘陵（<200m）、小起伏山地（200~500m）、中起伏山地（500~1000m）、大起伏山地（1000~2500m）和极大起伏山地（>2500m）。这一地貌起伏高度形态类型划分方案，目前在国内已基本被认同。

3）平均海拔

海拔是指地面某个地点或者地理事物高出或者低于海平面的垂直距离，是海拔高度的简称，又称为绝对高度或者绝对高程，与"相对高度"相对。我国各地面点的海拔，均指由黄海平均海平面起算的高度。

海拔高度不仅是影响辐射和温度的主要因素，还对降水和环流有重要影响，因此在进行区划时必须考虑海拔高度。同时，海拔高度是垂直地带性的成因，海拔对气候、植被和土壤都有作用，进而影响水土流失的发生发展。我国各级地貌台阶上的平原、台地和丘陵的宏观形态尽管有相似之处，但由于海拔高度的不同，地貌内、外营力作用存在较大的差异。

我国东部平原海拔高度一般在 200m 以下，属地壳稳定或沉降地区，而青藏高原海拔 4000～5000m 甚至更高的平原则是地处强烈上升区域内的相对稳定或沉降区，整体上看仍为强烈上升地区。青藏高原上的高海拔平原一般发育多年冻土，地表冻融侵蚀强烈。第三级地貌台阶则为低海拔平原、台地、丘陵，流水作用与化学风化强烈。因而将平原、台地、丘陵按海拔分级也是十分必要的，其高度指标与山地指标一致，这样更好地反映出中国具有三大地貌台阶等大地形台阶特点的同时也能显示地势差异。这些差异导致了不同的水土流失特点，对于指导水土流失防治具有重要的意义。因此，一般均将平均海拔作为区划主导指标之一。

中国地域辽阔，生物气候分布高度的地域差异很大，其海拔高度因地而异，难以用一个数值代表全国的某一生物气候现象的高度。因而在全国水土保持区划一级区划中，海拔高度指标以海拔高度对气候的影响程度和现存地貌面海拔高度的实际差异来决定，可仍按基本地貌类型划分为低海拔（＜1000m）、中海拔（1000～2000m）、亚高海拔（2000～4000m）、高海拔（4000～6000m）和极高海拔（＞6000m）5 个海拔等级。在二级区划中，为了区分地区差异，还可根据实际情况进一步细分。本书采用的地貌分级标准见表 4-9。

4）坡度坡长

地面坡度是决定径流冲刷能力的基本因素之一。径流所具有的能量是径流质量与流速的函数，而流速的大小主要取决于径流深度与地面坡度。因此，坡度直接影响径流的冲刷能力。表 4-11 为陕西绥德水土保持实验站 1954~1960 年在坡度 14°、21°、28°的坡耕地上观测水分流失及土壤流失量的结果。

表 4-11 陕西绥德坡耕地水分流失及土壤流失量

地面坡度/（°）	年平均流失量（1954~1960 年）		一次流失量（1958 年 8 月 8 日）	
	水/（m³/hm²）	土/（m³/hm²）	水/（m³/hm²）	土/（m³/hm²）
14	267	38.4	171	102
21	348	60.6	205	120
28	254	101	390	216

注：年平均降水量为 475.9mm；汛期降水量 366.2mm；一次降水量 46.7mm。

冲刷量随坡度的加大而增加，但径流量在一定条件下，随坡度的加大有减少的趋势。中国科学院地理科学与资源研究所通过对黄土地区水土保持实验站观测资料的分析，认为坡度对水力侵蚀作用的影响并不是无限地呈正比增加，而是存在一个"侵蚀转折坡度"。在这个转折坡度以下，冲刷量与坡度成正比，超过了这个转折坡度，冲刷量反而减小。在黄土丘陵沟壑区，这个转折坡度大致在 25°～28.5°。地面坡度对雨滴的溅蚀也有一定影响。在地面较平坦的情况下，即使雨滴可以导致严重的土粒飞溅现象，但不致造成严重的土壤流失，但是在较大地面坡度情况下，土粒被溅起后向下坡方向飞溅的距离较向上飞溅的距离要大，而且这种现象随坡度的增加而变大。

当其他条件相同时，水力侵蚀强度由坡面的长度来决定。坡面越长，径流速度就越大，汇聚的流量也越大，因而其侵蚀力就越强。黄河水利委员会天水水土保持科学实验站1954～1957年3年的径流小区观测资料表明，同样坡度条件下，坡长40m的坡耕地比坡长10m的坡耕地土壤流失量增加41.6%。陕西绥德水土保持实验站1956年的观测资料也表明，坡面与分水岭的距离增加1倍时，土壤流失量增加0.5～2.0倍。

坡度、坡长指标很难具体应用于区划中，宏观反映在地面起伏度中，或定性分析中，如黑土区地面坡度、坡长定性地作为黑土区中漫川漫岗区划分的指标。

2. 气候指标的选取与分析

气候与水土保持的关系极为密切，所有的气候因素都不同程度上对水土流失和水土保持产生直接的和间接的影响。一般来说，大风、暴雨和重力等是土壤侵蚀的直接动力，而温度、湿度、日照等因素对植物的生长、植被类型、岩石风化、成土过程和土壤性质等都有一定影响，进而间接地影响水土流失的发生和发展过程及水土保持的发展方向。

1）降水

水分是农业生产的基本自然条件之一，是重要的农业气候资源。同时，降水是气候因子中与土壤关系最为密切的一个因子。降水是地表径流和下渗水分的主要来源。在水土流失的发生发展过程中，降水是水力侵蚀的基础。降水包括降雨、降雪、冰雹等多种形式，在我国分布的土壤侵蚀类型及形式中，以降雨的影响最为明显。降雨也是造成水土流失的必要条件，是造成水力侵蚀的主要因子之一，当降雨强度超过土壤入渗强度时即产生径流，径流冲带泥沙，形成水土流失。降雨要素包括降雨量、降雨强度、降雨类型、降雨历时、雨滴大小及其下降速度等，它们都与土壤侵蚀量及其侵蚀过程有着密切的关系。在其他条件不变的情况下，降雨量、降雨强度、雨滴直径越大，对地面土壤的打击破坏作用越大，水土流失也越严重。所以，降水是水土保持区划中的重要指标。

（1）降雨强度。单位时间内的降雨量称为降雨强度，常用mm/h表示。大量研究结果显示，降雨强度是降雨因子中对土壤侵蚀影响最大的因子。Neal与Ekern通过大量实测与实验资料研究，得到降雨强度与土壤侵蚀量间的关系式为

$$E=AI^b$$

式中，E为土壤侵蚀量（t）；A为与土壤性质和地表坡度有关的系数；I为降雨强度（mm/h）；b为指数（$b>1$）。

Barnett的研究显示一次降雨中的60min最大降雨强度与土壤侵蚀量最为密切。其关系式为

$$E=AI_{60}-C$$

式中，I_{60}为一次降雨中60min最大降雨强度；C为与土壤特性有关的参数。

而Wischmier和Smith的研究结果显示，土壤侵蚀量与一次降雨过程中的最大30min降雨强度紧密相关。

我国许多土壤侵蚀研究者也得到降雨强度与土壤侵蚀量呈正相关的结论。应该进一步指出的是，当降雨强度低于某一个特定值时，无论降雨历时多长，降雨总量多大，都不可能导致土壤侵蚀的发生。那么，事实上就存在着一个引起土壤侵蚀的临界雨强。有些专家

通过大量的试验研究，把临界雨强定为 20～25mm/h（包括我国某些地区）。水分渗透性好或抗蚀性能高的土壤，其土壤侵蚀临界雨强较大，反之则较小。

（2）雨滴质量。雨滴质量由雨滴的体积大小直接决定。一般情况下，大质量雨滴具有较大的落地终点速度，所以其对土壤侵蚀的影响，随雨滴的质量增加而加大。体积大、质量重的雨滴因其具有的势能大，落地时产生的动能也必然导致较为严重的土壤溅蚀。体积小、质量轻的雨滴则不易导致溅蚀的发生。雨滴质量的大小与雨滴半径的立方成正比，根据 Ellison 的试验，雨滴降落至地表时的终点速度与其半径之间的关系为

$$V = C\sqrt{RS}\,\rho^{-1}$$

式中，V 为雨滴终点速度（m/s）；C 为系数（水=1334，冰=1246）；R 为雨滴半径（cm）；S 为雨滴密度（水=1）；ρ 为空气密度。

Ellison 还实测得到 30min 降雨的土壤侵蚀量，与降雨终点速度的 4.33 次方成正比，与雨滴直径的 1.07 次方也呈正相关关系。其表达式为

$$S_p = 93.56K\,(v_k^{4.33}d^{1.07}i^{0.65})$$

式中，S_p 为土壤冲刷量（g/30min）；v_k 为雨滴终点速度（m/s）；d 为雨滴直径（mm）；i 为降雨强度（cm/h）；K 为取决于土壤条件的参数。

维斯曼（Wischmeier）在天然降雨情况下验证了其他学者根据实验室实验得到的土壤冲刷量与降雨动能的关系。他整理了美国 35 个实验站 8250 组数据之后得出结论：降雨量与土壤流失量关系的最常用的估计值，是一个表示降雨动能与 30min 最大降雨强度乘积的参数。

上述土壤侵蚀性参数可用 EI$_{30}$ 参数来表示，可以先对每一场降雨计算 EI$_{30}$ 参数，然后在一段时间内累加，以每天、每周、每月、每年或几年表示该参数值。维斯曼认为对于这种计算，雨量应大于（或等于）12.7mm。

在美国验证的 EI$_{30}$ 参数只要经过适当修正，就可应用在其他条件下。针对非洲的普遍条件，哈德逊引入了 KE 参数，即降雨强度大于 25mm/h 情况下的总动能。

（3）降雨类型与降雨历时。降雨类型指降雨强度随时间的变化过程。在一场降雨中，降雨强度及其峰值出现的时间不同，因而形成不同的降雨类型。降雨历时指一场降雨所延续的时间长度。

充分的前期降雨是导致暴雨形成较大地表径流和产生严重冲刷的重要条件之一。这是因为充分前期降雨已使土壤含水量增大、再遇暴雨易于形成径流。我国各地降雨量的年内分配都很不均匀，连续最大 3 个月的降雨量，一般均超过全年总降雨量的 40%，有的甚至达 70%。降雨量的高度集中，形成明显的干湿季。雨季土壤经常处于湿润状态，这就为强大暴雨的剧烈侵蚀活动打下了基础。

（4）降雨总量。一般来说，随着降雨总量的增大，土壤侵蚀应该也越大，但事实上并非完全如此。因为降雨强度、雨滴大小及降雨类型等因素在很大程度上决定了一场降雨的土壤侵蚀量。如前所述，由于地域环境条件的差异，低于 10～30mm/h 的降雨不至于导致土壤侵蚀的发生。

虽然低强度、长历时、大雨量降雨不会由于产生地表径流冲刷而导致土壤侵蚀，但是这种降雨类型对于受地下水分影响较大的重力侵蚀（主要是滑坡和崩塌）而言，却有不容

忽视的作用。因为绝大多数滑坡都是沿饱含地下水的岩体软弱面产生的。还包括许多复杂过程：①水渗入岩土层颗粒间的孔隙中将消除颗粒之间，特别是细粒之间的吸附力。②水溶解了颗粒之间的胶结物（如黄土中的碳酸钙），使颗粒丧失其黏结力。③水进入岩土孔隙将增加其单位体积质量，因而加大了剪切力。④水大量进入斜坡内，将使潜水面升高，因而增加了孔隙水压力，孔隙水压力对潜在破裂面以上的土石体起着浮托作用，使岩土体压力值相应减小，抗剪强度也随之减小。⑤如果有节理裂隙发育的比较透水的岩层位于富含翻土的相对隔水的岩层之上，大量雨水沿节理裂隙下渗将使后者软化，促使前者下滑。

我国幅员辽阔，降水的空间分布很不均匀，降水年变率的差异很显著。200mm 年等降水量线是我国半干旱区与干旱区的分界线，大致通过阴山、贺兰山、祁连山、巴颜喀拉山、冈底斯山一线。400mm 等降水量线是我国的季风区与非季风区的分界线，从大兴安岭西坡经过张家口、兰州、拉萨附近，到喜马拉雅山脉东部。800mm 等降水量线是我国湿润区和半湿润区的分界线，基本与秦岭—淮河一线重合。所以，选择年降水量作为主导指标。

2）温度

温度的变化可以引起含有一定土体水分的土体及岩石体冻结和解冻。由于液态水分在结冻变为固态时，其体积将增大约 9%，因此岩石裂隙中的水分在结冻过程中，可对其裂隙两侧的岩石体产生 2000~6000kg / cm^2 的压力。这将加速岩石裂隙的发展，使岩体破碎导致重力侵蚀发生。

气温的激烈变化对重力侵蚀作用有直接影响，尤其是当土体和基岩中含有一定水分，气温反复在 0℃附近变化时，其影响更明显。春季回暖后，在冻融交替作用下，常形成泻溜、滑塌、崩塌等重力侵蚀。高山雪线附近也常是气温激烈变化导致重力侵蚀活跃的地段。

同时，温度是影响作物与植被生产生长的重要因素。农作物生长发育必须具备一定的温度条件，而且必须累积到一定的量才能完成其生长发育过程并获得产量。作物种类和品种的选择与搭配、播种期的确定、耕作制度的形成和作物布局等都主要是由温度条件决定的。同时，温度是人类在现阶段还不能大规模、长时间改变的气候因子，因此它是生态地理区域划分、气候区划及农业气候资源评价中的重要内容。

在我国的气候区划中，新中国成立前学欧美，主要以年、月平均气温为区划指南；新中国成立后学苏联，主要以积温和干燥度作为区划指标。积温是植被或作物生长发育所需温度的一个基本而重要的指标，本方案借鉴以往气候区划的经验，以积温作为温度指标。

积温一般有两种表示方法：有效积温与活动积温。≥10℃以上的日平均温度称活动温度，再逐日累计加起来叫活动积温。活动温度与生物学下限温度之差称为有效温度，就是说这个温度对作物生育是有效的，将逐日的有效温度累加起来叫做有效积温。作物生育下限温度，也就是作物生育的起点温度。人们通常所说的积温是指活动积温。

水土保持的目的是促进生产，由于不同作物播种或开始生长的起点温度不同，作物所要求的积温的计算起点也不一样，通常喜凉作物计算 0℃或 5℃以上的积温，喜温作物则计算 10℃以上的积温。所以，在生态地理区域划分或气候区划中有的用≥0℃的积温，有的用≥10℃，甚至有的用≥5℃的积温来作为划分自然地带或者气候带的重要指标。由于"日平均气温 10℃与绝大多数乔木树种叶子的萌发与枯萎大体相吻合；要求热量较少的作物在10℃以上能积极生长，禾本科作物在 10℃以下不能结实；大多数春播喜温作物生长的起点温度与播种期在 10℃ 上下" 这一系列生物学意义,所以 10℃ 以上积温在农业气候热量资源的评价中是具有重要而普遍意义的一个指标,也是评价区域热量资源的基础。因此,区划选择年均温 ≥10℃ 积温为主要温度指标。

温度带划分指标:日平均气温稳定 ≥10℃ 期间的积温。采用日平均气温稳定 ≥10℃ 的日数(积温日数)作为指标,能更准确地刻画出我国温度条件的地域分异,特别是对高原地区的气候区划分更具实践意义。温度带划分指标体系及其标准见表 4-3。

干湿区划分指标:干燥度(即潜在蒸散多年平均与年降水量多年平均的比值)作为干湿区划分的主要指标,以年降水量作为辅助指标。其中在计算潜在蒸散时,采用 1998 年联合国粮食及农业组织改进的 FA056-Penman-Monteith 模型,并根据我国实测辐射对模型有关参数进行了修正,使之更适合我国的气候特点。

各指标标准区间的划分方法如下:

(1)气候要素概率分布的拟合。为了定量地表现要素分布特性,以便进行等概率划分,首先要拟合出一条能正确反映某个要素分布规律的曲线。鉴于我国气象台站分布很不均匀,东部站点密集,资料充足,而西部站点稀少,资料缺乏。因此,如果直接利用这种资料来拟合要素概率分布曲线,必然导致变形误差。对此,在全国范围进行了网格化处理。根据我国的面积大小和站点数目,采用经纬度 20×20 网格,全国共有 220 个网格。在上述工作之后利用网格资料作直方图并进行拟合,即可得到要素概率密度函数。

(2)气候要素的等概率划分及气候型的表示。

a. 利用等概率原则确定要素级别的边界。

设要素概率分布函数为

$$F(x) = \int_{-\infty}^{z} \rho(x) \mathrm{d}x$$

若考虑将要素分成 N 个级别,则根据等概率原则,每个级别所占的概率应相等,为 $1/N$。所以,通过解方程

$$F(x) = \int_{-\infty}^{x} \rho(x) \mathrm{d}x = i/N \quad (i=1, 2, \cdots, N-1)$$

即可求出 x_1, x_2, $\cdots$, x_{n-1},它们就是要素 x 的每个级别的边界值。

对于下列两种情况,分别作如下处理:①若 $x_n - x_{n-1}$ 过分得大,则可对其进行一次等概率划分,分为两个级别;②若 $x_n - x_{n-1}$ 过分得小,则可并入邻近较窄的一个级别中。

b. 气候型的表示。

若要素 x 分为 N_x 个级别,则其第 1 到第 N_x 个级别可分别表示为 1,2,3,$\cdots$,i,$\cdots$,N_x。同样,要素 y 第 1 到第 N_i 个级别可分别表示为 1,2,3,$\cdots$,j,$\cdots$,N_y。要素 z 的第 1 到第 N_i 个级别可分别表示为 1,2,3,$\cdots$,k,$\cdots$,N_z。那么,任何一种气候型都可用一个三位数 (i, j, k) 来表示,它具体表现了一个地区的气候特点。

(3)水分。在生态区域系统的划分中,水分是一个重要的指标。一个区域的水分状况可以提供区域土地利用方向的轮廓,尤其在干旱地区,水分状况更是起到关键性的作用。一般来说,温度条件和水分状况的组合是决定区域大尺度差异的主要因素。温度条件的作用多随干湿状况不同而变化,温度引起的变化多半是在同一水分状况下的差异。1900 年道

库恰耶夫就明确指出，地域的空间分布，在很大程度上受气候因子的影响，而其中特别取决于气候的湿润条件。可见，水分状况的表征历来受到重视（吴绍洪，2002）。地带性水分状况气候指标的划分，原则上以降水与潜在蒸发的关系为依据。在土壤水分充足条件下潜在蒸散对降水的比值，即干燥度，可以近似地表征某一地的干湿状况。

用干燥度来划分干旱与湿润，比降水量指标更趋于合理，对水土保持更有实际意。干燥度可分为年干燥度、季干燥度及月干燥度等。干燥度指标用公式表示为

$$K=Em/P$$

式中，K 为干燥度；Em 为最大可能蒸散量，指土壤经常保持湿润状态（或接近湿润状态）的条件下，土壤和植物（以绿色矮草地为标准）最大可能蒸发与蒸腾的水量，近似认为最大可能蒸发量接近于自由水面蒸发量；P 为年（或季、月）平均降水量。

一般认为，当 $K<1.00$ 时为湿润地区，$1.00 \leqslant K<1.50$ 时为半湿润易旱地区，$1.50 \leqslant K<4.00$ 时为半干旱地区，$K \geqslant 4.00$ 时为干旱地区。其中，1.50 为半干旱区与半湿润区的划分界线，这条线的东南侧与西北侧不仅是森林与草原的分界线，还是以农业生产为主或以畜牧业为主地区的分界线。这直接导致了土壤侵及土地退化的差异化，从而需要采取不同的水土保持防治措施。

另外，在水土保持二级分区的时候，根据各大区具体差异情况还选择了无霜期、年均大风日数等作为辅助指标。无霜期是指一年内终霜（包括白霜和黑霜）日至初霜日之间的持续日数。终（初）霜日通常指地面最低温度大于 0℃ 的最后（最初）的一日。年均大风日数是指一年中有 8 级或者 8 级以上风力的天数的多年平均值（表 4-12~表 4-14）。

表4-12 我国干旱与湿润指标特征区间

名称	干旱地区	半干旱地区	半湿润地区	湿润地区
干燥度	≥4	1.5~4	1~1.5	≤1
多年平均降水量/mm	≤200	200~400	400~800	≥800
植被	荒漠及半荒漠	草原	森林草原、草甸草原	森林

表4-13 我国温度带划分指标区间

温度带 指示指标	寒温带	中温带	暖温带	亚热带	热带
≥10℃积温/℃	<1700	1700~3500	3500~4500	4500~8000	≥10000
土壤类型	漂灰土等	暗棕壤等	棕壤、黄壤等	褐土等	红壤、黄壤等
植被类型	针叶林	针阔混交林	落叶阔叶林	常绿针阔混交林	热带雨林、季雨林

表4-14 划分干湿区的指标及其标准

指标干湿状况	主要指标年干燥指数	辅助指标降水量/mm
湿润	≤1.00	>800~900（东北、川西山地>600~650）
半湿润	1.00~1.50	400~500 至 800~900（东北，400~600）
半干旱	1.50~4.00（青藏高原，1.50~5.00）	200~250 至 400~500
干旱	≥4.00（青藏高原，≥5.00）	<200~250

3）风力

风是土壤风蚀和风沙流动的动力。风蚀的强弱首先取决于风速。通常情况下，风速越大，风的作用力也越强，当作用力大于沙粒惯性力时，沙粒即被起动。单个沙粒沿地表开始运动所必需的最小风速称起沙风速（或临界风速）。一切大于起沙风速的风统称为起沙风。起沙风的数值各地不一，需通过实测而获得，陕西毛乌素沙地以 5m／s 为标准。风的作用时间又是影响风蚀的一个因子。再次就是起沙风的合成风向。起沙风的合成风向是将风的次数和方向制成风向玫瑰图而得到的，它通常代表了流沙的移动方向，若将其与舌状沙丘的棱线方向、新月形沙丘顶部弧线的切线方向和脉状沙庄的积风走向相印证，就会确定出当地主要害风方向，为治沙提供依据。

另外，当暴雨伴有风时，雨滴动能就会增大，致使溅蚀能力增强。

3. 土壤指标的选取与分析

土壤的原意是有肥力的土地。在所有土壤概念中，对大多数人而言，最重要的概念是把土壤视为地球陆地表面能够生长植物的疏松表层。土壤处于岩石圈、水圈、大气圈和生物圈相互交接的部位，是连接各个自然地理要素的枢纽，是有机自然界和无机自然界的重要界面。在一定的环境条件下，有一定的土壤类型出现，而各类土壤又都有与其相适应的空间位置。不同土壤类型的地理分布既与生物气候条件相适应，表现为广域的水平分布规律和垂直分布规律，又与地方性的母质、地形、水文、成土年龄等条件相适应，表现为中域和微域的分布规律。同时在耕作、灌溉等情况下，土壤分布又受人为活动的影响。具体而言，土壤的类型、质地及营养成分等直接影响了土地利用的类型、植被的生长状况，间接影响了温度、水分、空气等环境条件。同时，土壤还是土壤侵蚀发生的载体，侵蚀发生与否、侵蚀发生方式及侵蚀强度与土壤特征有直接关系。因此，在水土保持区划中将土壤指标纳入指标体系具有重要意义。由于侵蚀发生的主要界面是地表，不同土壤类型具有不同的性质，对土壤侵蚀和植被有直接影响，所以本方案选择土壤类型作为主要土壤指标。

受山体地形和季风气候等的综合影响，我国土壤地带谱并不简单地按南北和东西方向排列（中国科学院《中国自然地理》编辑委员会，1981）。在以往的土壤区划中，根据不同的划分指标有不同的分类方法。1958 年马溶之等曾将区划级别分为：带、地区、地带和亚地带、省、土区、土片等。在带的划分中，共分寒温带、温带、暖温带、亚热带、热带等 5 个带和青藏高原区域。地区的划分以暖温带为例，分为森林棕壤地区、干旱森林和森林草原褐土地区等。其划分依据的主要依据是：天然植被类型和地带性土壤等。地区以下分地带与亚地带，其划分依据仍是土壤的生物气候地带性。1965 年"中国自然地图集"中的土壤区划也大体相似。共分六～七级。1977 年编写的《中国自然地理》之中"土壤地理"一章，将全国土壤分区简化为三级，即大区、地区与土区。先将全国分为 8 个大区：华南、滇南砖红壤、砖红壤化红壤、水稻土大区；江南、西南红壤、黄壤、水稻土大区；长江中下游黄棕壤、水稻土大区；黄河中下游棕壤、褐土、黑垆土大区；东北黑土、白浆土、暗棕壤大区；内蒙古高原栗钙土、棕钙土大区；甘新干旱漠土、绿洲土大区；青藏高原高山土壤大区。1980 年出版的《中国综合自然区划概要》一书对全国分区也采用三级制（中国科学院《中国自然地理》编辑委员会，1981）。席承藩等（1984）在土壤区划时单独将我国东部季风区域依此线分为南北两大区域，南方突出了土壤富含铁铝的共性，称富铝质土（或富铁铝质土）区域，北方概括为硅铝质土区域。最新土壤区划采用土壤区域、土壤地区、土区三级分区制。具体到土壤类型方面，可细分为如红壤、黄壤、褐土、黑土、灰钙土等，这在指导水土保持二级、三级划分中有重要意义。

1）土壤分布

中国土壤的形成和发展与东亚地区特有的季风气候、各种化学类型的成土母质、多山地形及复杂的植被类型相关。中国东部和东南部湿润区雨量丰沛，在排水良好的地形条件下，土壤中可溶性盐类（盐分、石膏、碳酸钙）容易被淋洗掉，土壤类型主要是酸性的森林土系列，从北到南依次出现棕色针叶林土、暗棕壤、棕壤、黄棕壤、黄壤、红壤、砖红壤性红壤、砖红壤。到了半干旱区，由于雨量渐少，土壤中的盐分、石膏虽被淋洗掉，但碳酸钙仍保持在地层中，这里的土壤为各类钙质草原土：温带出现黑钙土、黑土、栗钙土，南部青藏高原上为高寒草甸土、高寒草原土。在西北部雨量更少的干旱地区，土壤中碳酸钙、石膏和某些易溶盐类都保存在表土或接近表土，出现各类荒漠土，即灰棕漠土、棕漠土和高寒漠土，并有一定面积的盐碱土。

成土母质在我国土壤形成中，也同样起着巨大作用。我国各地不同性质的地层都有出露，这些不同母质在风化过程中所形成的风化壳可分为残积型的和堆积型的。残积型风化壳主要包括石灰岩、石灰性紫色砂页岩、珊瑚灰岩及黄土所形成的碳酸盐风化壳，以及砂页岩和花岗岩所形成的酸性风化壳和极少受冰川破坏性干扰的酸性富铝化风化壳。堆积型风化壳主要包括河漫滩、三角洲上微酸到中性的富铝、硅铝风化壳和东北、华北平原上的碳酸钙风化壳；还有内蒙古、东北、华北的苏打风化壳，内陆的氯化物、硫酸盐风化壳和海边的氯化物风化壳。

以上各种风化壳在相同的气候条件下所形成的土壤各有不同。碳酸盐风化壳在我国东部不同温度带形成的土壤，自北向南依次有暖温带的褐土，北亚热带的黄褐土，亚热带的黑色石灰岩、紫色土，南亚热带、热带的红褐土及热带的磷质石灰土等。它们都不同程度的保存着碳酸盐特性。沿海和华北平原低洼处的氯化物或硫酸盐风化壳形成盐渍化土壤。在半湿润-半干旱、干旱区域内的局部低洼处或河边分布着较大面积的盐渍上。在干旱地区的山地，如阿尔泰山的花岗岩风化壳上则为酸性山地棕色针叶林土。此外，在各地区地形低洼、地下水位较高的情况下，分布有草甸土，在长期或短期积水或过湿的地方，也可见到土壤沼泽化现象。所以，各自然区的土壤类型十分复杂，它们在一定气候下都与风化壳和地形存在着密切的联系。不同区域土壤特性与水土流失也有着密切联系。

2）土壤特性与水土流失

（1）土壤的透水性。地表径流是水力侵蚀的主要外动力。在其他条件相同时，径流对土壤的破坏能力，除流速外主要取决于径流量。而径流量的大小，与土壤的透水性能关系密切。所以，土壤对水分的渗透能力是影响土壤侵蚀的重要因子。土壤的透水性能主要取决于土壤的机械组成、结构、孔隙度及土壤剖面构造、土壤湿度等因素。

a. 土壤的机械组成。一般砂性土壤砂粒较粗，土壤孔隙大，因此其透水性较好，不易发生地表径流。相反，壤质或黏质土壤透水性就较砂性土壤差。根据中国科学院水利部西北水土保持研究所的调查结果，黄土的透水性能随着砂粒含量的减少而降低。黄土质地与渗透率的关系见表 4-15。

表 4-15 黄土质地与渗透率的关系

砂粒含量（粒径 0.5~0.05mm）/%	前 30min 平均渗透率/（mm/min）	最后稳定渗透率/（mm/min）
86.5	4.76	2.5
39.5	2.64	1.0
36.5	1.89	0.8
32.5	1.42	0.6

b. 土壤结构越好，透水性与持水量越大，土壤侵蚀的程度越轻。西北黄土高原的有关研究表明，土壤团粒结构的增加，使土壤渗水能力增强。如黑垆土的团粒含量在 40%左右时的渗透能力，比松散无结构的耕层（一般含团粒小于 5%）要高出 2~4 倍。生长林木的黄土，团粒结构在 60%以上的，渗水能力比一般耕地高出 10 余倍。

c. 土壤孔隙率。土壤持水量的大小对地表径流的形成和大小有很大影响，如持水量很低，渗透强度又不大的土壤，在遇到大暴雨时易发生较大地表径流和土壤流失。土壤持水量主要取决于土壤孔隙度，同时也与孔隙的大小有关，当孔隙很小时，土壤的持水量虽然很大，但由于透水性能不好，吸收雨水能力也较弱。如果土壤孔隙度增加，同时孔隙直径加大，土壤吸收雨水的能力可大为增强。

d. 土壤剖面构造。土壤剖面（不论发生剖面或沉积剖面）上下各层的透水性能不一致时，土壤透水性常常由透水性最小的一层所决定。透水性较小的一层距地面越近，这种作用越大，因而越容易引起比较强烈的土壤侵蚀。

e. 土壤湿度。土壤湿度的增加一方面减少了土壤吸水量，另一方面土壤颗粒在较长时间的湿润情况下吸水膨胀，会使孔隙减缩，胶体含量大的土壤更为显著。这就是土壤湿度影响地表径流的基本原因。所以，暴雨降落到极其潮湿的土壤上的径流系数，要比降落在比较干燥的土壤上大得多，但土壤流失量不一定完全和径流一样。

（2）土壤的抗蚀性。抗蚀性是指土壤抵抗径流对它们的分散和悬浮能力。其大小主要取决于土粒和水的亲和力。亲和力越大，土壤越易分散悬浮，团粒结构也越易受到破坏而解体。同时，引起突然透水性变小和土壤表层形成泥浆层。在这种情况下，即使径流速度较小，机械破坏力不大，也会由于悬移作用而发生侵蚀。

土壤中比较稳固团聚体的形成，既要求有一定数量的胶结物质，又要求这种物质经胶结后在水中就不再分散，或分散性很小、抗蚀性较大。腐殖质是能够胶结土粒形成较好团聚体和土壤结构的物质。腐殖质中吸收性复合体若被钠离子饱和，就易于被水分散；若为钙离子所饱和，则土壤抵抗被水分散的能力就显著提高，因为钙能促使形成较大和较稳定的土壤团聚体。

土壤抗蚀性的指标有分散率、侵蚀率和分散系数等。在甘肃子午岭的有关试验研究表明：土壤越黏重，分散率及侵蚀率越小。就不同利用情况的黄土性土壤的分散率及侵蚀率来看，灌木地最小，草地及林地居中，农地最大。土壤表层和下层相比，表层小于下层。

甘肃子午岭不同植被下土壤的抗蚀性见表 4-16。

表 4-16　甘肃子午岭不同植被下土壤的抗蚀性

土地利用种类	深度/cm	有机质含量/%	胶体含量/%	排水当量/%	胶体-持水当量比	分散率/%	侵蚀率/%
灌木林	0~9	3.05	30.8	23.3	1.32	35.8	25.6
	9~19	1.80	29.8	20.9	1.43	31.4	22.0
乔木林	4~19	2.31	25.6	25.1	1.02	36.7	36.0
	19~31	1.08	25.7	22.5	1.14	43.7	38.3
草地	0~13	2.47	25.4	25.0	1.02	34.5	33.8
	13~26	1.16	25.4	22.5	1.03	37.2	34.4
农地	0~20	1.73	21.0	24.5	0.86	45.8	53.3
	20~39	0.41	19.8	21.4	0.92	56.4	61.3

　　土壤分散系数一般随有机质和黏粒含量的增高而降低。表 4-17 表明,有机质和黏粒含量较多的黑土分散系数最低,说明其抗蚀力较强。

　　黑色石灰土和砖红壤等土壤具有较低的分散系数。红壤和红褐色土等的分散系数,表层较低,下层较高。这与剖面表层有机质较多,下层较少的变化是一致的。但是,各种砖红壤化土的分散系数底层反而较表层低,这可能与表层的矿物胶体遭到彻底分解和它的腐殖质质量,以及底层富含铁铝氧化物的胶结作用有关。

表 4-17　几种土壤的分散系数同有机质、黏粒含量的关系

土壤种类	有机质含量/%	碳酸钙含量/%	<0.01mm 颗粒/%	分散系数
黑土（东北）	13.34	<0.5	26.4	11.4
黄土（北京郊区）	1.02	4.0	18.7	25.1
黄沙土	1.68	4.0	8.4	30.9

　　(3) 土壤的抗冲性。土壤的抗冲性是土壤对抗流水和风等侵蚀营力的机械破坏作用的能力。土体在静水中的崩解情况可以作为土壤抗冲性的指标之一。土壤膨胀系数越大,崩解越快,抗冲性越弱。如有根系缠绕,将土壤固结,可使抗冲性增强（表 4-18）。

表 4-18　土壤膨胀系数与崩解速度和抗蚀性的关系

样品采集地点	母质和植被	膨胀系数	静水中崩解速度（土体完全崩解）	在水中冲失情况
甘肃子午岭贾家沟圈	黄土母质	19.8	2min30s	随时冲失
甘肃庆阳城北	黄土母质	31.3	2min1s	随时冲失
子午岭三关桥	麦地母质	13.5	不分散（被根固结）	5min 后全部冲失
子午岭三关桥	荒草地	17.6	不分散（被根固结）	6min 被冲失 97%
子午岭三关桥	白杨（疏林）	1.22	不分散（被根固结）	60min 被冲失 15.2%
子午岭三关桥	白杨（密林）	0.77	不分散（被根固结）	60min 被冲失 9.25%

　　黄土母质及其所形成的土壤,由于它们所含黏粒的性质和富含石灰质等,团聚作用较好,即抗蚀性较强,因此不易在水中分散悬浮而流失。但是,其抗冲性很弱,如果没有植

物根系的缠绕，即使是在静水中，也很容易崩解碎裂成细小颗粒，与团聚体形成如沙土一样的物质，极易被流水冲走。

3）土壤指标选取与作用

东部纬向分布的土壤，以红壤、黄壤、黄棕壤等酸性土壤为主，纬向分布中温度和水分的作用均很明显，土壤的共同特点是：气候湿润，土壤所受淋溶作用强，土壤中盐基物质较少，交换性盐基呈不饱和状态；有机质主要以地表枯枝落叶的形式进入土壤，所以腐殖质具有明显的表聚性，向下突然减少；土壤反应趋于酸性。土壤形成的主要过程为：灰化、脱硅富铝化和腐殖质化等过程。空间变异较大的土壤指标包括：反映土壤有机质积累状况的土壤有机质含量（organic matter content, OMC）和反映土壤有机质稳定性的胡敏酸与富里酸比值（HA/FA），反映土壤氮素供应潜力的土壤全氮（N）和反映有机质分解状况及土壤有效氮供应状况的 C/N，反映土壤矿物质分解程度的硅铝率（SiO_2/Al_2O_3）和硅铁铝率（SiO_2/R_2O_3），以及反映土壤酸性淋溶过程和吸附性能的土壤 pH 及阳离子交换量（CEC）。土壤的盐基饱和度和全磷含量的变异也较明显。

北部经向分布的土壤主要是草甸草原、草原和荒漠植被下发育的草原土壤和荒漠土壤。草原土壤的共同特点是：气候较干旱，土壤受淋溶作用较弱，土壤盐基物质丰富，除黑土外，其余土壤下部均有明显的钙积层，交换性盐基呈饱和状态；有机质主要以根系形式进入土壤，所以土壤腐殖质含量自表层向下逐渐减少；土壤反应大部分为中性至碱性。草原土壤的主要成土过程为腐殖质积累过程和钙化过程。荒漠土壤的共同特点为：土壤组成与母质非常相近，腐殖质含量很少，地表多砾石，普遍含有石膏和较多的易溶性盐。

钙化过程是我国干旱、半干旱地区土壤的主要发生特征，通常与碳酸盐风化壳相适应。钙层土形成的水分条件属于季节性淋溶，在这种情况下，由矿物风化所释放的易溶盐类大部分被淋失，硅铁铝等氧化物在风化壳中基本不发生移动，而最活跃的标志元素是钙（镁），不论土壤溶液、胶体表面，还是地下水和土壤水几乎被钙（镁）所饱和。存在于土壤中部土层中的石灰及植物残体分解释放的钙在雨季以中重碳酸钙形式向下移动，达到一定深度，以碳酸钙形式累积，形成钙积层。钙积层出现的深度及土壤的碳酸钙含量的变异也较明显。但过高的石灰含量与过去的地球化学沉积有关。此外，在干草原和漠境地区，尤其在漠境土壤中常发生石膏的累积，而且石灰的表聚性很强，这是钙化过程的另一种表现形式。

土壤的这一系列变化很难用某一指标来表达，用土壤分区中的土壤类型作为指标可以准确反映土壤的综合状况（表 4-19）。

表 4-19　中国土壤分区

土壤区域	土区	备注
东部森林土壤区	华南、滇南砖红壤、赤红壤、水稻土区	各区土壤类型不再列出
	江南、台北红壤、水稻土区	
	西南红壤、黄壤、水稻土区	
	汉江、长江中下游黄棕壤、水稻土区	
	辽东、华北棕壤、褐土、潮土区	
	东北暗棕壤、白浆土、黑土区	

土壤区域	土区	备注
蒙新草原荒漠土壤区域	内蒙古黑钙土、栗钙土、棕钙土区	……
	西北黑垆土、黄绵土、灰钙土区	
	甘新灰漠土、棕漠土、风沙土区	
青藏高山草甸、草原土壤区域	青藏东南部亚高山、高山草甸土区	……
	藏北高山草甸土区	
	藏西北高山漠土区	

4. 植被指标的选取与分析

植被是一定地区中植物群落的总体。它是在过去和现在的环境因素及人为因素影响下，经过长期历史发展演化的结果。植被既是重要的自然地理要素和自然条件，又是重要的自然资源。植被分布具有明显的地带性，以纬度地带性呈现南北向分布规律，以经度地带性呈现东西向分布规律，以垂直地带性呈现垂直分布规律。所以，一定的区域内显示出一定的植被特征。多数研究认为，增加植被覆盖度是控制水土流失的重要举措，不同植被类型水土保持的功能不同，在一定条件下，增加植被覆盖度能有效控制水土流失。因此，在全国生态区划工作中，将植被作为区划主要指标具有诸多方面的重要意义。根据研究尺度，本书主要选择与水土保持关系相对密切的植被类型和林草覆盖率作为主要区划指标。

1）植被对水土流失的控制作用

植被对径流侵蚀力的影响，只要能有效地降低地表径流的流速和流量，就能降低地表径流的侵蚀力和对泥沙的搬运能力。实践证明，水土保持林对地表径流和流量都有明显的降低作用，因为它对径流的糙度因子、径流深因子都有不同程度的影响，其中最重要的是增加了土壤的蓄水量和地表糙度。

植被对土壤抗蚀性和抗冲性的影响，水土保持林通过对土壤理化性质的影响而改变了土壤的抗蚀性。林地土壤可以形成大量的比较大的稳定性团聚体，增强土壤的抗蚀能力。据研究，当大于 20mm 的团聚体的相对百分比分别为 100%、340%、450%、580%时，土壤流失量分别是 94.6t / hm^2、45.4t / hm^2、24.9t / hm^2 和 0.7t / hm^2。一般规律是，随林龄增加土壤的抗蚀性也增加。

植被控制土壤侵蚀的效果。森林植被对引起土壤侵蚀的各种因素都产生了积极的影响，实践证明一个流域或一个地区总的土壤侵蚀量与其植被覆盖度有密切关系，只要有一定的植被覆盖度，并且合理分布就可以把土壤侵蚀强度降到容许的侵蚀强度以下。

同时，植被的根系对土体具有很强的固持作用，增强了土体抗剪强度，改变了抗剪力对剪切力的比值，从而起到了防止边坡土体滑动的作用。土壤中有机质的主要来源是植被的加入，因此，在有机质缺乏的水土流失地区的土壤中，恢复植被、增加土壤有机质是改良土壤、提高土壤抗蚀力和培肥土壤的一项根本性措施。

2）植被类型

植被与水土流失密切相关，不同的植被类型及其搭配组合控制水土流失的效益不同，且裸地与植被镶嵌构筑成水土流失的源-汇格局，合理的镶嵌格局可以保持水分、养分和植物种子，有利于植被的生长，进一步增强水土流失控制能力。中国主要植被类型有针叶林、针阔混交林、阔叶林、灌丛、荒漠、草原植被、草丛、沼泽、高山植被、栽培植被等。主要分类单位依次为植被型组、植被型、植被亚型、群系组、群系和亚群系。具体区划等级在不同的区划方案中各有不同。本书主要参考侯学煜等所编的《1：100 万中华人民共和国植被图》。

3）林草覆盖率

林草覆盖率是指满足一定质量要求的林地或草地面积占总土地面积的百分率。林草覆盖率是影响水土流失的重要因子之一，在水土流失区，一般森林覆盖率越高生态效益越好。

本书中其因子量化模型为

$$R_{FG} = \frac{A_{FG}}{A} \times 100\%$$

式中，R_{FG} 为单元林草覆盖率（%）；A_{FG} 为单元有林草地面积（hm^2）；A 为单元土地总面积（hm^2）。

5. 水文地质指标的选取与分析

1）流域水文

流域是指分水线所包围的河流或湖泊的地面集水区和地下集水区的总和。在我国大多数河流是中小河流，它们的集水面积大都位于同一自然地带内，其水情能够明显地反映出该地带的典型特征。而大河往往跨越几个不同的自然地带，其水文特性随着自然地带的更替而发生显著的变化。由于在小尺度范围内，我国水土保持规划以中小流域为单元，所以流域的划分对指导水土保持建设具有重要意义。

全国水资源一级流域按水系划分主要有松花江区、辽河区、海河区、黄河区、淮河区、长江区、东南诸河区、珠江区、西北诸河区和西南诸河区 10 个。

2）岩性

岩性就是岩石的基本特性，其对风化过程、风化产物、土壤类型及其抗蚀能力都有重要影响，对沟蚀的发生和发展，以及崩塌、滑坡、泻溜、泥石流等侵蚀活动也有密切关系。所以，一个地区的侵蚀状况常受到岩性制约。

（1）岩石的风化性，容易风化的岩石常常遭受强烈侵蚀。例如花岗岩和花岗片麻岩等结晶岩类，主要矿物是石英和长石，其结晶颗粒粗大，节理发育，在温度作用下，由于它们的膨胀系数各不相同，易于发生相对错动和碎裂，促进风化作用。因此，这类岩石风化强烈，风化层较厚。我国南方花岗岩风化壳一般厚 10~20m，有的甚至达 40m 以上。这种风化壳主要含石英砂，黏粒较少，结构松散，抗蚀能力很弱，沟蚀和崩岗普遍发育，常被垦殖。风化较快也易受侵蚀。

（2）岩石的坚硬性，块状坚硬的岩石可以抵抗较大的冲刷，阻止沟壁扩张、沟头前进和沟床下切，并间接地延缓沟头以上坡面的侵蚀作用，形成的冲沟具有沟身狭小、沟壁陡峭、沟床多跌水等特点。岩体松散的黄土和红土，沟道下切、扩张时，常以崩塌为主。如果沟床停止下切，沟壁无侧流淘刷，直立的黄土沟壑可保持很长时间。红土由于比较黏重紧实，沟道的下切较黄土慢。沟壁扩张以泻溜、滑坡为主，不能形成陡坎、陡崖，沟坡也较平缓。

（3）岩石的透水性这一特性对降水的渗透、地表径流和地下潜水的形成及其作用有显著影响。地面为疏松多孔透水性强的物质时，往往不易形成较大的地表径流。在深厚的流沙或砾石层上，基本上没有径流发生。若浅薄的土层以下为透水性很差的岩层，即使土壤透水很快，但因透水快的土层较厚，在难透水的土层上则可形成暂时潜水，使上部土层与下伏岩层间的摩擦阻力减小，往往导致滑坡的发生。

此外，岩性对风蚀的响应也十分明显。块状坚硬致密的岩体，不易风化，抗风蚀性较强；松散的砂层，最易遭受风力的搬运。质地不匀的岩体，物理风化较强，容易遭受风蚀。

3）新构造运动

新构造运动是引起侵蚀基准变化的根本原因。土壤侵蚀地区，如地面上升运动比较显著，就会引起这个地区冲刷的复活，促使冲沟和斜坡上一些古老侵蚀沟再度活跃，因而加剧坡面侵蚀。六盘山附近曾发生过强烈地震，该区地面物质松散，一经震动，很容易碎裂滑塌，形成 "青沙露面" 的情形，使土壤侵蚀更为严重。

4.3.2.4　社会经济指标

自然因素是土壤侵蚀发生、发展的潜在条件，人类活动才是土壤侵蚀发生、发展及得到防治的主导因素。人类可以通过改变某些自然因素来改变侵蚀力与抗蚀力的大小对比关系，得到使土壤侵蚀加剧或者使水土得到保持截然不同的结果。人类只有深刻认识、充分运用这方面的客观规律，才能达到有效控制土壤侵蚀、发展生产、能动地改造自然的目的。

水土保持工作从本质上讲是保障山丘区大农业生产持续发展的一项事业，因而水土保持不单纯是一个技术问题，更重要的是一种经济行为。特别是水土保持功能包含水土保持基础功能和水体保持社会经济功能。所以，这项事业的发展既与大量复杂的自然科学技术问题有关，还受政府的决策行为约束，与更多的深刻的社会经济问题有关。

1. 人口指标

人口作为一种持续的外界压力，对水土流失的变化起着重要作用。人口的增加，尤其是农业人口的压力导致本区人类活动严重影响着下垫面类型的改变，农业生产活动是本区水土流失的主要驱动因素。

人口指标主要有人口总数、人口密度等，相对来说，水土流失主要发生在人口密集、开发建设项目活动较多的地区，所以本方案以人口密度作为人口指标。

（1）乡村人口比例

$$R_{C} = \frac{P_{C}}{P} \times 100\%$$

式中，R_C 为单元乡村人口比例（%）；P_C 为单元乡村人口数量（人）；P 为单元人口总数量（人）。

（2）人口密度

$$D_P = \frac{P}{A}$$

式中，D_P 为单元人口密度（人/km^2）；P 为单元人口总数量（人）；A 为单元土地总面积（km^2）。

2. 经济指标

人均 GDP 代表区域经济发展水平的高低，经济的良性发展必然导致产业结构的调整与升级。二、三产业比重不断增加，第一产业比重不断降低，以及第一产业内部结构的调整与优化，这些均在一定程度上缓解粗放的土地利用方式及初级土地开发形式，在优化土地结构、减少土地压力、缓解水土流失方面发挥着积极作用。可见，GDP 与水土保持效益密切相关。

因此，本方案选择 GDP，人均 GDP，第一、二、三产业结构和农民人均纯收入作为经济发展指标。

社会经济要素由人均耕园地、人均 GDP、第一产业生产总值比例组成。其各指标量化模型如下。

（1）人均耕园地

$$AV_{GY} = \frac{A_G + A_Y}{P}$$

式中，AV_{GY} 为单元人均耕园地（hm^2/人）；A_G 为单元耕地面积（hm^2）；A_Y 为单元园地面积（hm^2）；P 为单元人口总数量（人）。

（2）人均 GDP

$$AV_{GDP} = \frac{GDP}{P}$$

式中，AV_{GDP} 为单元人均 GDP（万元/人）；GDP 为单元国民生产总值（万元）；P 为单元人口总数量（人）。

（3）第一产业生产总值比例

$$R_{PI} = \frac{P_{PI}}{GDP} \times 100\%$$

式中，R_{PI} 为单元第一产业生产总值比例（%）；P_{PI} 为第一产业生产总值（万元）；GDP 为单元国民生产总值（万元）。

3. 土地利用指标

土地利用是人类活动的集中体现方式。土地利用方式与程度直接影响着区域水土流失的强度和面积。本书选择土地利用方式为土地利用指标。

土地利用要素选择耕园地比例、坡耕地（5°以上）比例、坡耕地（15°以上）比例、林地比例、草地比例、未利用地比例。其中，耕园地比例指耕地和园地面积之和占土地总面积的百分比。因为耕地和园地都受到大量人为活动的扰动，所以合并进行分析，其因子量化模型为

$$R_{GY} = \frac{A_G + A_Y}{A} \times 100\%$$

式中，R_{GY} 为单元耕园地比例（%）；A_G 为单元耕地面积（hm^2）；A_Y 为单元园地面积（hm^2）；A 为单元土地总面积（hm^2）。

4. 农业发展指标

农业发展因子主要包括农业内部结构及产值、粮食产量和农民收入等次级因子。粮食产量的提高，一方面靠提高单位面积产量来实现；另一方面则主要依靠开垦耕地，增加耕地面积实现。全国复杂的地形地貌形态，新的垦殖耕地及不合理的耕作方式势必导致水土流失面积的增加。可见，农业发展与水土流失关系密切。

本书主要选择人均土地面积、人均耕地面积、耕地比例、坡耕地比例、人均粮食产量等作为辅助指标。

5. 行政区划

我国水土流失的综合防治与水土资源的开发利用都是在行政区范围内决策实施的，为便于分区成果的应用、管理和基础数据的获取，分区基本单元采用我国水土保持项目实施管理的基本行政、决策单位和社会经济统计基本单位——县级行政区。所以，在进行区划时，行政单元成为区划的辅助指标。

4.3.2.5　水土流失特征指标

水土保持区划在水土流失类型、特点、危害程度、分布情况和发生发展规律的基础上，根据自然条件、社会经济条件、水土保持技术条件等进行分区，从而确定水土保持总体布局、生产发展方向及相应的措施。水土流失侵蚀类型划分基于防治水土流失和土壤侵蚀的需要，尤其是为宏观上规划综合防治措施提供必要的科学依据。在较大的同类地理区域（多以大地貌单元为主）范围中，其主要侵蚀类型基本相同，防治策略具有共同点。

1. 水土流失类型

各地自然条件和人为活动不同，形成了具有不同特点的水土流失类型区域。根据我国的地貌特点和自然界某一外营力（如水力、风力等）在较大区域起主导作用的原则，辛树帜和蒋德麒（1982）将全国分为三大土壤侵蚀类型区，即水力侵蚀为主的类型区、风力侵蚀为主的类型区和冻融侵蚀为主的类型区。新疆、甘肃河西走廊、青海柴达木盆地，以及宁夏、陕北、内蒙古、东北西部等地的风沙区，是风力侵蚀为主的类型区，其中风力侵蚀的沙漠及沙地面积达 187.6 万 km^2。青藏高原和新疆、甘肃、四川、云南等地分布有现代冰川、高原、高山，是冻融侵蚀为主的另一侵蚀区，其中冻融和冰川侵蚀面积约有 125.4 万 km^2。其余所有山地丘陵地区，则是以水力侵蚀为主的第三类型区，其中水力侵

蚀面积约有 179.4 万 km²。水力侵蚀类型区大体分布在我国大兴安岭—阴山—贺兰山—青藏高原东缘一线以东的地区。

本书借鉴土壤侵蚀分区经验将全国主要水土流失分为水力侵蚀、风力侵蚀和冻融侵蚀三类。

2. 水土流失要素分析

1）土壤侵蚀强度

土壤侵蚀强度指单位面积上的土壤及其母质，在水力、风力、重力、冻融等外营力作用下，一定时间内土体的流失量。根据《土壤侵蚀分类分级标准》（SL190—2007）土壤侵蚀强度分为：微度、轻度、中度、强烈、极强烈和剧烈 6 个级别。不同的侵蚀类型有不同的级别划分标准。

2）区域土壤侵蚀状况

不同的坡度、不同地貌类型、不同土地利用情况和不同的水土保持状况侵蚀强度不同。区域水土保持状况，通常用不同土壤侵蚀强度面积占该侵蚀强度总面积的百分比来表示。

3）土壤侵蚀强度的确定

（1）土壤侵蚀模数。表示单位面积和单位时段内的土壤侵蚀量，其单位为 t/（km²·a），或采用单位时段内的土壤侵蚀厚度，其单位名称为 mm/a。

土壤侵蚀模数的估算可以采用以下方法。

a. 通用土壤流失方程（USLE）法。

$$A = R \cdot K \cdot LS \cdot C \cdot P$$

式中，A 为土壤侵蚀量（t/hm²·a）；R 为降雨侵蚀力指标 [MJ·mm/（hm²·h·a）]；K 为土壤可蚀性因子；LS 为坡长坡度因子；C 为地表植被覆盖因子；P 为土壤保持措施因子。

但此法必须先经过当地校正方可应用。

b. 河流泥沙推算。根据流域的河流泥沙监测资料计算。

c. 径流场实验法。根据水土保持试验研究站（所）所代表的土壤侵蚀类型区取得的实测径流泥沙资料进行统计计算及分析。这类资料包括：①标准径流场的资料，但它只反映坡面上的溅蚀量及细沟侵蚀量，不能反映浅沟（集流槽）侵蚀，所以通常偏小；②全坡面大型径流场资料，它能反映浅沟侵蚀，所以比较接近实际；③各类实验小流域的径流、输沙资料。上述资料为建立坡面或流域产沙数学模型提供了最宝贵的基础数据。

d. 坡面细沟及浅沟侵蚀量的量算。

e. 沟道断面（纵、横）冲淤变化的量算。

f. 各地可按当地土壤容重建立土壤侵蚀模数与土壤侵蚀厚度之间的换算关系。

$$土壤侵蚀厚度 = \frac{土壤侵蚀模数}{土壤容重}$$

容重单位为 g/cm³、t/m³。

土壤侵蚀评价主要以年平均侵蚀模数为判别指标，评价标准与方法采用水利部发布的《土壤侵蚀分类分级标准》（SL190-96）（表 4-20~表 4-22）。

表4-20　土壤侵蚀强度分级标准表

级别	平均侵蚀模数/[t/（km²·a）]			平均流失厚度/（mm/a）		
	西北黄土高原区	东北低山丘陵和漫岗丘陵/北方山地丘陵	南方山地丘陵/四川盆地及周围山地丘陵/云贵高原	西北黄土高原区	东北低山丘陵和漫岗丘陵/北方山地丘陵	南方山地丘陵/四川盆地及周围山地丘陵/云贵高原
微度	<1000	<200	<500	<0.74	<0.15	<0.37
轻度	1000～2500	200～2500	500～2500	0.74～1.9	0.15～1.9	0.37～1.9
中度		2500～5000			1.9～3.7	
强烈		5000～8000			3.7～5.9	
极强烈		8000～15000			5.9～11.1	
剧烈		>15000			>11.1	

注：本表流失厚度系按土壤容重1.35g/cm³折算，各地可按当地土壤容重计算之。

表4-21　面蚀分级指标

坡面＼坡度		5°～8°	8°～15°	15°～25°	25°～35°	>35°
非耕地林草覆盖度/%	60～75	轻度				
	45～60					强烈
	30～45		中度		强烈	极强烈
	<30			强烈	极强烈	剧烈
坡耕地		轻度	中度			

表4-22　沟蚀分级指标

沟谷占坡面面积比/%	<10	10～25	25～35	35～50	>50
沟壑密度/（km/km²）	1～2	2～3	3～5	5～7	>7
强度分级	轻度	中度	强烈	极强烈	剧烈

此外，土壤侵蚀的评价还可以根据水蚀的严重程度表达，如表4-23所示。

表4-23　土壤侵蚀程度分级指标*

程度	劣地或石质坡地占该地面积/%	现代沟谷（细沟，切沟，冲沟）占该地面积/%	植被覆盖度/%	地表景观综合特征	土地生物生产量较侵蚀前下降百分比/%
轻度	<10	<10	70～50	斑点状分布的劣地或石质坡地。沟谷切割深度在1m以下，片蚀及细沟发育。零星分布的裸露沙石地表	10～30
中度	10～30	10～30	50～30	有较大面积分布的劣地或石质坡地。沟谷切割深度在1～3m。较广泛分布的裸露沙石地表	30～50
强烈	≥30	≥30	≤30	密集分布的劣地或石质坡地。沟谷切割深度3m以上。地表切割破碎	≥50

*在判别侵蚀程度时，根据风险最小原则，应将该评价单元判别为较高级别的侵蚀程度。

水力侵蚀类型强度划分也有不同方案可供参考，如表 4-24 所示。

表 4-24　不同水力侵蚀类型强度分级参考指标

级别	面蚀		沟蚀		重力侵蚀
	坡度 （坡耕地）	植被覆盖度（林地、草坡）/%	沟壑密度 /（km/km²）	沟蚀面积占总面积的百分比/%	滑坡、崩塌面积占坡面面积的百分比/%
微度侵蚀（无明显侵蚀）	<3°	90 以上			
轻度侵蚀	3°～5°	70～90	<1	<10	<10
中度侵蚀	5°～8°	50～70	1～2	10～15	10～25
强烈侵蚀	8°～15°	30～50	2～3	15～20	25～35
极强烈侵蚀	15°～25°	10～30	3～5	30～30	35～50
剧烈侵蚀	>25°	<10	>5	>30	>50

（2）风蚀计算法。

a. 风蚀侵蚀模数法。根据风蚀侵蚀模数的大小来确定沙漠化程度，具体标准见表 4-25。

表 4-25　风蚀强度分级表*

级别	床面形态（地表形态）	植被覆盖度（非流沙面积）/%	风蚀厚度/（mm/a）	侵蚀模数/[t/（km²·a）]
微度	固定沙丘、沙地和滩地	>70	<2	<200
轻度	固定沙丘、半固定沙丘、沙地	70～50	2～10	200～2500
中度	半固定沙丘、沙地	50～30	10～25	2500～5000
强烈	半固定沙丘、流动沙丘、沙地	30～10	25～50	5000～8000
极强烈	流动沙丘、沙地	<10	20～100	8000～15000
剧烈	大片流动沙丘	<10	>100	>15000

*在判别侵蚀程度时，根据风险最小原则，应将该评价单元判别为较高级别的侵蚀程度。

b. 风蚀侵蚀模数的确定方法有：①定点观测。风蚀采样器：根据埋设的标杆量测被风力吹蚀的表土层厚度；也可用 He-Ne 激光计装置，测定不同高度飞沙量分布。②野外调查。调查被吹蚀后裸露树根的深度。③风洞模拟试验，如不同类型及大小的风洞，有室内的也有安装在汽车上的野外流动风洞。

c. 土壤风蚀调查法。沙漠化的评价根据水蚀的严重程度。风蚀的严重程度也可分三级，具体指标如表 4-26~表 4-29 所示。

表 4-26　风蚀沙漠化程度分级指标*

程度	风积地表形态占该地面积百分比/%	风蚀地表形态占该地面积百分比/%	植被覆盖度/%	地表景观综合特征	土地生物生产量较沙漠化前下降/%
轻度	<10	<10	50～30	斑点状流沙或风蚀地。2m 以下低矮沙丘或吹扬的灌丛沙堆。固定沙丘群中有零星分布的流沙（风蚀窝）。旱作农地表面有风蚀痕迹和粗化地表，局部地段有积沙	10～30

续表

程度	风积地表形态占该地面积百分比/%	风蚀地表形态占该地面积百分比/%	植被覆盖度/%	地表景观综合特征	土地生物生产量较沙漠化前下降/%
中度	10~30	10~30	50~30	2~5m高流动沙丘呈片状分布。固定沙丘群中沙丘活化显著。旱作农地有明显风蚀洼地和风蚀残丘。广泛分布的粗化砂砾地表	30~50
强烈	≥30	≥30	≤30	5m高以上密集的流动沙丘或风蚀地	≥50

*在判别侵蚀程度时，根据风险最小原则，应将该评价单元判别为较高级别的侵蚀程度。

表 4-27 风力侵蚀、冻融侵蚀类型侵蚀强度分级参考指标

侵蚀类别	级别	参考指标
风力侵蚀	Ⅰ.微度侵蚀（无明显侵蚀）	干旱和半干旱地区的草甸沼泽；草甸草原和湖盆滩地等低湿地
	Ⅱ.轻度侵蚀	旱季以吹扬为主，河谷沙滩或其他砂质土有沙坡出现
	Ⅲ.中度侵蚀	地面常有沙暴或有沙滩、沙垄
	Ⅳ.强烈侵蚀	有活动沙丘或风蚀残丘
	Ⅴ.极强烈侵蚀	广布沙丘、沙垄，活动性大
	Ⅵ.剧烈侵蚀	光板地、戈壁滩
冻融侵蚀	Ⅰ.微度侵蚀（无明显侵蚀）	极高原，高寒地区沿湖较湿润地区
	Ⅱ.轻度侵蚀	极高原，高山，高寒缓坡草原漫岗地区
	Ⅲ.中度侵蚀	极高原，高寒丘陵荒漠草原地区
	Ⅳ.强烈侵蚀	极高原，高寒中、低山荒漠地区
	Ⅴ.极强烈侵蚀	极高山，高山冰川侵蚀荒漠，寒漠地区

表 4-28 重力侵蚀强度分级指标表

崩塌面积占坡面面积比/%	<10	10~15	15~20	20~30	>30
强度分级	轻度	中度	强烈	极强烈	剧烈

表 4-29 泥石流侵蚀强度分级表

级别	每年每平方公里冲出量/万 m³	固体物质补给形式	固体物质补给量/（万 m³/km²）	沉积特征	泥石流浆体容量/（t/m³）
轻度	<1	由浅层滑坡或零星坍塌补给，由河床质补给时，粗化层不明显	<20	沉积物颗粒较细，沉积表面较平坦，很少有>10cm以上颗粒	1.3~1.6
中度	1~2	由浅层滑坡及中小型坍塌补给，一般阻碍水流，或由大量河床补给，河床有粗化层	20~50	沉积物细颗粒较少，颗粒间较松散，有岗状筛滤堆积形态颗粒较粗，多大漂砾	1.6~1.8
强烈	2~5	由深层滑坡或大型坍塌补给，沟道中出现半堵塞	50~100	有舌状堆积形态，一般厚度在200m以下，巨大颗粒较少，表面较为平坦	1.8~2.1
极强烈	>5	以深层滑坡和大型集中坍塌为主，沟道中出现全部堵塞情况	>100	由垄岗、舌状等黏性泥石流堆积形成，大漂石较多，常形成侧堤	2.1~2.2

水土流失要素选择水土流失面积比例、微度土壤侵蚀面积比例、轻度土壤侵蚀面积比例、中度土壤侵蚀面积比例、强烈土壤侵蚀面积比例、极强烈土壤侵蚀面积比例、剧烈土壤侵蚀面积比例。其中，水土流失面积比例指土壤侵蚀强度为轻度和轻度以上的面积占土地总面积的比例。量化模型为

$$R_{\mathrm{S}} = \frac{\sum_{i=2}^{6} A_i}{A} \times 100\%$$

式中，R_{S} 为单元水土流失面积比例（%）；A_i 为 i 级强度土壤侵蚀面积（km^2）；A 为单元土地总面积（km^2）。

i 根据目前土壤侵蚀强度划分等级，分为微度、轻度、中度、强烈、极强烈、剧烈六级，分别赋 1~6 不同的值。

各强度土壤侵蚀面积比例量化模型为

$$R_{\mathrm{S}_i} = \frac{A_i}{A} \times 100\%$$

式中，R_{S_i} 为单元 i 级强度土壤侵蚀面积比例（%）；A_i 为 i 级强度土壤侵蚀面积（km^2）；A 为单元土地总面积（km^2）。

3. 人为水土流失状况

在我国，除了特殊的自然地理、气候条件外，人为因素已经成为加剧水土流失的主要原因。据水利部、中国科学院、中国工程院 2005~2006 年开展的"中国水土流失与生态安全科学考察"调查，"十五"期间，我国各类生产建设项目共有 7.68 万个，占地总面积为 552.8 万 hm^2。造成大量水土流失的开发建设项目类型主要有公路、铁路、输油输气管线、渠道、输变电、火（风、核）电、井采矿、露采矿、水利、水电、城镇建设、农林开发和冶金化工等。从区域分布看，由于东部地区生产建设项目较多、降水量大，水土流失量最大，达 3.38 亿 t，占全国生产建设项目水土流失总量的 35.6%。其次是西部地区，水土流失量为 2.94 亿 t，占 31.1%。然后是中部地区，水土流失量为 2.49 亿 t，占 26.4%。东北地区为 0.65 亿 t，占 6.9%。可见，生产建设项目规模及分布与水土保持区划工作密切相关。

4.3.3　全国水土保持区划指标体系构建

4.3.3.1　水土保持区划指标体系的意义

区划指标是划分区划单元和确定区域界线的重要依据。区域划分指标的确定是一个极为复杂的过程，随着区划对象、区划尺度、区划目的及区划研究者的不同，存在较大的差异。为了能够正确合理地制定出水土保持区划方案，全面反映我国水土保持状况，有效地促进国家对生态环境建设的宏观管理，一套科学完善的区划指标体系起着非常用重要的作用。

指标体系的构建，是为了对区域信息从总体上把握，进而针对水土流失类型、区域地

理地貌的不同特点进行区域共轭和区间分异的筛选，因此应本着用尽可能少的数量涵盖更多信息的原则，正确合理地选择水土保持区划的指标，这是区划工作的核心问题，也是开展水土保持区划工作的最基本依据，为做出正确区划提供基本保证，也对全面反映我国水土保持状况起到主导作用。

建立水土保持区划指标体系的指导思想是立足于我国生态环境建设的重要性，尽可能全面反映和体现区划的内涵和目标，促进区域水土保持工作的开展，取得良好的生态效益、经济效益和社会效益，为水土保持规划和相关工作打下坚实基础，切实促进我国水土保持事业的发展。

水土保持区划因子体系的建立对水土保持区划起着导向作用，因此确定科学合理的因子体系十分重要。科学合理完成水土保持区划，必须正确选择一系列的指标作为支撑，必须建立相应的指标体系。指标体系的建立是水土保持区划的基础和关键，直接影响区划的精度和结果，指标体系应能够反映区域水土保持及其影响条件的主要特征和基本状况；通过指标体系的建立，可以分析各因子对水土保持的影响，揭示社会、经济和生态环境之间的相互关系和矛盾，为政府部门制定水土保持战略，调整农业产业结构等相关的宏观管理和决策提供支持。水土保持区划指标系统是水土保持区划的核心，也是开展水土保持区划工作的最基本依据，具有十分重要的意义（张超，2008）。

4.3.3.2　水土保持区划指标体系的建立

水土保持区划的目的是直接服务于区域水土保持规划工作，促进区域生态环境的改善和生活水平的提高。因此，指标体系的结构应力求反映各基本地域单元水土流失及相关影响要素的特征，根据水土保持区划的理论基础和原则要求，确定水土保持区划的要素，主要包括自然要素、土地利用要素、社会经济要素和水土流失要素。自然条件是水土流失发生发展的内在因素，也是导致水土流失地域分异的主要条件，因而从地貌、气候、植被等多个方面选择自然要素指标；水土流失不单受自然因素的影响，也受经济和社会因素的影响。

土地利用变化可以引起一系列自然现象和生态过程的变化（Chris and Jon，2002），多项研究表明土地利用类型是影响水土流失的主要因素，不合理的土地利用是造成水土流失的主要原因之一，土地利用结构调整也是水土保持区划的目的之一。因此，将土地利用单独列出作为要素，以突出其对水土流失的影响和在水土保持区划中的地位；人类活动对植被的破坏，陡坡开垦及不合理的采矿、取石等，都是加剧土壤侵蚀，造成新的水土流失的重要因素（郑世清等，1986），另外，经济发展水平是社会事业发展和社会生活水平提高的物质基础，也是地区物质文明建设和发展的保证，同时经济的发展也为水土保持工作的开展提供了必要的物质基础，政策法规也对水土保持存在影响（Stonehouse et al.，1996），所以，将社会经济要素作为水土保持区划指标体系中的重要组成部分。水土流失是我国的头号环境问题，国家对水土流失的治理和监测调查一直十分重视，先后开展了两次遥感普查，积累了大量数据，为水土保持区划奠定了良好基础。最后，根据水土保持区划理论及原则来确定区划指标体系的结构。

水土保持影响因素包括自然、社会和经济等多个方面，对水土保持影响因子的分析与评价，实质上就是一个多因素、多指标综合作用的系统评价分析。影响水土保持生态建设的因素十分复杂，难以用一个或几个指标来评价。由于水土流失的成因及表现特征多种多样，如果把所有成因及表现特征均列入水土保持区划指标体系，则指标体系将会十分庞大。因此，在选取指标时，根据指标的可操作性和可获取性原则，并考虑区域实际情况，最终得出水土保持区划指标体系。水土保持区划指标体系的建立是一项十分复杂的问题，指标的选择及其数量直接影响区划的结果，所以水土保持区划指标体系的建立还应进一步深入研究，本书在综合专家意见及相关文献的介绍，遵循指标体系建立的原则基础上，提出了水土保持区划指标体系的构成，而具体指标的选择根据各区域的实际情况确定。

水土保持区划的要素主要包括自然要素、土地利用要素、社会经济要素和水土流失要素。国家对水土流失的遥感普查先后开展了两次，积累了大量数据，基层国土资源部门的土地利用数据比较完整，加上统计部门的数据为水土保持区划奠定了良好基础。水土保持区划指标体系由四个层次构成（图 4-2），分别为目标层（A）、要素层（B）、因子层（C）和指标层（D），各层次的因素分析如下。

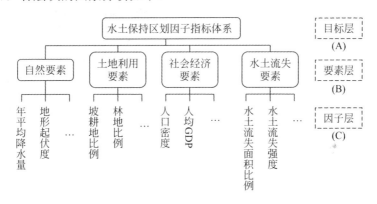

图 4-2　水土保持区划指标体系

（1）目标层（A）。建立水土保持区划指标体系是水土保持区划的基础工作和关键步骤，体系综合了影响水土保持的各项主要因素和因子，系统反映了自然、社会和经济状况对水土保持的作用。

（2）要素层（B）。要素层是水土保持各影响因素的综合体现，其包括自然要素（B1）、土壤侵蚀要素（B2）、土地利用要素（B3）和社会经济要素（B4）。

（3）因子层（C）。因子层由各项指标构成，包括地形因子（C1）、气候因子（C2）、水文因子（C3）、植被因子（C4）、土壤因子（C5）、土壤侵蚀类型因子（C6）、土壤侵蚀强度因子（C7）、土壤侵蚀模数因子（C8）、土地利用类型面积比例因子（C9）、社会因子（C10）、经济因子（C11）。

（4）指标层（D）。指标层是水土保持各影响因素的具体体现，根据区域具体情况进行选择确定。地形因子（C1）主要包括平均海拔、地表起伏度、平均坡面坡度、沟壑密度；气候因子（C2）包括年均暴雨日数、年均降水量、年均温、干燥度、≥10℃积温、大风日数；水文因子（C3）主要包括地下水位、地表径流总量等；植被因子（C4）主要指森林覆盖率、林草覆盖率等；土壤因子（C5）包括土壤类型、平均土层厚度；土壤侵蚀类型因子（C6）指水力侵蚀、风力侵蚀、冻融侵蚀；土壤侵蚀强度因子（C7）主要包括微度侵蚀、轻度侵蚀、中度侵蚀、强烈侵蚀、极强烈侵蚀、剧烈侵蚀；土壤侵蚀模数因子（C8）指土壤侵蚀模数等；土地利用类型面积比例因子（C9）指耕园地比例、坡耕地比例、林地面积比例、草地面积比例、未利用地面积比例；社会因子（C10）主要包括人口密度、年均人口增长率、农村人口比例、城镇化率、农村人均日用水量、人均耕园地；经济因子（C11）主要指人均 GDP、人均可支配收入、第一二三产业比例、农村人均 GDP（表 4-30）。

表 4-30　水土保持区划指标体系结构表

目标层	要素层	因子层	指标层
水土保持区划指标体系	自然要素（B1）	地形因子（C1）	地貌：平原、高原、盆地、山地、丘陵、沙漠等
			平均海拔
			地表起伏度
			平均坡面坡度
			沟壑密度
		气候因子（C2）	年均暴雨日数
			年均降水量
			年均温
			干燥度
			≥10℃积温
			大风日数
		水文因子（C3）	地下水位
			地表径流总量
		植被因子（C4）	林草覆盖率
			森林覆盖率
		土壤因子（C5）	土壤类型
			平均土层厚度
	土壤侵蚀要素（B2）	土壤侵蚀类型因子（C6）	水力侵蚀
			风力侵蚀
			冻融侵蚀
		土壤侵蚀强度因子（C7）	微度侵蚀
			轻度侵蚀
			中度侵蚀
			强烈侵蚀
			极强烈侵蚀
			剧烈侵蚀
		土壤侵蚀模数因子（C8）	土壤侵蚀模数

续表

目标层	要素层	因子层	指标层
水土保持区划 指标体系	土地利用要素（B3）	土地利用类型面积比例因子 （C9）	耕园地比例
			坡耕地比例
			林地面积比例
			草地面积比例
			未利用地面积比例
	社会经济要素（B4）	社会因子（C10）	人口密度
			年均人口增长率
			农村人口比例
			城镇化率
			农村人均日用水量
			人均耕园地
		经济因子（C11）	人均 GDP
			人均可支配收入
			第一、二、三产业比例
			农村人均 GDP

　　根据水土保持区划指标体系结构和构建原则，经过研究归纳总结，全国水土保持区划按三级进行划分，各级的指标分析如下。

1. 水土保持一级分区

　　一级区主要区分水土保持区划分类的最基本的地域差异，反映类型区在气候、地形地貌上的统一性，或具有独特的类型组合特征，以及同一水土流失内外营力的近似程度，它以地形、地貌、水系、气候和地理位置等因素为主进行分区。因此，在全国水土保持分区中，以全国性的自然环境地域分异作为一级区划分的主要依据。一般而言，气候是大尺度下水土保持自然环境条件的主要决定因素，水热因子的综合作用决定了宏观水土资源的主要类型，而地形地貌格局进一步影响着大尺度下的水热因子分布。具体而言，我国重要的自然地理界线也是水土保持分区的直接依据。我国地貌三级阶梯的界线，基本控制了我国水土流失和水土资源的类型结构，以及土地利用格局的空间分异；年降水量 400mm 等值线，构成了水蚀和风蚀两种侵蚀类型的地域分异及我国农区与半农半牧区、牧区的地域分异，形成了我国土地利用最明显的东西差异；年降水量 800mm 等值线，决定了我国土地利用的南北地域差异。因此，在全国水土保持分区中，以海拔、大于 10℃积温和年均降水量、水土流失成因为一级区划分的主导指标。

　　干燥度作为水热因子的又一主要要素，对局部区划有重要影响，如年干燥指数 4.0 等值线，是我国西部地区干旱与半干旱区的分界线、旱作农业的西界。因此，采用干燥指数作为一级区划的辅助指标，对区划界线进行局部调整。

　　水土保持一级区划指标见表 4-31。

表 4-31　一级分区指标表

分区因子	主导指标			辅助指标
指标	平均海拔/m	≥10 ℃积温/℃	年均降水量/mm	
指标分级	<1000 1000～3000 >3000	<1600 1600～3200 3200～4500 4500～5100 5100～6400 6400～8000 >8000	<200 200～400 400～600 600～800 >800	干燥指数

2. 水土保持二级分区

二级区在一级区的框架之下，根据地貌格局进一步影响水热因子的分布，而温湿因子的作用导致了区域内的植被、土壤及土地利用的进一步分异，使得不同区域水土流失特点和危害呈现不同的分布格局。因此，水土保持二级区划以特定优势地貌类型和若干次要地貌类型的组合、水土流失类型及强度、植被类型（主要植被区带）为主要分区指标。

由于全国范围内的一级分区特点差异较大，加之人类活动正反两方面的干扰及自然资源禀赋不一，因此各二级区域辅助分异因子也不尽相同。例如，黄土高原可以用土壤类型进行局部划分，西北风沙区可利用年均降水量进行局部调整。综上所述，根据不同一级分区单元的自然特点，配以若干辅助指标确定二级分区的界线。

3. 水土保持三级分区

水土保持三级区划是在二级区划下，综合考虑当地的自然和经济社会状况，重点突出水土流失特点及土地类型的一致性。因此，三级区划以地貌特征指标（如海拔、相对高差、特征地貌等）、社会经济发展状况指标（如人口密度、人均纯收入、人均 GDP、工业产值比例等）、水土流失防治需求和特点（如坡耕地治理、小流域综合治理、崩岗治理、石漠化防治等）、土壤侵蚀强度和程度（土层厚度）为主要分区指标。

辅助指标选取所考虑的因素与二级区划一样，根据不同二级分区单元的自然特点，配以若干辅助指标，主要是反映水热条件差异的指标，确定三级分区的界线。

4.3.4　水土保持区划指标体系案例——以云南为例

4.3.4.1　指标体系的分级与建立途径

以省为范围，以县为单元进行区划。为方便操作，且使结果简单明了，结合全国水土保持区划成果，在全省范围内采用二级分区体系。其中，一级区划分主要由地域分异规律，如地形地貌、水热条件等自然环境条件决定。二级区则以县为基本单位，综合自然、社会经济和水土流失指标采用定性与定量结合方法划分。同时，采用"自上而下"与"自下而上"相结合的方法完善区划结果。

4.3.4.2　指标初步选择

指标的收集和筛选可采用公众参与法、专家咨询法、理论分析法和频度统计法。理论分析法主要是在对水土保持的内涵、功能特征、主要问题及水土保持区划理论基础等进行分析、比较、综合的基础上，选择那些重要的、针对性较强、能反映水土保持状况的指标。频度统计法通过对国内外相关区划指标进行分析研究，统计并选择使用频度较高的指标，建立水土保持区划指标体系。专家咨询法通过征询业内专家的意见，对水土保持区划指标进行调整与补充。公众参与法现实性较强，相对来说也更具有针对性，但其耗时成本过高，且所选取指标的标准化和系统化水平较低。较大尺度范围的区划不宜考虑此法。所以本书主要采用频度统计法与理论分析法相结合的方法进行全国水土保持区划指标收集和筛选（周传斌等，2011）。

水土流失不仅受自然因素的影响，还受经济和社会因素的影响，土地利用变化可以引起一系列自然现象和生态过程的变化（Chris，2002）。因此，采用理论分析法，根据指标体系理论依据与建立原则，从自然、社会经济、水土流失三个方面选择指标。其中，自然因素又包括地形地貌、气候、土壤、植被等；社会经济指标包括人口、土地利用、总产值、粮食单产等；水土流失特征指标包括水土流失类型、水土流失面积比例等。

1. 一级区划分指标选择

一级区划分是较大尺度的区域划分，以自然分异规律为主要划分依据，采用理论分析法进行一级区指标的收集。结合前人不同类型区划统计出各类区划常用指标（表 4-32），本书一级区划指标包括年干燥度、年均温、年降水量、年均≥10℃积温、最冷月均温、极端最低气温多年平均值、土壤类型、天然植被类型、地貌类型、平均海拔、土地利用类型、土壤侵蚀营力类型等。

表 4-32　各类区划主要区划指标

区划类型	主要区划指标
中国气候区划	无霜期，月均温，1 月-6°和 6°等温线，750mm 和 1250mm 年雨量线，年干燥度，年降水量，7 月平均气温，≥10℃稳定期的积温，最冷月气温，极端最低气温，多年平均气温，日平均气温稳定≥10℃的日数（积温日数）
中国农业气候区划	农业自然条件和经济条件，光热水组合差异性，农林牧结构及种植制度对热量的要求，农业气候特征（水分条件和主要气象灾害）
中国植被区划	植被地带性、气候特征、地貌特征和土壤类型
中国土壤区划	天然植被类型和地带性土壤
中国地貌区划	外营力作用性质、地貌成因类型、区域性、大地构造等
中国自然地理区划	地形构造，地貌条件；季风，温度，干燥度，海拔，热量差异，水分差异，≥10℃积温，最冷月平均气温，土壤，植被，土地利用地带性和非地带性
中国林业区划	地质地貌，气候，森林植被类型，土壤，光热条件，水分条件，林业发展方向，区域社会经济现状和主要自然灾害类型等
中国水利区划	地形、地貌、水系、气候和地理位置等
中国水生态区划	气候、地势、地貌、干湿特征等
全国生态功能区划	气候和地貌等自然条件
水土保持区划	土壤侵蚀营力类型，地质地貌，土壤，地区特点，水土流失强度，土地利用，生产发展方向，水土保持方略和措施配置等

2．二级区划分指标选择

根据水土保持区划的理论依据与指标选择原则，以及目前所能搜集到的数据情况，本书初步选择的指标共有 68 个，详见表 4-33。

表 4-33　云南省水土保持区划指标体系

目标层	要素层	因子层	指标层	要素层	因子层	指标层
水土保持区划指标体系	自然要素	地形因子	山地面积比例	土地利用要素	土地利用类型因子	坡耕地>5°面积比例
			平原面积比例			坡耕地>15°面积比例
			平均海拔			坡耕地>25°面积比例
			平均坡面坡度	社会经济要素	社会因子	总人口
			0°~5°面积比例			人口密度
			5°~8°面积比例			农村人口比例
			8°~15°面积比例			劳动人口比例
			>15°面积比例			人口自然增长率
			>25°面积比例			人均土地面积
		气候因子	干燥度			人均耕地面积
			多年平均气温			人均园地
			1 月平均气温			人均粮食产量
			7 月平均气温			粮食单产
			无霜期		经济因子	国民生产总值
			≥10℃年活动积温			人均 GDP
			日均温≥10℃的天数			农村人均纯收入
			多年平均降水量			第一产业比例
			多年平均汛期降水量			第二产业比例
			多年平均暴雨日数			第三产业比例
			多年平均蒸发量	水土保持要素	土壤侵蚀程度因子	水土流失面积
			多年平均风速			微度侵蚀面积比例
		土壤植被因子	森林覆盖率			轻度侵蚀面积比例
			林草覆盖率			中度侵蚀面积比例
			红壤			强烈以上侵蚀面积比例
			水稻土		水土保持现状因子	水土流失治理面积
			紫色土			坡改梯面积
			黄棕壤			坡改梯配套道路
			其他土壤			坡改梯配套引排水
	土地利用要素	土地利用类型面积比例因子	耕地面积比例			小型蓄水工程
			园地面积比例			水土保持造林面积
			林地面积比例			水土保持造林保存率
			草地面积比例			经果林造林面积
			水域面积比例			水土保持种草面积
			未利用地面积比例			封育治理面积

4.3.4.3　指标筛选

科学合理的指标体系是综合区划的重要前提，初选的指标要尽可能全面，为了减少指标的繁冗性，需要正确、合理的指标筛选方法。

1. 水土保持区划一级指标筛选

云南区划的一级区主要用于水土保持区域总体布局和防治途径，反映区域特定的优势地貌特征、水土流失特点、植被区带分布特征等，尽可能使区内相对一致性和区间最大差异性（王治国和张超，2011）。因此一级区划宜根据前人各综合区划研究分析，选出具有代表性的指标来进行划分。本书采用频度统计法，详见表 4-34。

表 4-34　各类区划主要区划指标使用次数及频率

指标类型	指标名称	指标单位	引用次数	采用率/%
气候	干燥度	—	8	12
	年均温	℃	6	9
	年均降水量	mm	5	8
	≥10℃年活动积温	℃	4	6
	最冷月均温	℃	3	5
	极端最低气温多年平均值	℃	2	3
土壤	土壤类型	—	6	9
植被	天然植被类型	—	5	8
地形地貌	地貌类型	—	7	11
	地貌外营力类型	—	3	5
	平均海拔	m	5	8
	地形差异	—	3	5
地质		—	2	3
社会经济	土地利用类型	—	3	5
水土流失	土壤侵蚀营力类型	—	3	5

注：省略引用次数为 1 的指标。

由表 4-35 可以看出，在我国各区划中，气候、土壤、植被、地形地貌及社会经济等是主要的指标类型。然而，不同类型指标中具体指标有很多。使用频次较高的指标包括：在气候方面，干燥度使用频次最高，为 8 次，其次为年均温、年均降水量和≥10℃年活动积温等。其他方面主要使用指标为：土壤类型、天然植被类型、地貌类型、平均海拔和地形差异。而在土壤侵蚀区划中，土壤侵蚀类型为最重要的区划指标，此外还包括水土流失强度和水土保持特点等。

云南水土保持区划一级区划分以基本地域差异为主要依据，反映类型区在气候、地形地貌方面的统一性。一般而言，气候是大尺度下水土保持自然环境条件的主要决定因素，水热因子的综合作用决定了宏观水土资源的主要类型，而地形地貌格局进一步影响着大尺度下的水热因子分布。受水热因子的影响，区域内植被、土壤的地带性和非地带性分布规律使不同区域的水土流失特点和危害呈现出不同的分布格局。同时，云南地势特征、土壤地带性及热量差异明显。综上所述，云南水土保持一级区划采用的指标主要有平均海拔、土壤类型与≥10℃年活动积温，年均降水量、干燥度作为辅助指标。

2．水土保持区划二级指标筛选

由于初步选择的指标之间存在数量过多或者不全、互相具有相关性及指标辨识力的问题，因此保证指标具有较高的鉴别力是一个难点。根据指标体系构建原则，本书二级指标筛选采用三种分析方法：基于相关系数的相关性分析、基于变异系数的敏感性分析和基于主成分分析的重要性分析，然后对三种方法初步分析的结果进行可操作性分析，被三种方法都选定的指标确定为最终指标选定结果。

1）水土保持区划指标相关性分析

（1）地形因子。从各地形因子指标相关系数及显著性（表 4-35）可知，该类指标两两间相关系数都较大，说明该类指标相关程度偏高。根据指标间相关个数统计（表 4-36），相关个数最多指标平均坡度和相关个数最少指标平均海拔入选。

表 4-35　地形因子 Pearson 相关系数矩阵

项目		平均坡度	0°～5°坡面面积比例	5°～8°坡面面积比例	8°～15°坡面面积比例	>15°坡面面积比例	>25°坡面面积比例	平均海拔	平原面积比例	山地面积比例
平均坡度	P	1	-0.818**	-0.873**	-0.695**	0.929**	0.941**	0.226*	-0.556**	0.556**
	显著性		0.000	0.000	0.000	0.000	0.000	0.010	0.000	0.000
0°~5°坡面面积比例	P		1	0.850**	0.298**	-0.921**	-0.720**	0.059	0.786**	-0.786**
	显著性			0.000	0.001	0.000	0.000	0.507	0.000	0.000
5°~8°坡面面积比例	P			1	0.648**	-0.966**	-0.851**	-0.044	0.517**	-0.517**
	显著性				0.000	0.000	0.000	0.624	0.000	0.000
8°~15°坡面面积比例	P				1	-0.638**	-0.834**	-0.381**	0.045	-0.045
	显著性					0.000	0.000	0.000	0.612	0.611
>15°坡面面积比例	P					1	0.904**	0.086	-0.631**	0.631**
	显著性						0.000	0.332	0.000	0.000
>25°坡面面积比例	P						1	0.328**	-0.457**	0.457**
	显著性							0.000	0.000	0.000
平均海拔	P							1	0.134	-0.134
	显著性								0.131	0.131
平原面积比例	P								1	-1.000**
	显著性									0.000
山地面积比例	P									1
	显著性									

*表示在 0.05 水平（双侧）上显著相关；**表示在 0.01 水平（双侧）上显著相关。

表 4-36 地形因子指标间相关个数统计

项目	在 0.01 水平（双侧）上显著相关	在 0.05 水平（双侧）上显著相关	不显著相关
平均海拔	2	1	5
山地面积比例	6	0	2
平原面积比例	6	0	2
平均坡度	7	1	0
0°～5°面积比例	7	0	1
5°～8°面积比例	7	0	1
8°～15°面积比例	5	0	3
>15°面积比例	7	0	1
>25°面积比例	7	0	1

剩余指标中，地貌类型在相关区划中使用频率较高，较具代表性，入选。>15°坡面是产生水土流失的重要区域，因此>15°坡面面积比例指标入选。除去这 4 个指标，>25°坡面面积比例与平均坡度相关系数最大（达 0.941），5°～8°坡面面积比例与>15°坡面面积比例相关系数最大（达-0.966），所以这两个指标删除。剩余 3 个指标中，山地面积比例与平原面积比例和其他指标的相关性全部一致，这主要由二者互补关系导致，即二者的和为 1，所以二者采用对水土流失更具实际意义的山地面积比例。

最终地形因子相关性入选指标有 5 个，分别为平均海拔、平均坡度、8°～15°坡面面积比例、>15°坡面面积比例、山地面积比例。

（2）气候因子。从各气候因子指标相关系数及显著性（表 4-37）可知，该类指标之间相关系数差异明显。根据指标间相关个数统计（表 4-38），相关个数最多指标多年平均降水量和相关个数最少指标多年平均蒸发量入选。

表 4-37 气候因子 Pearson 相关系数矩阵

相关性		≥10℃年活动积温	日均温≥10℃天数	多年平均降水量	多年平均汛期降水量	多年平均暴雨日数	多年平均蒸发量	多年平均风速	干燥度	无霜期	多年平均气温	7月平均气温	1月平均气温
≥10℃年活动积温	P	1	0.678**	0.312**	0.277**	0.008	0.049	-0.192*	0.083	0.523**	0.692**	0.487**	0.659**
	显著性		0.000	0.000	0.002	0.927	0.580	0.029	0.378	0.000	0.000	0.000	0.000
日均温≥10℃天数	P		1	0.410**	0.235**	-0.021	0.096	-0.137	0.053	0.551**	0.760**	0.494**	0.710**
	显著性			0.000	0.007	0.810	0.280	0.121	0.571	0.000	0.000	0.000	0.000
多年平均降水量	P			1	0.546**	0.257**	-0.203*	-0.318**	-0.533**	0.330**	0.297**	0.103	0.314**
	显著性				0.000	0.003	0.021	0.000	0.000	0.000	0.001	0.245	0.000
多年平均汛期降水量	P				1	0.233**	-0.077	-0.163	-0.343**	0.294**	0.293**	0.135	0.290**
	显著性					0.008	0.388	0.065	0.000	0.001	0.001	0.128	0.001
多年平均暴雨日数	P					1	-0.061	-0.218*	-0.206*	0.045	0.064	0.015	0.090
	显著性						0.490	0.013	0.027	0.610	0.468	0.869	0.316

续表

相关性		≥10℃年活动积温	日均温≥10℃天数	多年平均降水量	多年平均汛期降水量	多年平均暴雨日数	多年平均蒸发量	多年平均风速	干燥度	无霜期	多年平均气温	7月平均气温	1月平均气温
多年平均蒸发量	P						1	0.274**	0.148	-0.138	0.077	0.027	0.042
	显著性							0.002	0.115	0.120	0.386	0.759	0.642
多年平均风速	P							1	0.087	-0.289**	-0.170	-0.160	-0.168
	显著性								0.355	0.001	0.055	0.070	0.060
干燥度	P								1	-0.043	0.155	0.276**	0.109
	显著性									0.651	0.097	0.003	0.248
无霜期	P									1	0.714**	0.567**	0.598**
	显著性										0.000	0.000	0.000
多年平均气温	P										1	0.812**	0.899**
	显著性											0.000	0.000
7月平均气温	P											1	0.584**
	显著性												0.000
1月平均气温	P												1
	显著性												

*表示在 0.05 水平（双侧）上显著相关；**表示在 0.01 水平（双侧）上显著相关。

表 4-38　气候因子指标间相关个数统计

项目	在 0.01 水平（双侧）上显著相关	在 0.05 水平（双侧）上显著相关	不显著相关
干燥度	3	1	7
多年平均气温	7	0	4
1月平均气温	7	0	4
7月平均气温	6	0	5
无霜期	8	0	3
≥10℃年活动积温	7	1	3
日均温≥10℃天数	7	0	4
多年平均降水量	9	1	1
多年平均汛期降水量	8	0	3
多年平均暴雨日数	2	2	7
多年平均蒸发量	1	1	9
多年平均风速	3	2	6

其余 10 个指标中，干燥度、多年平均气温是综合自然区划的主导指标，1 月平均气温与 7 月平均气温是气候区划的主导指标，无霜期与≥10℃年活动积温是农业区划的主导指标。由于云南年温差小、日温差大、干湿季节分明、气温随地势高低垂直变化异常明显。而无霜期与≥10℃年活动积温是一个地区重要的热量指标，热量资源的季节变化与空间分布直接影响一个地区的生态环境、植被分布、农作物种类及农业种植方式、作物品种熟型和作物生育（石剑等，2005），所以多年平均气温、干燥度、无霜期和≥10℃年活动积温作为认可度较高指标入选。

剩下 6 个指标中，与多年平均降水量相关性最大的是多年平均汛期降水量，与≥10℃年活动积温和多年平均气温相关性最大的是 1 月平均气温，与≥10℃年活动积温相关系数最大的是日均温≥10℃天数，所以这 3 个指标删除。另外，云南位于以水力侵蚀为主的区域，风力侵蚀薄弱，因此删除多年平均风速指标。

综上所述，气候因子相关性入选指标有 8 个，分别为：干燥度、7 月平均气温、多年平均气温、无霜期、≥10℃年活动积温、多年平均降水量、多年平均暴雨日数、多年平均蒸发量。

（3）土壤植被因子。从各土壤植被因子指标相关系数及显著性（表 4-39）可知，该类指标之间相关性不显著。根据指标间相关个数统计（表 4-40），相关个数最多指标红壤面积比例和相关个数最少指标黄棕壤入选。

表 4-39　土壤植被因子 Pearson 相关系数矩阵

相关性		森林覆盖率	林草覆盖率	红壤	水稻土	紫色土	黄棕壤	其他土壤
森林覆盖率	P	1	0.473**	-0.291**	-0.069	0.278**	-0.105	0.043
	显著性		0.000	0.001	0.441	0.004	0.272	0.632
林草覆盖率	P		1	-0.414**	-0.272**	0.384**	0.126	0.075
	显著性			0.000	0.002	0.000	0.187	0.400
红壤	P			1	0.453**	-0.364**	-0.412**	-0.639**
	显著性				0.000	0.000	0.000	0.000
水稻土	P				1	-0.024	-0.383**	-0.507**
	显著性					0.807	0.000	0.000
紫色土	P					1	-0.037	-0.446**
	显著性						0.730	0.000
黄棕壤	P						1	0.111
	显著性							0.245
其他土壤	P							1
	显著性							

*表示 在 0.05 水平（双侧）上显著相关；**表示在 0.01 水平（双侧）上显著相关。

表 4-40　土壤植被因子指标间相关个数统计

项目	在 0.01 水平（双侧）上显著相关	在 0.05 水平（双侧）上显著相关	不显著相关
森林覆盖率	3	0	3
林草覆盖率	4	0	2
红壤	6	0	0
水稻土	4	0	2
紫色土	4	0	2
黄棕壤	2	0	4
其他土壤	3	0	3

为保证信息的完整性，土壤因子与植被因子分开进行指标筛选。在植被因子中，森林覆盖率与林草覆盖率与其他因子相关性较一致，但林草覆盖率的计算中因子包含了森林的面积，因此二者选择林草覆盖率作为区划入选指标。而土壤因子中，由于云南土壤类型地带性明显，本书将土壤类型作为定性指标，配合定量指标进行区划。另外，与林草覆盖率、红壤相关性最高的指标为其他土壤面积比例，与黄棕壤相关性最大的是紫色土，故删除。

综上所述，该因子入选指标有 4 个：林草覆盖率、红壤面积比例、水稻土面积比例与黄棕壤面积比例。另外，将土壤类型作为定性辅助指标。

（4）土地利用因子。从各气候因子指标相关系数及显著性（表 4-41）可知，该类指标之间相关性不高。根据指标间相关个数统计（表 4-42），相关个数最多指标林地面积比例和相关个数最少指标水域面积比例入选。

表 4-41　土地利用因子 Pearson 相关系数矩阵

相关性		坡耕地>5°面积比例	坡耕地>15°面积比例	坡耕地>25°面积比例	耕地面积比例	园地面积比例	林地面积比例	草地面积比例	水域面积比例	未利用地面积比例
坡耕地>5°	P	1	0.846**	0.571**	0.153	−0.114	−0.049	0.146	−0.108	0.023
面积比例	显著性		0.000	0.000	0.083	0.200	0.579	0.099	0.224	0.792
坡耕地>	P		1	0.717**	0.008	−0.118	0.075	0.134	−0.104	−0.060
15°面积比例	显著性			0.000	0.929	0.184	0.397	0.131	0.240	0.503
坡耕地>	P			1	0.003	−0.087	0.037	0.084	0.018	−0.162
25°面积比例	显著性				0.977	0.329	0.675	0.345	0.839	0.067
耕地面积	P				1	−0.216*	−0.707**	−0.086	0.041	0.122
比例	显著性					0.014	0.000	0.330	0.641	0.169
园地面积	P					1	−0.050	−0.190*	−0.077	−0.214*
比例	显著性						0.575	0.031	0.384	0.015
林地面积	P						1	−0.297**	−0.185*	−0.193*
比例	显著性							0.001	0.036	0.029

续表

相关性		坡耕地>5°面积比例	坡耕地>15°面积比例	坡耕地>25°面积比例	耕地面积比例	园地面积比例	林地面积比例	草地面积比例	水域面积比例	未利用地面积比例
草地面积	P							1	-0.134	0.058
比例	显著性								0.129	0.514
水域面积	P								1	-0.144
比例	显著性									0.103
未利用地	P									1
面积比例	显著性	0.792	0.503	0.067	0.169	0.015	0.029	0.514	0.103	

*表示在 0.05 水平（双侧）上显著相关；**表示在 0.01 水平（双侧）上显著相关。

表 4-42　土地利用因子指标间相关个数统计

项目	在 0.01 水平（双侧）上显著相关	在 0.05 水平（双侧）上显著相关	不显著相关
耕地面积比例	1	1	6
园地面积比例	0	3	5
林地面积比例	2	2	4
草地面积比例	1	1	6
水域面积比例	0	1	7
未利用地面积比例	0	2	6
坡耕地>5°面积比例	2	0	6
坡耕地>15°面积比例	2	0	6
坡耕地>25°面积比例	2	0	6

　　其余 7 个指标中，耕地与水土流失、社会经济关系紧密，而未利用地代表该地区的开发潜力，具有其他指标不可替代的独立意义，因此耕地面积比例与未利用地面积比例入选。而陡坡耕作是造成云南水土流失的主要因素，在我国退耕还林（草）相关条例中，>15°坡耕地需进行退耕还林，所以坡耕地>15°面积比例在众坡度耕地面积比例中更具有入选力，该指标入选。

　　在剩余 4 个指标中，与坡耕地>15°面积比例相关性最大的是坡耕地>5°面积比例，与坡耕地面积比例相关性最大的是坡耕地>25°面积比例，故删除。

　　综上所述，土地利用因子入选指标有 7 个，分别为：坡耕地>15°面积比例、耕地面积比例、林地面积比例、水域面积比例、园地面积比例、草地面积比例和未利用地面积比例。

　　（5）社会因子。从各社会因子指标相关系数及显著性（表 4-43）和指标间相关个数统计（表 4-44）可知，相关个数最多指标人均耕地面积和相关个数最少指标劳动人口比例与人口自然增长率入选。其余 7 个指标中，与已经入选指标的相关性特征都不明显，相关性都不高，暂时无法分辨哪个指标更适宜，为避免错删指标，故暂入选，等敏感性与重要性评价出来后再综合。因此，该因子指标分析中所有指标均保留。

表 4-43　社会因子 Pearson 相关系数矩阵

相关性		农村人口比例	劳动人口比例	人口密度	人口自然增长率	人均土地面积	人均耕地面积	人均园地面积	人均粮食产量	粮食单产
农村人口比例	P	1	0.026	-0.226*	0.039	0.278**	0.371**	0.050	0.298**	-0.042
	显著性		0.773	0.010	0.660	0.001	0.000	0.575	0.001	0.639
劳动人口比例	P		1	0.017	-0.180*	0.011	0.015	-0.040	0.015	-0.072
	显著性			0.849	0.041	0.900	0.864	0.654	0.866	0.417
人口密度	P			1	-0.011	-0.194*	-0.253**	-0.124	-0.350**	0.044
	显著性				0.903	0.028	0.004	0.160	0.000	0.623
人口自然增长率	P				1	-0.168	0.071	0.056	-0.049	0.165
	显著性					0.056	0.424	0.529	0.582	0.062
人均土地面积	P					1	0.202*	0.156	0.158	-0.519**
	显著性						0.022	0.077	0.074	0.000
人均耕地面积	P						1	0.147	0.488**	-0.220*
	显著性							0.096	0.000	0.012
人均园地面积	P							1	0.242**	-0.331**
	显著性								0.006	0.000
人均粮食产量	P								1	0.126
	显著性									0.155
粮食单产	P									1
	显著性									

*表示在 0.05 水平（双侧）上显著相关；**表示在 0.01 水平（双侧）上显著相关。

表 4-44　社会因子指标间相关个数统计

项目	在 0.01 水平（双侧）上显著相关	在 0.05 水平（双侧）上显著相关	不显著相关
人口密度	2	2	4
农村人口比例	3	1	4
劳动人口比例	0	1	7
人口自然增长率	0	1	7
人均土地面积	2	2	4
人均耕地面积	3	2	3
人均园地	2	0	6
人均粮食产量	4	0	4
粮食单产	2	1	5

（6）经济因子。从各经济因子指标相关系数及显著性（表 4-45）和指标间相关个数统

计（表 4-46）可知，经济因子之间相关个数都相同，相关度都很高。而在各类相关综合区划中，人均 GDP 与农村人均纯收入是使用频率较高的指标，是衡量当地人民生活水平、农村居民收入平均水平的两个重要指标，因此二者入选。其余 4 个指标中，第一产业比例和国民生产总值与人均 GDP 相关系数最高，故删除。

表 4-45　经济因子 Pearson 相关系数矩阵

相关性		国民生产总值	人均 GDP	农村人均纯收入	第一产业比例	第二产业比例	第三产业比例
国民生产总值	P	1	0.665**	0.555**	-0.495**	0.175*	0.361**
	显著性		0.000	0.000	0.000	0.047	0.000
人均 GDP	P		1	0.779**	-0.702**	0.456**	0.257**
	显著性			0.000	0.000	0.000	0.004
农村人均纯收入	P			1	-0.528**	0.274**	0.294**
	显著性				0.000	0.002	0.001
第一产业比例	P				1	-0.651**	-0.363**
	显著性					0.000	0.000
第二产业比例	P					1	-0.471**
	显著性						0.000
第三产业比例	P						1
	显著性						

*表示在 0.05 水平（双侧）上显著相关；**表示在 0.01 水平（双侧）上显著相关。

表 4-46　经济因子指标间相关个数统计

项目	在 0.01 水平（双侧）上显著相关	在 0.05 水平（双侧）上显著相关	不显著相关
国民生产总值	4	1	0
人均 GDP	5	0	0
农村人均纯收入	5	0	0
第一产业比例	5	0	0
第二产业比例	4	1	0
第三产业比例	5	0	0

可见，经济因子所有指标有 4 个，分别为人均 GDP、农村人均纯收入、第二产业比例、第三产业比例。

（7）水土流失因子。从各水土流失因子指标相关系数及显著性（表 4-47）和指标间相关个数统计（表 4-48）可知，相关个数最多的指标轻度侵蚀面积比例和相关个数最少的指标强烈以上侵蚀面积比例入选。其余 3 个指标中，与轻度水土流失面积比例相关系数最高的是中度水土流失面积比例，可剔除。最终水土流失因子入选指标有 4 个，包括水土流失面积、微度侵蚀面积比例、轻度侵蚀面积比例和强烈及以上侵蚀面积比例。

表 4-47　水土流失因子 Pearson 相关系数矩阵

相关性		水土流失面积	微度水土流失面积比例	轻度水土流失面积比例	中度水土流失面积比例	强烈及以上水土流失面积比例
水土流失面积	P	1	-0.162	0.187*	-0.186*	0.003
	显著性		0.066	0.034	0.034	0.974
微度水土流失面积比例	P		1	-0.720**	0.305**	0.064
	显著性			0.000	0.000	0.474
轻度水土流失面积比例	P			1	-0.735**	-0.493**
	显著性				0.000	0.000
中度水土流失面积比例	P				1	0.043
	显著性					0.626
强烈及以上水土流失面积比例	P					1
	显著性					

*表示在 0.05 水平（双侧）上显著相关；**表示在 0.01 水平（双侧）上显著相关。

表 4-48　水土流失因子指标间相关个数统计

项目	在 0.01 水平（双侧）上显著相关	在 0.05 水平（双侧）上显著相关	不显著相关
水土流失面积	0	2	2
微度侵蚀面积比例	2	0	2
轻度侵蚀面积比例	3	1	0
中度侵蚀面积比例	2	1	1
强烈及以上侵蚀面积比例	1	0	3

（8）水土保持因子。从各水土保持因子指标相关系数及显著性（表 4-49）和指标间相关个数统计（表 4-50）可知，相关个数最多指标坡改梯面积和相关个数最少指标坡改梯配套道路入选。

表 4-49　水土保持因子 Pearson 相关系数矩阵

相关性		水土流失治理面积	坡改梯面积	坡改梯配套道路	坡改梯配套引排水	小型蓄水工程	水土保持造林面积/hm^2	水土保持造林保存率	经果林造林面积	水土保持种草面积	封育治理面积
水土流失治理面积	P	1	0.342**	0.001	0.232**	0.044	0.311**	0.248**	0.077	0.258**	0.629**
	显著性		0.000	0.988	0.008	0.617	0.000	0.005	0.388	0.003	0.000
坡改梯面积	P		1	0.059	0.375**	0.192*	0.403**	0.259**	0.235**	0.295**	0.308**
	显著性			0.510	0.000	0.029	0.000	0.003	0.007	0.001	0.000
坡改梯配套道路	P			1	0.034	0.054	-0.010	-0.005	-0.009	-0.018	0.020
	显著性				0.702	0.541	0.907	0.952	0.918	0.836	0.818
坡改梯配套引排水	P				1	0.302**	0.198*	0.406**	0.039	0.086	0.208*
	显著性					0.001	0.024	0.000	0.661	0.333	0.018

续表

相关性		水土流失治理面积	坡改梯面积	坡改梯配套道路	坡改梯配套引排水	小型蓄水工程	水土保持造林面积/hm²	水土保持造林保存率	经果林造林面积	水土保持种草面积	封育治理面积
小型蓄水工程	P					1	0.057	0.099	0.292**	0.113	0.201*
	显著性						0.522	0.266	0.001	0.202	0.022
水土保持造林面积	P						1	0.225*	0.150	0.495**	0.056
	显著性							0.010	0.090	0.000	0.530
水土保持造林保存率	P							1	0.006	0.016	0.212*
	显著性								0.945	0.858	0.016
经果林造林面积	P								1	0.308**	0.195*
	显著性									0.000	0.027
水土保持种草面积	P									1	0.077
	显著性										0.385
封育治理面积	P										1
	显著性										

*表示在 0.05 水平（双侧）上显著相关；**表示在 0.01 水平（双侧）上显著相关。

表 4-50　水土保持因子指标间相关个数统计

项目	在 0.01 水平（双侧）上显著相关	在 0.05 水平（双侧）上显著相关	不显著相关
水土流失治理面积	6	0	3
坡改梯面积	7	1	1
坡改梯配套道路	0	0	9
坡改梯配套引排水	4	2	3
小型蓄水工程	2	2	5
水土保持造林面积	3	2	4
水土保持造林保存率	3	2	4
经果林造林面积	3	1	5
水土保持种草面积	4	0	5
封育治理面积	2	4	3

在其余 8 个指标中，水土流失治理面积与其他 7 个指标相关程度最高，经果林造林面积相关程度最低（图 4-3），均可入选。与坡改梯面积相关性最大的是水土保持造林面积，与水土流失治理面积相关系数最大的是封育治理面积，故删除这两个指标。

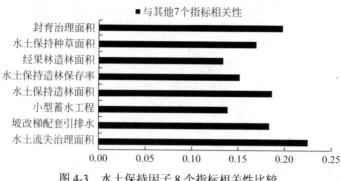

图 4-3　水土保持因子 8 个指标相关性比较

综上所述,水土保持因子入选指标有 8 个,分别是:水土流失治理面积、坡改梯面积、坡改梯配套道路、小型蓄水工程、坡改梯配套引排水、水土保持造林保存率、经果林造林面积、水土保持种草面积。

2)水土保持区划指标敏感性分析

由表 4-51 各要素指标变异系数计算可以看出最大 CV 值和最小 CV 值,排除后各因子入选指标分别为:

(1)地形因子。除去最大值平原面积比例(1.539)和最小值山地面积比例(0.118),入选指标为平均海拔、平均坡度、0°～5°坡面面积比例、5°～8°坡面面积比例、8°～15°坡面面积比例、>15°坡面面积比例、>25°坡面面积比例。

(2)气候因子。除去最大值多年平均暴雨日数(1.724)和最小值 7 月平均气温(0.123),入选指标为干燥度、1 月平均气温、多年平均气温、无霜期、>10℃年活动积温、日均温>10℃的天数、多年平均降水量、多年平均汛期降水量、多年平均蒸发量、多年平均风速。

(3)土壤植被因子。除去最大值紫色土(1.122)和最小值林草覆盖率(0.206),入选指标为森林覆盖率、红壤、水稻土、黄棕壤、其他土壤。

(4)土地利用因子:除去最大值水域面积比例(1.716)和最小值林地面积比例(0.221),入选指标为坡耕地>5°面积比例、坡耕地>15°面积比例、坡耕地>25°面积比例、耕地面积比例、园地面积比例、草地面积比例、未利用地面积比例。

(5)社会因子:除去最大值人均园地面积(1.927)和最小值农村人口比例(0.327),入选指标为总人口、劳动人口比例、人口密度、人口自然增长率、人均土地面积、人均耕地面积、人均粮食产量、粮食单产。

(6)经济因子:除去最大值国民生产总值(1.910)和最小值第三产业比例(0.292),入选指标为人均 GDP、农村人均纯收入、粮食总产量、第一产业比例、第二产业比例。

(7)水土流失因子:除去最大值微度水土流失面积比例(2.344)和最小值轻度水土流失面积比例(0.395),入选指标为水土流失面积、中度水土流失面积比例、强烈及以上水土流失面积比例。

(8)水土保持因子:除去最大值坡改梯配套道路(9.188)和最小值山地坡改梯面积(1.408),入选指标为水土流失治理面积、坡改梯配套引排水、小型蓄水工程、水土保持造林面积、水土保持造林保存率、经果林造林面积、水土保持种草面积、封育治理面积。

表 4-51　各要素指标变异系数计算表

要素名称	指标名称	N	均值	标准差	变异系数
地形因子	平均海拔	129	1818.94	491.972	0.270
	山地面积比例	129	0.93	0.110	0.118
	平原面积比例	129	0.07	0.110	1.539
	平均坡度	129	17.49	5.025	0.287
	0°~5°坡面面积比例	129	0.14	0.113	0.797
	5°~8°坡面面积比例	129	0.10	0.043	0.444
	8°~15°坡面面积比例	129	0.24	0.053	0.218
	>15°坡面面积比例	129	0.52	0.180	0.347
	>25°坡面面积比例	129	0.21	0.136	0.639
	有效的 N （列表状态）	129			
气候因子	干燥度	115	0.30	0.0327	1.096
	多年平均气温	129	16.51	2.807	0.170
	1 月平均气温	129	9.60	3.101	0.323
	7 月平均气温	129	21.77	2.680	0.123
	无霜期	129	291.11	50.539	0.174
	>10℃年活动积温	129	5410.98	1595.389	0.295
	日均温>10℃的天数	129	293.50	54.000	0.184
	多年平均降水量	129	1092.77	350.346	0.321
	多年平均汛期降水量	129	884.31	431.149	0.488
	多年平均暴雨日数	129	12.04	20.752	1.724
	多年平均蒸发量	129	1804.70	852.789	0.473
	多年平均风速	129	1.70	0.876	0.515
	有效的 N （列表状态）	115			
土壤植被因子	森林覆盖率	129.00	54.843	16.328	0.298
	林草覆盖率	129	0.65	0.134	0.206
	红壤	120	0.37	0.220	0.588
	水稻土	126	0.06	0.053	0.867
	紫色土	105	0.18	0.196	1.122
	黄棕壤	111	0.12	0.088	0.748
	其他土壤	129	0.34	0.264	0.779
	有效的 N （列表状态）	81			
土地利用因子	坡耕地>5°面积比例	129	0.496	0.235	0.474
	坡耕地>15°面积比例	129	0.315	0.225	0.713
	坡耕地>25°面积比例	129	0.109	0.123	1.133
	耕地面积比例	129	0.182	0.0982	0.539

续表

要素名称	指标名称	N	均值	标准差	变异系数
土地利用因子	园地面积比例	129	0.040	0.054	1.376
	林地面积比例	129	0.588	0.130	0.221
	草地面积比例	129	0.069	0.066	0.965
	水域面积比例	129	0.022	0.038	1.716
	未利用地面积比例	129	0.020	0.032	1.650
	有效的 N（列表状态）	129			
社会因子	总人口	129	353882.55	242620.522	0.686
	农村人口比例	128	0.82	0.267	0.327
	劳动人口比例	129	0.59	0.578	0.979
	人口密度	129	194.86	331.974	1.704
	人口自然增长率	129	4.96	3.251	0.655
	人均土地面积	129	12810.45	17696.133	1.381
	人均耕地面积	129	1514.19	860.779	0.568
	人均园地面积	129	482.33	929.637	1.927
	人均粮食产量	129	3281.35	1301.247	0.397
	粮食单产	129	4156.39	2189.444	0.527
	有效的 N（列表状态）	128			
经济因子	国民生产总值	129	580201.40	1108053.349	1.910
	人均 GDP	127	13954.85	9649.726	0.691
	农村人均纯收入	126	3272.25	1346.238	0.411
	粮食总产量	129	110367.40	79622.466	0.721
	第一产业比例	129	0.26	0.124	0.475
	第二产业比例	129	0.37	0.131	0.349
	第三产业比例	129	0.36	0.106	0.292
	有效的 N（列表状态）	124			
水土流失因子	水土流失面积	129	2970.370	1844.805	0.621
	微度水土流失面积比例	129	0.061	0.143	2.344
	轻度水土流失面积比例	129	0.693	0.274	0.395
	中度水土流失面积比例	129	0.173	0.152	0.879
	强烈及以上水土流失面积比例	129	0.073	0.119	1.644
	有效的 N（列表状态）	129			
水土保持因子	水土流失治理面积	129	23674.999	36302.271	1.533
	坡改梯面积	129	1478.237	2080.740	1.408
	坡改梯配套道路	129	194.084	1783.176	9.188
	坡改梯配套引排水	129	65.523	172.450	2.632

续表

要素名称	指标名称	N	均值	标准差	变异系数
水土保持因子	小型蓄水工程	129	1519.419	4632.520	3.049
	水土保持造林面积	129	6077.792	9003.564	1.481
	水土保持造林保存率	129	197.442	1327.256	6.722
	经果林造林面积	129	5256.014	15673.567	2.982
	水土保持种草面积	129	417.273	1571.350	3.766
	封育治理面积	129	10190.754	23901.524	2.345
	有效的 N（列表状态）	129			

3）水土保持区划指标重要性分析

（1）地形因子。由地形因子主成分分析结果可知，前两个主成分包含了原始变量 86.246%的信息（>85%），说明 9 个指标重要性相当。其中第 8 和第 9 成分的特征值最小，仅为 0.000031 和 0.000001，而在这两个成分中，得分最大的是 0°~5°坡度面积比例和山地、平原面积比例，故删除这 3 个指标。剩余 6 个指标继续做主成分分析。

第二次主成分分析结果显示，最小特征值为 0.013 的成分中，得分最大的为>25°坡面面积比例，该指标删除。将剩余 5 个指标重复进行主成分分析，将指标 5°~8°坡度面积比例删除。最后 4 个指标重新分析结果显示最小特征值为 0.341，继续删除会导致信息不充分，此时，主成分筛选结束。最终保留指标为平均海拔、平均坡度、8°~15°坡面面积比例与>15°坡面面积比例 4 个指标。

（2）气候因子。由气候因子主成分分析结果可知，第 12 成分的特征值最小，仅为 0.028，而在该成分中，得分最大的是 7 月平均气温，故删除该指标。剩余 11 个指标重复主成分分析，最小特征值 0.074 成分中最大得分为 1 月平均气温，删除该指标。第三次分析计算，可删除指标日均温≥10℃的天数。第四次分析计算，可删除指标无霜期。最后 8 个指标重新分析结果显示最小特征值为 0.251，停止主成分筛选。最终保留指标为干燥度、多年平均气温、≥10℃年活动积温、多年平均降水量、多年平均汛期降水量、多年平均暴雨日数、多年平均蒸发量、多年平均风速。

（3）土壤植被因子。由土壤植被因子主成分分析结果可知，第 7 成分特征值为 0.107，在该成分中得分最大指标为水稻土，故删除。剩余 6 个指标重新进行主成分分析，显示最小特征值为 0.226，而在该成分中各指标得分大小相差不大，为防止筛选指标失误，结束主成分筛选。因此，该因子保留出水稻土以外的 6 个指标。

（4）土地利用因子。由土地利用因子主成分分析结果可知，最小特征值为 0.082，其中最大得分指标为坡耕地>5°面积比例，故删除该指标。第二次计算结果最小特征值为 0.085，可删除指标林地面积比例。剩余 7 个指标计算最小特征值为 0.268，且在第 7 成分中得分前三的指标直接相差不大，故结束主成分筛选。最终保留指标为坡耕地>15°面积比例、坡耕地>25°面积比例、耕地面积比例、园地面积比例、草地面积比例、水域面积比例、未利用地面积比例。

（5）社会因子。由社会因子主成分分析结果可知，最小特征值为 0.230，其中最大得分指标为总人口，故删除该指标。第二次计算结果最小特征值为 0.243，可删除指标粮食单产。

剩余 8 个指标计算最小特征值为 0.448，不适宜进行删除，故结束主成分筛选。最终保留指标为农村人口比例、劳动人口比例、人口密度、人口自然增长率、人均土地面积、人均耕地面积、人均园地面积、人均粮食产量。

（6）经济因子。经济因子主成分分析结果显示，第 5、第 6 两个成分的特征值很小，可忽略，软件自动忽略。第 4 成分特征值为 0.286，该成分中最大得分为第一产业比例，故删除。重复主成分分析，结果显示最小特征值为 0.197，但在该成分中，农村人均纯收入、第二三产业比例 3 个指标的得分相差不大，故不宜删除。最终保留除第一产业比例以外的 5 个指标。

（7）水土流失因子。水土流失因子主成分分析结果显示，最小特征值为 0.287 成分中的最大得分为轻度水土流失面积比例，故删除该指标。剩余 4 个指标重新分析，删除指标微度水土流失面积比例。最终计算最小特征值为 0.663，不宜删除，故结束主成分筛选。最终保留指标为水土流失面积、中度水土流失面积比例和强烈及以上水土流失面积比例。

（8）水土保持因子。在水土保持因子的 10 个成分中，最小特征值为 0.285，其中最大得分指标为封育治理面积，故删除该指标。剩余 9 个指标重复计算，可删除指标水土保持造林面积。继续分析可删除坡改梯配套引排水。第四次计算发现最小特征值为 0.593，不宜删除，故停止筛选。最终保留指标为水土流失治理面积、坡改梯面积、坡改梯配套道路、小型蓄水工程、水土保持造林保存率、经果林造林面积、水土保持种草面积。

4.3.4.4　指标体系的确立

根据综合指标的相关性、敏感性及重要性分析结果，被选入 3 次的指标为最终确定的区划指标，最终由 68 个指标筛选出 32 个进行云南水土保持区划，具体筛选结果如表 4-52 所示。

表 4-52　云南水土保持区划指标体系

要素名称	指标名称	相关性	敏感性	重要性	最终入选
	平均海拔	√	√	√	√
	山地面积比例	√			
	平原面积比例				
	平均坡度	√	√	√	√
	0°~5°坡面面积比例		√		
	5°~8°坡面面积比例		√		
	8°~15°坡面面积比例	√	√	√	√
自然要素	>15°坡面面积比例	√	√	√	√
	>25°坡面面积比例		√		
	干燥度	√	√	√	√
	多年平均气温	√	√	√	√
	1 月平均气温		√		
	7 月平均气温	√			
	无霜期	√	√		
	≥10℃年活动积温	√	√	√	√
	日均温≥10℃的天数		√		

续表

要素名称	指标名称	相关性	敏感性	重要性	最终入选
自然要素	多年平均降水量	✓	✓	✓	✓
	多年平均汛期降水量		✓	✓	
	多年平均暴雨日数	✓		✓	
	多年平均蒸发量	✓	✓	✓	✓
	多年平均风速		✓	✓	
	森林覆盖率		✓	✓	
	林草覆盖率	✓		✓	
	红壤	✓	✓	✓	✓
	水稻土	✓	✓		
	紫色土			✓	
	黄棕壤	✓	✓	✓	✓
	其他土壤		✓	✓	
	多年平均暴雨日数	✓		✓	
土地利用要素	坡耕地>5°面积比例		✓		
	坡耕地>15°面积比例	✓	✓	✓	✓
	坡耕地>25°面积比例		✓	✓	
	耕地面积比例	✓	✓	✓	✓
	园地面积比例	✓	✓	✓	✓
	林地面积比例	✓			
	草地面积比例	✓	✓	✓	✓
	水域面积比例	✓		✓	
	未利用地面积比例	✓	✓	✓	✓
社会经济要素	总人口	✓	✓		
	农村人口比例	✓		✓	
	劳动人口比例	✓	✓	✓	✓
	人口密度	✓	✓	✓	✓
	人口自然增长率	✓	✓	✓	✓
	人均土地面积	✓	✓	✓	✓
	人均耕地面积	✓	✓	✓	✓
	人均园地面积	✓		✓	
	人均粮食产量	✓	✓	✓	✓
	粮食单产	✓	✓		
	国民生产总值			✓	
	人均 GDP	✓	✓	✓	✓

续表

要素名称	指标名称	相关性	敏感性	重要性	最终入选
社会经济要素	农村人均纯收入	√	√	√	√
	第一产业比例		√	√	
	第二产业比例	√	√	√	√
	第三产业比例	√			
水土保持要素	水土流失面积	√	√	√	√
	微度水土流失面积比例			√	
	轻度水土流失面积比例	√		√	
	中度水土流失面积比例	√	√		
	强烈及以上水土流失面积比例	√	√	√	√
	水土流失治理面积	√	√	√	√
	坡改梯面积	√		√	
	坡改梯配套道路	√		√	
	坡改梯配套引排水	√	√		
	小型蓄水工程	√	√	√	√
	水土保持造林面积		√		
	水土保持造林保存率	√	√	√	√
	经果林造林面积	√	√	√	√
	封育治理面积		√		
	水土保持种草面积	√	√	√	√

　　综上所述，本书采用专家经验法与理论分析法进行水土保持区划一级区指标初选，采用频度统计法进行筛选，这主要是由于省级一级区属于较大尺度区域划分，不宜采用定量筛选方法，但指标选取主观性较强，因此需要参考大量资料，咨询多位专家，最终确立一级区指标。二级区采用相关系数法、变异系数法及主成分分析法分别对云南水土保持区划初选68个指标进行了详细的指标相关性、敏感性及重要性分析，综合三项分析结果，层层筛选，最终确定了32个指标为区划指标。从单一方法指标筛选过程来看，变异系数仅删除每个要素中的两项指标，相关系数分析与主成分分析的筛选结果较理想，但必须综合三方面评价才能达到较理想的筛选效果。从不同要素指标筛选过程来看，自然要素的指标筛选结果较为理想，不但信息较为全面，而且所选指标在前人相关研究中使用频率也较高。社会经济要素与水土保持要素运用三种方法的筛选效果一般。这可能是各指标间相关性不强，指标较独立，各自承载信息量都较均衡造成的。另外，在使用水土保持要素指标，特别是水土保持因子的指标，进行筛选时，数据分析结果与其他几类因子分析结果出入较大，这可能与各个县所进行的水土保持治理强度及方向不同，数据间联系性较差相关，所以单纯采用定量的数据分析方法效果不明显。

4.4　水土保持区划方法研究

4.4.1　基本方法概述

4.4.1.1　主导因子法

客观条件对水土流失和水土保持的影响是不同的,在影响分布、类型和过程的因子中,必然有某一二个起决定作用而又稳定的因子。此法是在综合分析的基础上,找出区域分异的主导因子作为区划的主要依据,由此得出的区划界线比较明确。当主导因子比较明显时,就可以使用这种方法确定区划线。一个区划总体(如大的地理单元、省、县界等)所有区划线的确定,可以采用统一的主导因子,也可以分别采用不同的主导因子,但同一条区划线,只能采取统一的主导因子的变化界线去确定。主导因子法是区划工作中经常运用的方法。但如果机械地运用这种方法,往往不能正确地表现出自然界线的地域分异规律,区划界线有时会带有主观随意性。本次水土保持一级区的区划方法主要采用主导因子法。

4.4.1.2　图像叠置法

此法是将若干自然要素的分布图和区划图叠置在一起,得出一定的网格,然后选择其中重叠最多的线条作为综合自然区划的依据,也就是说,收集和分析有关资料,把影响区域特征的几个主要因子的变化线条分别绘成同一比例尺的透明图,再把这些图叠起来,把各图界线重叠得比较密的地方,勾绘出地域分异界线,作为初步界线,对于不重叠的线段,要分析原因,必要时实地踏勘,补充其他信息,对不符合的地方作相应修改,而后确定下来。叠置法可以减少主观性和随意性,并有助于发现一些自然现象之间的联系。但是,自然界各种现象都有其发展规律,所处发展阶段也各不相同,特别是资料不完整的情况下,如果机械地运用叠置法,常常会出现一些问题,有时会得出错误的结论。例如,在图像重叠中,各种图像的界线并不都一致,重叠的范围常是宽阔的,尤其是在图像幅数较多时,地域分异的界线究竟在宽阔条带里的什么部位,就要靠人的主观判断了。可见,这种方法常有一定的主观随意性。另一缺点是套叠的图幅数不能过多,否则,往往会出现难以综合的局面。只有当主导因子不太突出,有些区划界线不太明显时才采用此法。

本区划中对此法进行了应用研究,在主导因素不明显的情况下,选取适当的专题图进行叠加取得了令人满意的结果,此法可以作为第一部操作方法,通过专题图叠加,大致获得区域的四周边界,然后利用其他定量定性统计方法进行边界确定,往往会取得令人满意的效果。

4.4.1.3　综合分析法

综合分析法也叫地理相关法,是在进行某一级区划时,必须全面考虑构成环境的各组成因子及其本身综合特征的相似和差别,然后挑选出一些具有相互联系的指标作为确定区界的依据。在主要因子较多或不明显时,本法自然界中各种自然因子的变化,都不是突变的，而是渐变的，且变化的界线不太明显。因此，要综合分析对区划特征有影响的因子，找出几个主要的、区域特征比较显著的地方，逐步向外推移，区域特征也就相应地越来越不明显，形成区域特征的几个主要因素的作用也相应地减弱，当本区域特征和影响它的主要因素由不明显而逐步消失，相邻区域的特征和影响它的因素开始出现的时候，发生这种变化的地方，即过渡带就是区划界线的所在。也就是说，此法是在比较各项自然现象的分析图、分布图和区划图，纵观了解自然界地域分异轮廓的基础上，按若干重要因素互相依存的关系确定区划界线。在一、二级区划分过程中，局部地区采用此法确定具体边界。

4.4.1.4　经验区划法

此法也叫直观区划法，是先召集熟悉当地情况的专家学者和一线工作者，甚至是熟悉当地情况的农民，根据区划的原则，采取实地调研、开座谈会的方式，研究在适当的地方，划出粗的分异界线，如地貌分界线，然后收集和分析各种有关的资料，进行科学论证和做出相应的修改。这是当前常用的方法。此法的主观随意性更多，因为界线确定是否合理直接取决于工作人员对地区水土保持分布规律、发展方向和经营措施的认识程度。

主导因子法、图像叠置法、综合分析法、经验区划法，可以单独使用，也可结合使用。它们的共同内容是根据自然界地域分异的因素，通过各种现象及其因果关系的分析，选出可以作为区划依据的指标。从全国水土保持区划来看，大区划分一般采用主导因子法，这种方法比较明显，便于掌握，即以影响水土流失类型、强度、治理措施与水土保持发展方向的某几个主要因子作为依据，科学地确定最佳的区域界线。

4.4.1.5　模糊聚类法

近年来，随着科学技术的进步和发展，遥感分析方法和聚类分析方法逐步运用到自然区自然现象和经济现象等方面的分析，它客观地、综合地反映了地表的真实情况。遥感手段结合地学分析方法，能够提供用常规方法难以获得的丰富的信息，便于人们正确地揭示地表区域分异规律。

聚类分析是近代发展起来的定量化分类方法，它是为了对互相差异的自然地理区域或现象进行分类和归纳，用相似系数与差异系数反映被分类对象之间亲疏程度的数量指标。两个客体之间的相似系数越大，其对应的差异系数就越小，这两个客体的关系就越密切，合并成一区的可能性也就越大。聚类的方法主要在二级区和三级区划分过程中进行了应用。遥感与地理信息系统技术为区划研究提供了一种新的科学手段，遥感图像能够提供地表各种自然现象和经济现象等方面的丰富信息，它客观地、综合地反映了地表的真实情况。

聚类分析是模糊区划的主要方法。传统的聚类分析是以经典集合论为基础，任一个体与类别之间是一种"非此即彼"的绝对隶属关系，这样虽然简化了问题，但丢失了部分信息。由于事物本身往往带有模糊性，所以对实际事物的分类，往往是分成一些模糊子集，某些个体通常介于两个以上的类别之间，处理这类问题，传统的方法很难得到满意的结果，因此把模糊数学原理引入聚类分析，能使分类更加切合实际。

模糊聚类分析可分为系统性聚类和非系统性聚类两大方法，具体算法有很多种，本节仅介绍几种常用的计算方法。

利用模糊聚类技术进行水土保持区划,需要建立全面的指标体系,基于 GIS 系统,提取信息,划分区划单元并对其进行模糊聚类,最终形成水土保持区划结果。

1) 信息提取与数据分析

先确定指标并计算指标值。恒定指标在空间尺度上的变化不受人为控制,为提高区划的精度,可将栅格作为恒定指标的区划单元,栅格大小可根据研究区大小选取。高频波动指标的变化介于恒定指标与高频波动指标之间,可根据数据情况,选择栅格或行政区作为其区划单元。高频波动指标受人为干扰较大,目前统计口径一般为行政区,可以行政区作为区划单元,避免以栅格为单元的信息失真。

2) 各类指标的模糊聚类

各指标模糊聚类是区划的核心工作,模糊 C 均值算法(Fuzzy C-Means, FCM)具有精度高、适用性广和操作简便的优点,可作为区划的算法。具体计算步骤如下。

建立目标函数。用 $X=\{x_1, x_2, \cdots, x_n\}$ 表示需要进行聚类的区划单元的集合,通过极差化法对数据进行标准化处理,采用误差平方和函数作为聚类目标函数,即

$$j(w,z) = \sum_{i=1}^{n} \sum_{j=1}^{n} w_{ij} d_{ij}^2(x_i, z_j) \qquad Z \in z_1, z_2, \cdots, z_c$$

式中,z_j 为第 j (j=1, 2, $\cdots$, c) 类单元的聚类中心;w_{ij} 为各区划单元相对于第 i 个聚类中心 z_j 的隶属度;$d_{xj}(x_i, z_j) = \| x_i - z_j \|$ 为区划单元 x_i 到聚类中心 z_j 的欧氏距离(Euclidean distance),目标函数表示各区划单元到聚类中心的加权距离平方和,即通过不断计算求出最佳的 w 与 z,使目标函数值最小。

确定参数 c、n,设 b=0;任意置定初始聚类中心 $z^{(b)} = (z_1, z_2, \cdots, z_c)$;

按如下方式更新 $w^{(b)}$ 为 $w^{(b+1)}$, i, j, i (i=1, 2, $\cdots$, n), j (j=1, 2, $\cdots$, c);

$$\begin{cases} w_{ij} = \dfrac{1}{\sum_{k=1}^{c} \left[\dfrac{d_{ij}}{d_{ik}} \right]^{\frac{2}{m+1}}} & \text{if } d_{ij} \neq 0 \\[4ex] w_{ij} = 1 & \text{if } d_{ij} = 0 \\[2ex] w_{ij} = 0 \quad \text{if } d_{ij} \neq 0 & \text{if } d_{ik} = 0, k \neq j \end{cases}$$

根据 $w^{(b+1)}$ 和下式计算 c 个均值矢量 $z_i^{(b+1)}$,

$$Z_j = \frac{\sum_{i=1}^{n} w_{ij} x_i}{\sum_{i=1}^{n} w_{ij}}$$

以一种合适的矩阵范数比较 Z^b 和 $Z^{(b+1)}$,若 $\| Z^b - Z^{(b+1)} \| < \varepsilon$ (ε 为允许误差)则停止;否则设置 b=b+1,回到参数。

上述算法得出的隶属矩阵 w 为聚类分析的结果,它表示每一个区划单元的聚类类型,基于 GIS,将两次计算的隶属矩阵的值分别赋予区划单元,可得到指标模糊聚类结果。

4.4.1.6 谱系图聚类法

谱系图聚类是多元统计分析中应用较广的一种方法，它是在计算样品间特性相似性的基础上，绘制谱系图来进行分类区划的。通过研究林业区划，对其方法进行了分析，现就林业区划的实例说明谱系图聚类法。

以林业区划的西三川河流域林业的立地类型区划为例。具体步骤如下。

（1）样品和因子的选取。选取三川河流域 xs 个地点为样品，每个样点选 7 个指标，组成样本容量为 16，因子数为 7 的样本集，具体如下。

$$X=\{x_{ik}|i=1, 2, \cdots, 16, k=1, 2, \cdots, 7\}$$

（2）对原始数据进行标准化处理。用标准差的标准化公式

$$x_{ik} = \frac{x_{ik} - \bar{x}_k}{\sqrt{\sum_{i=1}^{n} \frac{(x_{ik} - \bar{x}_k)^2}{n-1}}}$$

式中，x_{ik} 为第 i 个样品第 k 个因子值。

（3）计算两两样品间的相似性指标。用相对欧氏距离系数公式

$$r_{ij} = \sqrt{\frac{1}{m}\sum_{k=1}^{m}(x_{ik} - x_{jk})^2}$$

式中，$i=1, 2, \cdots, 16$；$k=1, 2, \cdots, m$（$m=7$），将计算结果排列成矩阵，因为 r 是一个实对称矩阵，所以只需计算和列出下三角矩阵。

（4）聚类其机理是开始将每个样品都作为一类，然后对每个样品进行比较，根据相似指标的大小逐步归并，直到最后并成一大类为止，形成一个分类级别由小到大的分类系统，最后绘成谱系图。

聚类时可分为一次计算分类法和逐步计算成群法。一次计算分类法的步骤是：因为距离系数越小，两个样品越相似，当 $r_{ij}=0$ 时，则两个样品完全相等，归为一类，所以在矩阵中先找出距离系数最小的数值，将这两个样品聚成一类。再根据保留较小序号的原则，划去已聚类样品中较大序号的行和列。然后在剩余的矩阵中找出最小值，同时划去较大序号的行和列，并依次把各次找出的最小数值、已聚的样品及聚类顺序记录下来。这样一直到只剩第一列为止。

4.4.1.7 人工神经网络方法

人工神经网络（artifical neural network，ANN）领域的研究始于 19 世纪末至 20 世纪初。经过多年的发展，学术界和工程界在人工神经网络的理论研究与应用方面取得了丰硕成果，使其在许多传统方法难以解决的领域中得到了成功应用。人工神经网络已在科研、生产和生活中产生了普遍而巨大的影响。

人工神经网络是模拟人脑思维方式的复杂网络，用大量简单的神经元广泛连接而成，它具有分布并行处理、非线性映射、自适应学习和鲁棒容错性等特性（Kohonen，1997），在模式识别、方案决策、控制优化、信息处理等方面具有很强的应用价值。人工神经网络

设计灵活，可以较为逼真地模拟真实社会经济系统，其结构可以认为是真实系统的映射。

自组织特征映射网络（self-organizing feature map, SOFM）是人工神经网络的一种，由 Kohonen 于 1981 年提出。国内最初应用 SOFM 网络进行研究出现在 1992 年，在电子及通信领域；地理学中首次引入 SOFM 网络方法是在 1994 年，主要研究其在彩色地图自动分层中的应用。

SOFM 网络由输入层和竞争层组成。输入层在接受输入样本之后进行竞争学习，随着不断学习，所有权值矢量在输入矢量空间相互分离，在每个获胜的神经元附近形成一个"聚类区"，各自代表输入空间的一类模式，且其形成的分类中心能映射到一个曲面或平面上，并且保持拓扑结构不变。这就是 SOFM 网络的特征自动识别的聚类功能，它通过寻找最优权值矢量对输入模式集合进行分类(图 4-4)。

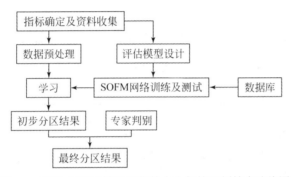

图 4-4　基于 SOFM 神经网络的水土保持区划技术路线图

人工神经网络是大量简单的神经元广泛连接而成用以模拟人脑思维方式的复杂网络系统，它以并行分布处理、自组织、自适应、自学习，具有鲁棒性（robustness）和容错性等独特的优良性质引起了广泛关注，尤其在信息不完备情况下，在模式识别、方案决策、知识处理等方面具有很强的能力，如人工神经网络设计灵活，可以较为逼真地模拟自然-社会经济系统，其结构可以认为是真实系统的映射。近年来神经网络技术已应用在许多领域，如智能控制、模式识别、生物医学工程等。

神经网络理论是在现代神经科学研究的基础上发展起来的，它反映了人脑的若干特性，但并非神经系统的真实描述，而只是其简化、抽象和模拟。换言之，人工神经网络是一种抽象的数学模型，是一种非线性动力系统。神经网络模型多种多样，它们是从不同的角度对生物神经系统不同层次的描述和模拟，代表性的网络模型有感知器、反向传播网络（back propagation network，BP）、径向基函数网络（radial basis function，RBF）、自组织特征映射网络及霍普菲尔德网络（Hopfield）等（表 4-53）。利用网络模型可以实现函数逼近、数据聚类、模式识别、优化计算及预测等功能。

生态地域划分是地学研究的难点之一。近几年，国内外学者尝试用人工神经网络（ANN）模型解决这一难题。富迪通过使用自组织特征映射网络模型映射了群落的空间格局；李双成（2000）也应用这一网络对秦岭地区的生态地域进行了划分；在 GIS 技术的支撑下，戴德曼和金布利特用金银花种群特征值和生境条件去训练人工神经网络，成功地预测了金银花种的格局变化；马尔姆格伦和温特将主成分分析和 ANN 模型相结合，划分了加勒比海地区里科港（Puerto Rico）岛上的气候地域格局。

表 4-53　主要 ANN 类型中英文名称对照

网络中文名称	英文名称及简写
感知器	Percepron
玻尔兹曼机	Boltzman
反向传播网络	Back Propagation（BP）
反传网络模型	Counter Propagation Network（CPN）
学习向量化网络	Learnming Vector Quantization（LVQ）
霍普菲尔德网络	Hopfield
径向基函数网络	Radial Basis Function（RBF）
自适应共振网络	Adaptive Resonance Theory Neural Network（ARTNN）
受限库仑能量模型	Restricted Coulmb Energy（RCE）
自组织特征映射网络	Self-Organizing Feature Map（SOFM）

1）SOFM 网络的基本结构

SOFM 网络是自组织特征映射模型的简称，是由芬兰学者科荷伦（Kohonen）在 1981年提出的一种新型网络类型。

SOFM 网络由一个全互联的神经元阵列构成，其拓扑结构只有两层，即输入层和竞争层（图 4-5）。所有输入都和网络网格上的每一节点相连，每一网格节点都是输出节点，它们只和相邻的其他节点相连。也就是说，每个神经元接收的外部输入都是一样的，它有两种权重：一种是神经元对外部输入响应的权值；另一种是神经元之间的连接强度，控制着神经元之间的相互作用大小，其值可以为零。

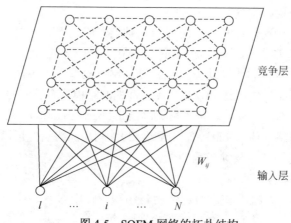

图 4-5　SOFM 网络的拓扑结构

2）SOFM 网络的工作原理

SOFM 网络在接受输入样本之后进行竞争学习，功能相同的输入靠得比较近，不同的分得比较开，以此将一些无规则的输入自动排开。通过一定的学习算法，使相连的节点表征出输入不同的类别特性，称为特征映射。如果样本足够多，那么在权值分布上可近似于输入样本的概率密度，在输出神经元上也反映了这种分布，即概率大的样本集中在输出空间的某一个区域。如果输入的样本有几种分布类型，则它们各自会根据其概率分布集中到输出空间的各个不同的区域。不论输入样本是多少维的，都可投影到低维的某个数据空间上，高维空间中比较相近的样本，投影到低维空间中也比较相近。自组织特征映射网络是无监督的分类方法，与传统的分类方法相比，它所形成的分类中心能映射到一个曲面或平面上，并且保持拓扑结构不变。

3）SOFM 的算法流程

运用 SOFM 网络进行水土保持区划分，其算法可以概括为五个步骤：

（1）初始化。从 i 个输入神经元到输出神经元的权值都进行随机初始化，将 $W_{ij}(t)$ 赋予较小的初始值。对任意一个节点 j（$0 \leqslant j \leqslant n$）设置一个初始邻域，其半径在开始阶段可以稍大一些。

（2）提供一个新的输入向量模式 $\boldsymbol{X}$。在样本集中随机选择一个样本 x 输入于各输入节点上。

（3）选定获胜输出单元为所有权向量 $\boldsymbol{w}_i$ 和输入向量 $\boldsymbol{x}$ 之间具有最大相似性度量（或最小不相似性度量）的单元。如果选择欧几里得距离作为不相似性度量，则获胜单元 $\boldsymbol{x}$ 满足下式

$$\left\| x - w_c \right\| = \min \left\| x - w_i \right\|$$

式中，下标 c 为获胜单元。

（4）令 N_c 为对应于获胜单元 c 周围邻域的一组下标。获胜单元及其邻域单元的权值随后进行更新

$$\Delta w_i = \eta (x - w_i) \quad i \in N_c$$

式中，η 是一个正的学习率，随时间而递减。为了实现较好的收敛性能，获胜节点的邻域半径应该逐步变小，直至学习终结时只包含获胜节点本身。

（5）提供新的输入向量并重复上面的学习过程，直到形成有意义的映射图。通过训练，最终输出层中的获胜神经元及其邻域内的权值向量逼近输入矢量，得到分类结果。

4.4.2　水土保持区划方法应用案例

4.4.2.1　空间叠加分析——以北方土石山区为例

叠加分析（overlay）是将多层要素图以相同的空间位置重叠在一起，通过图形和属性运算，生成一个新的要素层的过程。其结果是原来的要素被分割、剪断、联合，生成新的要素，新要素综合了原来各层要素所具有的属性。本书利用 ArcGIS 10.0 中的空间分析模块

的叠加分析功能进行分析（图 4-6）。

1）指标体系的建立

根据水土保持区划指标体系建立的原则和确定的结构，结合北方土石山区的实际情况和数据来源情况，在 SPSS 统计软件的主成分分析方法支持下，北方土石山区二级分区主要选取了高程、多年平均降水量、≥10℃积温、土地利用类型、土壤类型 5 个要素指标进行空间叠加分析。本区划方案以北方土石山区高程图、气候图、土地利用类型图、土壤分布图等自然地理要素基础底图和县域行政区划图作为基础地理底图构建空间数据库。

图 4-6 空间叠加
分析示意图

2）数据分析

将以上基础图形图像数据收集齐全后利用 ArcGIS 平台进行矢量化编辑、镶嵌配准和误差校正、格式转换和数据更新处理等预处理，形成图形图像数据库，在 ArcGIS 支持下，采用"自上而下"的区划方法，建立北方土石山区水土保持二级区划分模型。

利用北方土石山区的区划资料，在 GIS 软件的数字化、空间分析等功能的支持下，根据北方土石山区的区域特征及全国水土保持区划的需要，获得北方土石山区高程梯度图、多年平均降水梯度图、≥10℃积温梯度图、土地利用分类图、土壤图；其中将高程、多年平均降水量、≥10℃积温划分为 4 个等级，将土地利用类型图划分为水田、旱地、林地、草地、水域、居民用地及荒地等 7 个类型，将土壤图划分为淋溶土、砂性土、人为土、冲积土、初育土、盐土、潜育土、栗钙土、黏磐土、粗骨土、碱土、变性土、水域等 13 个类型（附图 1～附图 5）。

3）空间叠加分析

在 GIS 软件支持下，利用 Reclassify 重分类工具将北方土石山区区划各因子分级图重新分类，将以上因子分级图层在 GIS 软件中进行叠加分析，剔除面积极小区块；运用空间处理工具下的 Rastercalculator 栅格计算器将各因子重分类结果进行空间叠加，并加权求和计算各区划基本单元的综合值，得到空间叠加结果（附图 6 和附图 7）。

通过北方土石山区行政县界基本单元图，结合高程梯度图、多年平均降水梯度图、≥10℃积温梯度图、土地利用分类图、土壤图，进行图斑合并及碎块处理，同时结合"自上而下"的区划方法修正区划界线，得到北方土石山区水土保持区划二级分区图（附图 8 和附图 9）。

北方土石山区水土保持二级分区结果基本上反映了北方土石山区水土保持区域分布特征。在对所有相关资料进行空间叠加后，同时参阅《中国自然区划》《中国生态地理区划》《中国植被区划》《中国土壤区划》等，得到空间叠加分析分区结果。划分结果如下。

Ⅰ区是沿燕山山脉，土壤以淋溶土为主，海拔在 200m 以上，土地利用类型主要为林地及旱地，降水多在 400～600mm，部分地区小于 400mm，≥10℃积温小于 4500℃的区域。

Ⅱ区主要是太行山山脉，土壤以初育土、淋溶土为主，海拔大于 500m，土地利用类型主要为林地、草地，多年平均降水量小于 600mm，部分地区小于 400mm，≥10℃积温小于 3000℃为主，部分地区为 3000～4500℃。

Ⅲ区主要是泰沂蒙、胶东半岛山地丘陵地区，土壤以初育土、粗骨土为主，海拔 500m 以下，部分地区（泰山顶峰）大于 1000m，土地利用类型以旱地、林草地为主，多年平均降水量为 400～800mm，≥10℃积温为 3500～4500℃。

Ⅳ区是华北平原，土壤以冲积土为主，部分地区为潜育土、变性土，海拔小于 200m，土地利用类型主要为旱地，多年平均降水量从北到南由 400mm 向 1000mm 过渡，≥10℃积温为 3500~5000℃。

Ⅴ区为豫西山地地区，土壤以潜育土、淋溶土为主，海拔大于 200m，土地利用类型主要为林地、草地、旱地，多年平均降水量在 600mm 以上，≥10℃积温多在 3500℃以上。

4.4.2.2　人工神经网络分析——以南方红壤丘陵区为例

本书使用的 SOFM 非线性分类器是用 Matlab 6.1 语言构建的。Matlab 的神经网络工具箱，提供了初始化权值、学习和训练、竞争激活等函数，可以很方便地构建出任意输入和输出神经元的 SOFM 网络。

1）指标构建

在对南方红壤丘陵区全面了解的基础上，参照国内外的相关研究成果，根据数据的可得性和有效性，以县域为基本区划单元，从自然地理、水土流失、土地利用和经济社会四个方面筛选了平均高程、平均降水量、平均径流量、≥10℃积温、<5°坡度面积比例、>15°坡度面积比例、轻度以上侵蚀面积比例、山地面积、耕地面积和林草覆盖率等 10 个水土保持区划指标。

2）参数设计

网络分析的设计参数为：网络初始权值为[-1，1]的随机数，最大循环次数为 5400 次，基本学习速率为 0.1（随着训练次数加大而降低），最大邻域数为 9，输出层为 5×6 二维阵列。

在南方红壤区范围内选取 1690 个样点，构成 1690 的输入向量，表 4-54 中仅列出部分输入数据。所有数据在输入网络前均进行了极大值归一化处理。

表 4-54　红壤区水土保持区划 SOFM 网络输入数据（部分）

县名	平均高程 /m	平均降水量/mm	平均径流量/mm	≥10℃积温/℃	<5°坡度面积比例/%	>15°坡度面积比例/%	轻度以上侵蚀强度的比例/%	山地面积/km²	耕地面积/km²	林草覆盖率
社旗县	5.97	854.99	724.63	4594.57	91.77	0.41	2.56	0.00	1020.20	0.02
海门市	88.50	1120.85	81.18	4772.14	99.59	0.02	0.00	0.00	904.18	0.02
常熟市	6.62	1150.30	1111.74	4759.66	99.00	0.21	0.00	0.00	868.15	0.02
南汇县	533.86	1173.91	247.36	5021.10	99.57	0.00	0.00	0.00	369.78	0.02
奉贤县	64.99	1163.70	721.07	5105.08	96.95	0.07	0.00	0.00	926.66	0.02
青浦县	373.38	1191.30	226.34	4922.19	98.97	0.01	0.00	0.00	462.64	0.02
松江区	600.37	1180.60	151.04	4989.18	99.34	0.01	0.00	0.00	466.09	0.02

续表

县名	平均高程/m	平均降水量/mm	平均径流量/mm	≥10℃积温/℃	<5°坡度面积比例/%	>15°坡度面积比例/%	轻度以上侵蚀强度的比例/%	山地面积/km²	耕地面积/km²	林草覆盖率
邓州市	41.81	739.09	114.27	4858.00	83.93	0.66	4.05	0.00	1941.47	0.02
仪征市	125.94	1027.03	367.57	4579.91	96.40	0.34	11.47	0.00	715.63	0.02
淮阴县	397.88	938.35	105.20	4555.82	97.26	0.04	0.00	0.00	837.96	0.03
江阴市	21.95	1131.07	1079.59	4634.17	97.29	0.76	0.40	0.00	665.53	0.03
芜湖市	619.20	1249.04	351.61	4793.11	75.42	3.81	0.04	0.00	107.62	0.03
公安县	1052.26	1181.99	949.36	5095.74	85.90	1.00	0.00	0.00	1785.40	0.03
苏州市	159.78	1192.98	317.01	4783.86	97.03	0.95	0.00	0.00	24.72	0.03
肥东县	276.34	914.98	78.12	4853.13	96.27	0.33	0.32	0.00	1811.17	0.03
应城市	278.07	1123.08	241.26	5141.63	98.75	0.12	2.31	0.00	864.78	0.04
扬中市	299.56	1087.66	336.71	4588.69	95.99	0.36	0.00	0.00	173.06	0.04
丹阳市	35.54	1108.12	323.46	4612.18	97.96	0.15	5.99	0.00	801.20	0.04
霍邱县	6.37	1008.17	30.47	4856.20	97.36	0.21	1.22	0.00	2890.72	0.04
高淳县	153.73	1200.48	931.27	4759.15	89.82	1.21	3.78	0.00	555.59	0.04
武汉市	454.26	1274.33	50.00	5207.95	87.81	1.45	2.87	0.00	1448.48	0.04
海盐县	109.54	1213.49	51.48	4946.26	98.28	0.47	2.26	0.00	395.54	0.05
芜湖县	384.96	1249.04	351.61	4758.72	75.42	3.81	3.02	0.00	817.39	0.05
唐河县	214.47	861.87	39.80	4831.31	87.98	0.77	6.46	58.44	2142.10	0.05
吴县市	382.83	1174.72	27.20	4792.48	93.85	1.95	0.47	125.70	866.51	0.05
肥西县	5.90	1007.42	300.56	4912.09	95.92	0.36	7.10	0.00	1730.42	0.05
固始县	351.84	1077.06	11.31	4734.29	91.15	2.09	19.70	159.95	2248.83	0.05
南阳市	260.69	831.14	839.17	4676.26	91.28	0.23	5.75	0.00	86.62	0.06
如东县	33.62	1087.25	1208.52	4562.49	99.58	0.01	0.00	0.00	1743.27	0.06
顺德市	5.84	1543.18	892.81	7748.17	93.72	0.69	1.14	0.00	64.42	0.06
新洲区	477.33	1211.52	90.18	5101.53	90.91	1.21	7.24	126.71	1029.10	0.06

3）结果分析

将所有样点的原始数据归一化后输入网络，运行至最大批次后，网络输出了对全部样本的八类划分结果。

从附图10可以看出，SOFM网络分类结果的空间集聚性较高，基本上反映了红壤区水土保持区域的分布特征。SOFM输出结果为八大区。1区是淮阳山地丘陵水土流失中度侵蚀区，2区是长江中下游丘陵平原水土流失轻度侵蚀区，3区是江南山地丘陵水土流失中度侵蚀区，4区是南岭低山丘陵水土流失轻度侵蚀区，5区是粤桂山地丘陵水土流失轻度侵蚀区，6 区是武夷山低山丘陵水土流失轻度侵蚀区，7 区是海南及南海诸岛台地丘陵水土流失微度侵蚀区，8 区是台湾山地丘陵水土流失微度侵蚀区。

　　按照区划的集中连片原则及区域共轭性原则，可以看出除 3 区误差较大，违背了分区的集中连片原则以外，其余各区误差均较小，有个别县市相互交叉，应进行重新调整。根据南方红壤区各指标特征分布图，并参阅《中国自然区划》《中国生态地理区划》《中国植被区划》《中国土壤区划》等，对区划结果进行总体评价与分析。可以得出，3 区的两片区域都属于山地丘陵地带，都以中度水力侵蚀为主，主要土壤类型也属于红壤和黄壤，植被带为亚热带常绿阔叶林地带，区域特征基本相似，可将两部分合并。

　　以秦岭东段的支脉伏牛山为界，综合考虑积温、降水、土壤侵蚀、植被覆盖度等区域特征因素，划定 1、2 区界线；依据地貌类型及积温等因素，同时参照相关区划研究结果，以两湖平原和长江三角洲为基础确定 2、3 区界线；根据武夷山山脉走势并结合县域行政边界的完整性、地貌类型，经多方面考虑论证确定 3、5 区边界；以南岭山脉为界，根据海拔、地貌类型及地域特征划分 4、6 区边界；以琼州海峡和台湾海峡及县域行政边界的完整性，确定 7、8 区边界。

　　在 SOFM 输出结果的基础上，经过专家判别、空间叠加分析（附图 11）和实地调查，最终确定南方红壤区二级区初步划分方案（表 4-55，附图 12）。

表 4-55　南方红壤区水土保持区划二级区初步划分方案

编码及名称	区域范围和基本概况
V-A 大别山-桐柏山山地丘陵区	该区位于汉江以东，巢湖以西，淮河以南，江汉平原以北，总面积约 9 万 km²，包括安徽、河南和湖北的 9 市（区）39 个县（市、区）。涉及主要河流有淮河上游、长江中游等支流。该区平均海拔为 220m，包括南阳盆地、桐柏山-大别山低山丘陵和鄂中北岗地丘陵，中部主要为低山丘陵，周边地区分布岗地和平原；水土流失以轻-中度水蚀为主；植被类型以暖温带落叶阔叶林和亚热带常绿阔叶林、针阔混交林为主。该区属于暖温带半湿润地区向亚热带湿润区的过渡带，区内多年平均气温为 14℃，≥10℃积温为 4500～7500℃，降水量为 600～1500mm。成土母岩以花岗岩、片麻岩为主，土壤主要为黄棕壤、水稻土和潮土
V-B 长江中下游丘陵平原区	该区位于长江中下游平原，包括江汉、洞庭湖、鄱阳湖平原、长江三角洲及江淮丘陵岗地，总面积约 25.2 万 km²，包括上海、江苏、浙江、安徽、江西、湖北和湖南的 44 市（区）261 个县（市、区）。涉及主要河流有长江干流及其支流。该区平均海拔为 40m，地貌以平原为主，水网密集，河汊纵横，湖泊星罗棋布，东部地区有丘陵岗地分布；水土流失以微-轻度水蚀为主；植被类型以亚热带常绿针、阔叶林为主。气候属于亚热带湿润区，区内多年平均气温为 15.3℃，≥10℃积温为 2900～6000℃，降水量为 100～1500mm。土壤类型主要为水稻土、红壤和潮土，沿江滨海地区分布有沙土和盐土
V-C 江南山地丘陵区	本区位于长江以南，雪峰山及其以东，南岭以北，武夷山以西的山地丘陵区，总面积 32.5 万 km²，包括浙江、安徽、江西、湖北的 34 市（区）185 个县（市、区）。涉及主要河流有湘江、赣江和富春江等。该区平均海拔为 270m，以低山丘陵为主，丘陵盆地交错分布；水土流失以轻-中度水蚀为主；植被类型以亚热带常绿阔叶林、针阔混交林为主。气候属于亚热带湿润气候，区内多年平均气温为 15.8℃，≥10℃积温为 2400～6000℃，降水量为 1300～2000mm。成土母岩主要为紫色砂页岩、花岗岩等，土壤类型以红壤、黄壤和水稻土为主

编码及名称	区域范围和基本概况
V-D 南岭山地丘陵区	本区以南岭山脉为主体，包括江西、湖南南部，广东和广西北部的广大山地丘陵地区的 22 市（区）104 个县（市、区），总面积约 21.4 万 km²。涉及主要河流有东江、桂江、湘江和北江等。该区平均海拔为 420m，地貌主要以低山山地和丘陵为主，西段为岩溶地貌，东段为丹霞地貌，岭间为低谷盆地；水土流失以微-轻度水蚀为主；植被类型以亚热带常绿阔叶林、针叶林为主。气候主要为亚热带湿润气候，区内多年平均气温为 17.8℃，≥10℃积温为 2500～7600℃，降水量为 1500～2000mm。成土母岩主要为花岗岩、砂页岩、变质岩和石灰岩等，土壤主要包括赤红壤、红壤和黄壤
V-E 浙闽山地丘陵区	本区位于武夷山地区，北接仙霞岭，南接莲花山，呈东北—西南走向，总面积约 17.2 万 km²，包括福建和浙江的 15 市（区）的 130 个县（市、区）。涉及主要河流有椒江、九龙江和闽江等。该区平均海拔为 360m，以低山丘陵为主；水土流失以微-轻度水蚀为主；植被类型以亚热带、热带常绿针、阔叶林为主。该区属于亚热带湿润气候区，区内多年平均气温 17.1℃，≥10℃积温为 4000～7700℃，降水量为 1400～2000mm；成土母岩主要有火山砾岩、红砂岩与页岩等，土壤类型以赤红壤、水稻土和红壤为主
V-F 桂中及南方沿海山地丘陵区	本区西邻云贵高原，北接南岭，南至沿海，包括两广丘陵的大部分及沿海平原、岗地，总面积约 21 万 km²，包括广东、广西、香港和澳门的 30 市（区、自治州）144 个县（市、区）。涉及主要河流有东江、西江、北江、郁江、珠江等。该区平均海拔为 180m，地貌主要以丘陵、岗地和平原，西部为南宁盆地，地势平缓；水土流失以微-轻度水蚀为主；植被类型主要为热带常绿阔叶季雨林，亚热带、热带常绿阔叶林。气候属于亚热带湿润气候，区内多年平均气温为 20.7℃，≥10℃积温为 4500～8600℃，降水量为 1300～2500mm；成土母岩主要有石灰岩、花岗岩等，土壤类型主要为红壤、赤红壤、石灰土和水稻土
V-G 海南及南海诸岛台地丘陵区	本区包括海南岛和西沙群岛、中沙群岛、南沙群岛的岛礁，总面积约 5.1 万 km²，包括海南和海上岛屿的 22 个县（市、区），涉及主要河流有西南诸河。该区平均海拔为 200m，地貌主要为山地丘陵，平原区分布有台地和阶地；水土流失以微度水蚀为主，台风频繁。植被类型以热带雨林和热带季雨林为主。气候类型属于热带湿润气候，区内多年平均气温为 23.2℃，≥10℃积温为 8150～8900℃，降水量为 1000～3000mm；成土母岩主要为玄武岩和花岗岩等，土壤类型以红壤、砖红壤和水稻土为主
V-H 台湾山地丘陵区	本区包括台湾本岛及兰屿、绿岛、钓鱼岛等 21 个附属岛屿，澎湖列岛 64 个岛屿，总面积约 3.6 万 km²，包括台湾的 21 个县（市、区）。涉及主要河流有浊水溪、下淡水溪和曾文溪等。该区平均海拔为 480m，全岛山势高峻，地形海拔变化大；水土流失以轻-中度水蚀为主，局部地区滑坡、崩塌、泥石流灾害严重。植被类型北部属亚热带常绿阔叶林，南部属热带雨林、季雨林。气候主要为亚热带湿润气候，区内多年平均气温为 19.4℃，≥10℃积温为 5000～7500℃，降水量为 1500～3000mm；成土母岩主要为玄武岩，土壤类型主要为水稻土、黄壤和红壤，平原为冲积土

第 5 章　水土保持区划计算机辅助系统研究

5.1　技术可行性分析

5.1.1　GIS 在水土保持区划中的应用

地理信息系统（GIS）是一种特定而又十分重要的空间信息系统，它是采集、储存、管理、分析和描述整个或部分地球表面（包括大气层在内）与空间和地理分布有关的数据的空间信息系统。它可分为用户界面、系统/数据库管理、数据输入和数据库产生、空间数据操作和分析、产品输出和显示等功能部分（图 5-1）。

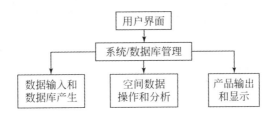

图 5-1　GIS 框架及构成图

GIS 能把空间地物的属性信息及位置信息结合在一起进行研究，并能把多个空间地物或同一地物的不同专题信息进行叠加分析。水土保持区划需要进行大量的地域的各种经济、社会、自然与空间集合相匹配的综合分析，这正是 GIS 技术的优势所在。应用 GIS 技术进行水土保持功能评价和区划工作的主要步骤如下：①根据影响水土流失的条件和研究区域的情况，选择若干个评价和分区的因素，确定评价的精度，即数据的最小采集单位、图形的比例尺、评价的格网大小等，据此收集有关资料来进行适当的整理和检核（图 5-2）。评价单元的选择原则是，既要注意评价的目的、层次和精度，又要适应计算机信息处理规律。在农业资源评价中，通常采用网格数据结构形式，以网格作为评价单元，每一网格既是信息提取的源泉，又是结果显示的单元。这样，评价单元的网格号和其地理位置一一对应，数据结构简单，位置清晰正确，便于计算机进行复杂运算和快速成图。②按照 GIS 系统本身的要求，对属性数据建立数据库，对空间信息（各种图件如多边图形、线状图形、点状地物图）进行数字化，形成数据文件。在数据选取与输入中，评价要素特征编码以后，要素图上的空间信息首先必须转换成一个以 X、Y、Z 坐标表示数据的数组。X 和 Y 值表示网格的地理位置，Z 值表示网格的属性值或属性代码，如地貌类型、坡度等。每一网格是提取数据的源泉，将评价要素的空间特征转换成数组，以有序的数据结构储存于计算机中。这样，每一网格成为数据储存、操作和显示的单元。依此原理，根据各评价要素特征所占网格面积的比例或距网格中心的题离，来确定每一网格的属性值，选取的数据编成表格输入计算机，形成数据库，以备应用。③确定评价分区标准和建立单因素评价模型，并据此对输入的数据和图形进行处理，形成用 GIS 覆盖分析的格网数据文件。评价标准的确定应根据评价目的要求（如农作物生长的生态要求）和研究区的具体情况将评价分区因子的指标划分成若干等级。根据评价标准，建立评价模型。建立模型的主要目的是分析与处理数据，而数据分析与处理主要是在模型的支撑下，根据其论断指标，采用人机对话形式，反复比配，作出评价，实现分区，并根据地理要素的相关性，在原有数据文件的基础上，派生出新的数据，然后，依据原有数据和派生数据，进行资源的评价分区。例如，根据地形数据文件可派生出坡度数据。根据评价结果，最终形成一系列的评价图件。④进行多幅图的覆合分析。覆合分析是 GIS 的主要功能之一，多幅图覆合分析，是指将某一地区不同类型的图件根据建立的模型结合在一起，形成一个新的图件。新图件根据研究目的的需要，有选择地合理组合了原来每幅图的信息。覆合分析所形成的各种综合性评价图件与其他有关资源相结合，即可对一个地区的水土保持功能和分区作出系统的、科学的评价（图 5-3）。

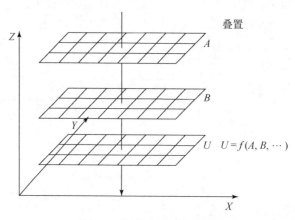

图 5-2　评价分区要素数据结构

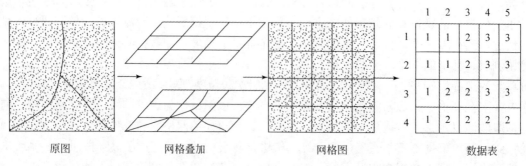

图 5-3　数据选取过程图示

以空间分析、操作为特点的 GIS 技术，给涉及空间区域概念的领域带来了一场技术革命，使人们对空间区域的分析更深刻、更迅速、更量化。水土保持区划中的功能定位、现状评价与地域的空间分析息息相关，G1S 在资源研究领域的应用具有广阔前景。

5.1.2　水土保持区划空间数据基础

本书涉及的基础数据应满足全国水土保持区划要求，水土保持区划空间基础数据涉及行政区划、基础地图、遥感影像、专题图、多媒体等多种类型。不同数据类型和内容，数据精度（比例尺）有所不同。

按照数据结构将所需数据分为矢量数据、栅格数据、属性数据和多媒体数据进行分析，全国水土保持区划可获取的数据及数据来源主要有：

（1）矢量数据。根据数据应用可将矢量数据分为两类：基础数据和专题数据。其中，基础数据包括行政区界、流域、水系、河流、铁路、公路数据，省、市、县三级政府所在地文字注记等；专题数据包括土壤类型图、植被类型图、全国地貌类型图、土壤侵蚀类型、土壤侵蚀强度、土地利用、水土保持措施分布、保护区范围、流域分区图、全国降水等值线、全国积温等值线等。

（2）栅格数据。主要包括 30m 分辨率 DEM、2008 年 30m 分辨率 TM 影像、专题地图等。

（3）属性数据。主要包括全国水土保持区划上报系统的各种数据，如气候条件、土地利用、社会经济、水土保持现状和水土保持危害等数据。

（4）多媒体数据。主要包括与全国水土保持区划相关的图片、音频、视频等数据。

5.1.2.1　基础地理数据

（1）数字线划地图（digital line graphic,DLG）。数字线划地图，包括行政区划界线、道路交通、河流水系、山脉注记、水库湖泊的分布等信息。具体见表 5-1。

表 5-1　数字线划地图

数据名称	数据类型	比例尺或分辨率
行政区划界线	矢量	1：100 万
省级行政区边界	矢量	
市级行政区边界	矢量	
县级行政区边界	矢量	
行政区（城镇）注记	矢量	1：100 万
道路交通（公路、铁路）分布图	矢量	1：100 万
河流水系图	矢量	1：100 万
山脉注记	矢量	
水库、湖泊分布图	矢量	1：100 万

（2）数字高程模型（DEM）。全国范围 1：25 万本底 DEM 数据如表 5-2 所示。DEM 数据一方面用于系统三维背景显示，另一方面用于提取流域边界和沟道及坡度等信息。

表 5-2　DEM 数据

数据名称	数据类型	比例尺或分辨率
DEM	矢量	30m 或 90m

（3）数字正射影像（digital orthophoto map，DOM）。全国范围分辨率 30m 数字正射影像数据如表 5-3 所示。

表 5-3　全国范围分辨率 30m 数字正射影像数据

数据名称	数据类型	比例尺或分辨率
中低分辨率影像（TM30m）	栅格	分辨率 30m 或 10m（获取 2008～2010 年）

（4）全国地形地貌数据如表 5-4 所示。

表 5-4　全国地形地貌数据

数据名称	数据类型	比例尺或分辨率
地貌类型图	矢量	1：100 万
坡度图	栅格	1：10 万或 1：25 万
坡度分级图	栅格	1：10 万或 1：25 万

（5）全国土壤数据。全国土壤类型数据如表 5-5 所示。

表 5-5　全国土壤类型数据

数据名称	数据类型	比例尺或分辨率
土壤类型图	矢量	1：100 万
土层厚度图	矢量	1：100 万

（6）全国植被数据。全国植被类型图，图层属性如表 5-6 所示。

表 5-6　全国植被数据

数据名称	数据类型	比例尺
植被类型分布图	矢量	1：100 万
植被盖度图	栅格	1：100 万

（7）应具有的其他区划图层数据如表 5-7 所示。

表 5-7　其他相关图层数据

图层名称	图层类型	图层属性	备注
中国地貌区划	面图层	三级区编号，名称，面积，所属地貌二级区名称，所属地一级区名称	三级分区
中国植被区划	面图层	植被小区名称及编号，植被小区面积，所属植被区域、植被地带名称	由高到低的各级植被区划单位：植被区域—植被地带—植被区—植被小区，在各级单位还可以划分为亚级，如亚区域、亚地带、亚区等
中国土壤区划	面图层	土区名称及编号，土区面积，所属土壤地区编号，所属土壤区域编号	划分等级：一级单元，土壤区域；二级单元，土壤地区；三级单元，土区

续表

图层名称	图层类型	图层属性	备注
全国水资源分区	面图层	三级区编号，名称，面积，所属地貌二级区名称，所属地一级区名称	①三级分区；②流域与各省、市也可根据当地的特点和工作需要细化到四级区或五级区；③计算分区单元的确定，可在三级区的基础上以行政区划（省、自治区、直辖市或地级市）来划分
农业区划	面图层	区划类型名称，编号，自然条件，经济条件，农作物的生态适应范围，生产布局特点，农业技术改革方向和途径	区划原则基于：①农业自然条件和经济条件的类似性；②农业生产特征和发展方向的类似性；③农业生产存在问题和关键措施的类似性；④保持一定的行政区界的完整性
林业区划	面图层	区划类型名称，编号，自然、经济条件，林业生产特点，林种、树种发展方向，发展林业生产的关键措施	其中以自然条件的异同为划分林业区界的基本依据。林业区划有不同的等级层次，每级林业区有其划分的指标
畜牧业区划	面图层	区划类型名称，编号，畜牧业生产现状，饲草、饲料类型和草场类型、结构、分布特点，畜牧业分区发展条件、方向、规模、水平及主要措施	畜牧业分区一般以畜禽结构为主导指标，以饲料类型、自然环境、饲养方式、社会需要为辅助指标。中国全国畜牧业区划以自然条件（如地貌及水热条件）和畜禽结构为标志，县级畜牧业区划以土地类型和主导畜禽种类为标志
生态功能区划	面图层	区划类型名称，编号，所属三级区编号，所属二级区名称，所属地一级区名称	根据《生态功能区划暂行规程》
自然保护区划	面图层	区划类型名称，编号，所属的区域名称	分核心区、缓冲区和实验区

5.1.2.2　自然资源数据

（1）土地资源数据：包括农地、林地、草地、荒地、其他用地，非生产用地的总量、人均量和生产潜力。

（2）水资源数据：包括地表水、地下水总量、地表径流量、水质、主要河流径流量及水资源利用情况、全国水文区划及水资源区划图。

（3）气候资源数据：包括多年平均降水量图、多年平均日照时数、≥10℃活动积温。其中，多年平均降水量图和≥10℃活动积温图需要利用多年平均降水等值线、≥10℃活动积温等值线及各区县气象站点数据并结合日本 Trmm 卫星数据通过插值计算生成（表 5-8）。

表 5-8　气象资源数据

数据名称	数据类型	比例尺
降水等值线图	矢量	1∶100 万
≥10℃活动积温等值线图	矢量	1∶100 万
气温等值线图	矢量	1∶100 万
水资源分区图	矢量	1∶100 万
水功能分区图	矢量	1∶100 万
多年平均日照时数图	矢量	1∶100 万

（4）植物资源：部分地区的乔木、灌木和草类的生长情况、分布及数量。

（5）矿产资源：部分地区的主要矿产类型、储量及开发利用程度。

5.1.2.3　土地利用数据

土地利用是土壤侵蚀调查的主要依据。土地利用现状图层一方面作为系统背景数据显示；另一方面为水土保持区划和规划提供决策依据，用于全国水土保持区划的土地利用数据如表 5-9 所示。

表 5-9　土地利用数据

数据名称	数据类型	比例尺
土地利用类型图（2000 年）	矢量	1∶10 万

（1）土地利用现状：包括耕地、梯田、坡耕地、林地、草地、荒山荒地、水域湿地、非生产用地及难利用地的分布现状。

（2）土地利用数据还包括农作物种类、耕作方式、植被类型、森林郁闭度、林草覆盖度等数据。

5.1.2.4　社会经济条件数据

（1）区域基本状况：包括土地总面积、经纬度范围，规划区所属的乡、镇、户数。

（2）人口与劳动：包括人口总数、农业人口、非农业人口、城镇人口数、乡村人口数、劳动力总数、乡村劳动力、城镇从业人员、乡村从业人员、第一产业从业人员、第二产业从业人员、第三产业从业人员、人口自然增长率、普通高中在校学生比例。

（3）农村生活现状：包括人均收入、人均粮食、人均电力消耗量、农村使用清洁能源的农户、农村改水受益人口数量、公路总里程（含乡村道路）、铁路总里程、人均基本农田、人均耕地、农民人均食品支出额、农民人均消费支出额。

（4）经济状况：包括 GDP、人均 GDP、第一产业产值、第二产业产值、第三产业产值、农业产值、林业产值、牧业产值、工业产值（表 5-10）。

表 5-10　社会经济数据

图层名称	数据类型	比例尺
全国人口密度图（2008 年）	矢量	1∶100 万
全国 GDP 分布图（2008 年）	矢量	1∶100 万

5.1.2.5　水土流失数据

（1）土壤侵蚀现状数据：包括全国各类水土流失形态的分布、数量、强度、危害、成因；全国适宜治理的水土流失面积。

（2）全国土壤侵蚀类型分区、水土流失重点防治区划分（"三区"划分）等数据。

1∶100 万全国水土流失现状图主要包括全国土壤侵蚀现状、土壤侵蚀类型。一方面作为系统背景数据显示；另一方面为水土保持区划和规划提供决策依据（表 5-11）。

表 5-11　土壤侵蚀数据

数据名称	数据类型	比例尺
土壤侵蚀类型分布图	矢量	1∶100 万
土壤侵蚀强度分布图	矢量	1∶100 万
水土流失重点防治区划分图	矢量	1∶100 万
全国水土流失监测站点分布图	矢量	1∶100 万
主要泥沙监测水文站点分布图	矢量	1∶100 万

其他水土流失防治数据：

（1）水土流失治理成果。包括各项治理措施的综合配置、实施数量与分布、质量和效果，生态修复实施现状，已治理的水土流失面积。

（2）预防保护和监督管理现状。包括水土保持监测站点的布设、监测工作的开展、监测成果的发布与公告情况。

（3）水土保持重点项目及重点工程数据库。

（4）水土流失治理的成功模式、主要经验与教训。

5.2　计算机辅助系统的总体构想

水土保持区划计算机辅助系统是根据水土保持分区的空间分布特点，综合运用遥感、GIS、计算机网络、空间数据库等技术，建立符合"全国一张图"模式的水土保持区划数据库，构建"全国一盘棋"式三维水土保持区划协作平台，对水土保持区划所需的自然环境条件、社会经济和水土流失、水土保持等各类数据分类、分层、分级组织，集中统筹管理，以便各级区划人员依托水土保持区划协作平台提供的信息和功能，共同完成全国水土保持区划。

5.2.1　水土保持区划基础数据库与协作平台构架

计算机辅助系统是全国水土保持区划的基础，基础空间数据库系统与区划协作平台是计算机辅助系统的重要组成部分，也是全国水土保持规划的工作任务之一。基础空间数据库系统的建设是为区划协作平台服务的，平台将集成基础空间数据库系统，调用数据库系统丰富的基础数据及专题数据为区划工作服务。

通过建立在线协同区划、信息统一管理和共享服务的"全国水土保持区划协作平台"，可以实现以三维、互动、直观的方式为水土保持区划的前期调研、资料分析、成果编制、领导决策提供全面、实时、准确的信息资源支撑和在线成果下载。以一个数据中心、一个平台、一张图、三级协同应用方式为国家、流域、省、市、县提供协同联动的区划平台，创新水土保持区划技术手段，实现区划成果直接入库、持续应用。该平台的建立对于提高全国水土保持区划水平，推动我国水土保持数字化工作具有十分重要的意义。在综合利用计算机网络技术、空间数据库技术、"3S"技术的基础上，建设了全国水土保持基础空间数据库系统与区划协作平台。

　　全国水土保持基础空间数据库系统，保证了数据的可靠性与统一性，同时应用全国水土保持区划协作平台的模型工具进行模型运算，方法统一，实践性强。水土保持区划数据库与平台系统总体框架如图 5-4 所示。

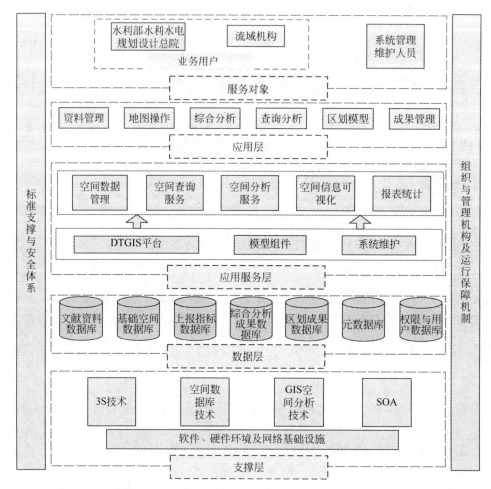

图 5-4　水土保持区划数据库与平台系统总体框架图

5.2.1.1　依托平台协同区划总体方案

　　全国水土保持区划以县级行政区为单元，一、二、三级区划均不跨越县界。根据区划原则，研制区划知识规则模型，通过该模型初步进行三级区划，形成三级区划草案。平台提供区划导则、区划相关各类空间信息、各区县调查指标、三级分区草案及支撑区划的综合分析工具。流域机构组织有关部门根据平台提供的各类辅助信息和综合分析功能，通过协商，实现对三级区划草案的在线核定和在线修改，形成三级区划修改方案。水利部水利水电规划设计总院（以下简称水规总院）与流域机构进行协商并通过区划平台，实现对三级区划分的最终确认，形成三级区划评审论证方案。水利部组织有关专家对评审论证方案进行最终审定，形成最终区划方案。上述区划草案、区划修改案、区划评审论证方案和最终区划成果均在区划协作平台上交互进行，各阶段成果直接入库。协同区划总体方案的框架如图 5-5 所示。

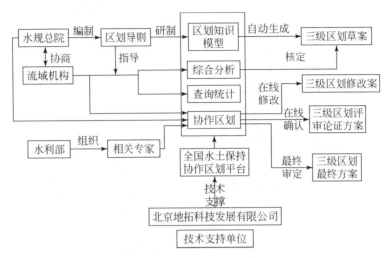

图 5-5　协同区划总体方案框架图

5.2.1.2　水土保持区划数据库方案

数据库系统是"区划协作平台"的重要组成部分。数据库的建设直接影响着区划的质量和水平。针对本次区划的数据需求，集成全国水土保持区划基础空间数据库、全国水土保持区划在线上报系统数据库及北京地拓科技发展有限公司现有的共享地理空间数据，建成"全国一张图"式的水土保持区划数据库。

水土保持区划数据库结构设计选用 GIS 数据库管理系统来管理空间和属性数据，实现影像数据、图形数据与属性数据的一体化管理。

以县为基础空间单元，满足按照行政规划的空间逻辑组织数据，形成自下而上的数据汇总。采用 3NF 规范，将空间数据、属性数据、多媒体数据及其元数据有机组织。为了便于维护和检索，将空间类型的数据存储在空间数据库中。

充分考虑业务中的数据采集、传输、存储、处理、应用等各方面需求，将数据库逻辑结构分为文献资料数据库、基础空间数据库、上报指标数据库、综合分析成果数据库、区划成果数据库、元数据库、权限与用户数据库 7 个应用数据库（图 5-6）。

数据中相应的表分别为：空间数据表、属性表、代码表、代表多对多关联的中间表、统计表、数据导入表、多媒体信息和注释信息。

数据库具体内容如下。

1）文献资料数据库

文献资料数据库主要管理与水土保持区划相关的文本、图片、视频等资料，包括水土保持分区导则、政策法规、标准规范、行业规划、已有水土保持分区成果、相关研究成果和其他资料。支持用户对各项资料的在线上传和分类管理。

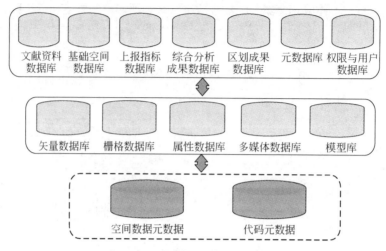

图 5-6　数据库逻辑结构图

水土保持区划导则包含水土保持区划导则、水土保持重点防治规划分导则。行业规划包括林业规划、农业规划、地貌规划、气象规划、气候规划、土壤规划、生态功能规划等。本数据库中的文献资料按照行政级别、所属行业和类型等信息进行分类、分级管理。

2）基础空间数据库

遵循国家及水利行业相关标准，综合运用空间数据库、空间元数据、分布式数据库、多源数据配准与无缝拼接技术、海量数据管理及拓扑技术，构建水土保持区划基础空间数据库，实现多层次信息资源共享。

（1）建立面向对象的空间数据模型。传统的 GIS 软件没有引入面向对象的概念，只能对点、线、面等数据进行操作和分析，对于这些点、线、面只能通过属性来定义，但是在实际操作中，这种方式是非常受限的。在本系统中，可以利用 DTGIS 平台定义面向对象的空间数据模型。

（2）建立空间数据模型。基本矢量信息图层数据参照通用的 GIS 矢量数据模型，通过点、线、面的几何表示方式进行存储和管理。

（3）采用数据库来存储和管理图形图像。将所有的空间数据以对象的形式存储在数据库中，有效减少网络负载，迅速定位到查询目标，在多用户并发访问时将大大提高访问效率。

基础空间数据库存储各子系统的公用基础空间信息，一般作为背景数据显示，可以被所有的子系统调用。

基础空间数据库包括不同数据源、不同尺度的数据。包括全国行政边界、道路、河流、DEM、DOM、地貌类型、土壤类型、植被类型等基础地理信息数据，土地利用、土壤侵蚀、水土保持等专题数据。这些内容分别以相应的专题图形式显示，专题图上的地物与对象记录一一对应，在同一坐标系下无缝应用。

3）上报指标数据库

专门用于对水土保持上报指标的分类管理，将各类上报指标分别纳入管理，方便统计分析和技术支持单位调用，数据库设计为上报指标的增加、修改预留接口。水土保持区划上报指标数据包括气象条件数据、土地利用数据、社会经济数据、水土保持现状数据和水土流失危害数据五大类型。

4）综合分析成果数据库

综合分析成果数据库用来存储经过统计、查询、量算功能处理后的结果数据，包括综合分析过程中形成的各种属性信息数据等。

5）区划成果数据库

区划成果数据库用来存储全国水土保持三级区划的成果数据，包括三级分区最终成果方案的图层、相应的属性信息，以及水土保持区划形成的相关成果数据。

6）元数据库

元数据库用来存储与各数据库对应的各项元数据。

7）权限与用户数据库

权限与用户数据库用来存储用户管理、权限等数据，包括用户修改记录、修改反馈信息及用户权限等数据。

5.2.1.3　水土保持区划协作平台方案

本次区划重点构建全国水土保持区划协作平台，并通过此平台进行协同区划工作。研制一套完整的水土保持区划协作平台系统，基于该系统构建以流域、省（市）、县（区）为架构的水土保持规划设计网络体系。

区划协作平台应依据空间信息分析的原理和技术方法，以区划总体方案确定的技术路线为指导，以区划原则为依据，通过参考区划相关文献资料，开发合理高效的区划协作平台。对应区划相关指标数据分析的需求，开发查询、量算、叠加、插值、等值线提取、统计等综合分析功能。依据导则对三级区划指标和方法的要求，开发区划知识规则模型，通过模型运算，自动生成三级区划方案。此外，平台需实现水规总院和流域机构的在线协同区划，赋予流域机构以县为单元，在线修改三级区归属的权限，水规总院有确定三级区划最终方案的权限。平台提供区划最终成果数据的在线查询、统计功能和三级区划成果自动成图功能，满足用户对区划成果的管理需求。

协作区划平台设计以下几个功能模块。

1）资料管理

资料管理包括对水土保持区划导则、政策法规、标准规范、行业区划、已有水土保持分区成果、相关研究成果和其他资料的管理。资料入库时需填写资料名称、类型、文件产生时间、所属行业或部门等信息。具体包括以下功能：资料入库功能，如对文本、图片、视频等通用格式的文件的入库。资料检索，按照入库信息检索，并对检索到的文件进行浏览。文件下载，对用户需求的文件进行下载，存储到本地。

所有用户都具有浏览资料的权限，水规总院和流域机构有上传和下载资料的权限，水规总院有删除不符合要求的资料的权限。

2）地图操作

地图操作模块提供支撑整个系统运行的基本功能，在三维环境下，实现对地图的放大、缩小、平移、全图显示、方向漫游等操作功能。该功能不显示在主菜单中，而是作为工具箱提供给用户。

3）综合分析

综合分析模块实现对 DEM、DOM、地貌类型、土壤类型、植被类型等基础地理信息数据的分析管理。以海量地理空间数据为基础，实现对区划相关数据的分析。包括以下主要功能：空间查询，按照空间对象的位置及其组合关系提供基本的空间查询功能。几何量算，提供基于 DEM 栅格图层的高程、长度、面积、断面分析等几何量算功能。空间分析，提供插值分析、叠加分析、缓冲区分析、栅格统计、等值线提取、断面分析等功能。

4）查询统计

查询统计内容包括上报指标数据和空间专题分析的成果数据。

基本查询：实现对单个对象或栅格属性的查询。提供从图形到属性或者从属性到图层对象的交互查询，查询结果以图表形式显示。

条件查询：按照行政区、专题、空间等综合条件组合查询。

统计功能：对上报数据和专题信息按行政区统计生成报表。统计结果可导出 Excel 文件。

5）区划模型

根据区划导则中三级区确定的指标和方法，嵌入区划知识规则模型，通过输入由知识规则所确定的自然语言，并运行程序，可以实现对三级分区的自动判别。包括以下主要功能：知识规则编辑，提供类似自然语言模式的知识规则编辑工具，包括逻辑条件选择、编辑、修改、存储等功能，将三级区划导则转换为知识规则模型。知识规则自检，自动检测知识规则逻辑和语法的错误，并提示错误出现的位置。模型运算，利用知识规则模型，自动生成三级区划（草案）图和对应的三级区划类型。

6）协作区划

协作区划模块实现水规总院与流域机构的在线可视化、交互式区划协同作业。包括以下主要功能：①区划核定。流域机构根据区划草案图，利用综合分析和查询统计提供的辅助信息，核定三级区类型，对草案有不同意见的区县，修改其类型区信息，修改后形成三级区划修改案图层，修改结果入库保存。②核定意见。对修改的区域，同时记录修改人、修改时间、修改原因等信息，与修改方案一并入库存储。③协同修订。水规总院根据三级区划修改案图层，与流域机构共同协商形成三级区划评审论证图层，并保存入库。④最终成果确定。水利部组织相关专家，对评审论证结果进行最终确认，形成三级区划最终方案。

不同流域机构具有不同的修改权限。每个流域机构只能修改其流域界限内区县的三级区类型信息。对于跨流域的区县，水规总院具有对其三级区类型修改的权限。

7）成果管理

成果管理模块实现区划成果数据的统一管理。包括以下主要功能：查询，按照行政区、专题、空间等综合条件组合查询。统计，对区划成果，按照行政区、区划级别生成统计图表，统计结果可导出 Excel 文件和图件等。

5.2.2 水土保持区划数据库与区划平台技术支撑

全国水土保持区划数据库与区划平台建设是全国水土保持规划的重要任务之一，其具有专业性强、技术要求高、数据链大等特点，技术单位应具有很强的空间信息网络服务平台开发、GIS 应用系统集成、空间信息服务及生态环境工程咨询等高新技术研发与服务能力。

（1）在技术方面应做到：①数据库服务器采用 Windows Server 操作系统，GIS 采用 DTGIS 空间信息服务平台，客户端采用 Win 7、Windows Vista、Windows XP 操作系统，利用空间数据库技术和集中式数据库物理结构，开发远程 C/S 结构的基础空间数据库系统。②数据库具有良好的开放体系结构，为其他相关系统及全国水土保持区划平台预留接口。③对全国水土保持区划基础数据（包括元数据、矢量数据、栅格数据、属性数据）进行分类管理，具有数据分类查询功能。

（2）在性能方面应做到：①安全性。数据库需具备数据安全和操作安全措施，具有数据维护和备份能力，有保障数据安全性的机制。②稳定性。数据库具有较高可靠性与稳定性，有故障诊断能力和一定的自动恢复能力。③高效性。数据库的数据管理能达到 TB 级，且具有较高效率。

第6章 水土保持功能研究

6.1 水土保持功能的提出和研究意义

6.1.1 水土保持功能的提出

20世纪70年代初，生态系统服务功能的概念首次被提出。1991年国际科学联合会环境问题科学委员会组织召开的会议，促使生态服务功能成为生态学的热点研究问题（李进鹏，2010），其中与水土保持相关的功能占重要地位。随着更加深入的研究，生态系统功能研究逐渐开始了分专业分门类的细致研究。1996年，水利部颁布的《关于水土保持设施解释问题的批复》中第一次采用了"水土保持功能"的术语，但主要局限于水土保持设施的保水保土的功能。2005年余新晓等进行了水土保持生态服务功能的研究，并对水土保持相关的服务功能进行了扩展，归纳出水土保持生态服务功能主要体现在保持和改良土壤、保护和涵养水源、防风固沙、固碳供氧、净化空气、维持生物多样性和维持景观等7个方面。2007年，刘兰华第一次提出了水土保持功能的具体定义，为陆地表面的各类生态系统所发挥或蕴藏的有利于维护和提高生物资源和土地生产力的作用，提出水土保持功能主要包括水源涵养、土壤保持和改良、生物多样性保护和洪水调蓄等。

6.1.2 水土保持功能研究的重要意义

水土保持基础功能主要用于三级区的划分，在明确三级区主导功能的基础上，进而研究确定相应的社会经济功能，为三级区的项目布局和规划提供依据，为水土流失重点防治区的划分奠定基础。

每个区域水土保持功能可以有多个，水土流失的防治效果以综合多个功能来体现，但相比而言，每个区域总有处于主导地位的一个或多个功能，称之为主导功能，主导功能决定了区域水土流失防治的工作特点、方向及措施配置。

6.2　水土保持功能定义和内涵

6.2.1　水土保持功能定义

　　水土保持功能是指某一区域内水土保持设施所发挥或蕴藏的有利于保护水土资源、防灾减灾、改善生态、促进社会经济发展等方面的作用，包括基础功能和社会经济功能。基础功能是指水土保持设施在某一区域内水土流失防治、维护水土资源和提高土地生产力等方面所发挥或蕴藏的直接作用或效能。社会经济功能是指水土保持基础功能的延伸，主要是指水土保持设施在某一区域内起到的生产或保护功能。

　　水土保持基础功能确定遵循以下原则：

　　水土保持直接相关原则。基础功能即直接作用或效能，所以对于水土保持来说，确定的功能应直接与水土流失防治相关，如水土保持起到的水土资源保护、植被保护与建设、改善生态、改善水质、控制风蚀、减轻地质灾害等直接的作用。

　　全面性原则。评价一个区域的水土保持基础功能，基础功能类型的确定必须能够涵盖水土保持起到的所有作用和效能，所以须从全国的角度和现行水土保持工作范畴出发，全面覆盖水土保持各项措施的作用和效能。

　　单一功能原则。评价区域处于主导地位的水土保持基础功能，要求确定的各种功能不能存在交叉和重复，每一项功能都是代表单一的作用和效能，如经常提到的蓄水保土是蓄水和土壤保持两个作用的结合，在确定功能时应分别确定。

　　对照 Daily 的 13 项生态服务功能、李建勇的 23 项生态服务功能、Costanza 的 17 项生态服务功能及生态功能区的 9 类生态功能（表 4-1），根据既定的原则，水土保持基础功能确定为防风固沙、水源涵养、拦沙减沙、土壤保持、农田防护、蓄水保水、防灾减灾、生态维护；社会经济功能包括生产和保护功能。

　　各水土保持功能定义如下。

　　水源涵养：指水土保持设施发挥的调节径流、改善水质的功能。

　　防风固沙：指水土保持设施发挥的阻滞风沙运动和改良土壤的功能。

　　土壤保持：指水土保持设施发挥的保持土壤资源，维护和提高土地生产力的功能。

　　蓄水保水：指水土保持设施发挥的保持、集蓄利用降水和地表径流的功能。

　　农田防护：指水土保持设施在平原和绿洲农业区发挥的保护农田，改善农田小气候，减轻风、沙、水、旱等自然灾害的功能。

　　水质维护：指水土保持设施发挥的减轻面源污染，维护水质的功能。

　　生态维护：指水土保持设施维护大面积森林、草原、湿地等生物多样性，发挥生态屏障的功能。

　　防灾减灾：指水土保持设施发挥的减轻山洪、泥石流、滑坡等山地灾害的功能。

　　拦沙减沙：指水土保持设施发挥的拦截和减少进入江河、水库、湖泊泥沙的功能。

　　人居环境维护：指水土保持设施发挥的维护城市和经济发达区域居住环境的功能。

6.2.2　水土保持功能内涵

三级分区围绕水土保持的功能，即水源涵养、防风固沙、土壤保持、拦沙减沙、蓄水保水、防灾减灾、农田防护、生态维护、水质维护、人居环境维护等基础功能和社会经济功能（包括生产和保护功能），结合地形地貌、人口密度等进行划分，选取相应的指标和区划方法进行分区。下面介绍水土保持基础功能的内涵。

1）土壤保持功能

水土保持的土壤保持功能主要体现在以下几个方面：一是体现在林草措施的林冠截留作用，由于水土保持的林草植被可以截留降雨，减弱雨滴的溅蚀，降低降雨强度；同时林下枯落物和腐殖质具有较强的透水性和蓄水性，可以减少地表径流的流量和速度，从而使土壤侵蚀得到减轻；另外，林草植被的根系能固结土壤，减轻滑坡和泥石流的危害（吴岚，2007；唐松青，2003）。二是工程措施的拦截泥沙作用，例如，水平梯田保土率可达 95%以上；灌木防冲带保土率达 73%～80%；地埂保土率达 80%～85%（刘震，2003）。三是水土保持耕作措施通过改变微地形，增加植被覆盖率或增强土壤有机质等方法，达到减轻土壤侵蚀的目的。

2）水源涵养功能

水土保持的水源涵养功能主要体现在通过林草植被拦蓄地表水，增强土壤下渗，提高水分有效蒸腾，均匀积雪，改变雪和土壤的冻融性质，调节区域水分循环，调节径流，并能促进降水增加等，从而为江河湖泊和供水水库提供水源（柳仲秋，2010）。据统计，中国主要森林平均林冠截留量为 134.0～626.7 mm，而每公顷森林能蓄水 640～680 t（石培礼和李文华，2001）。水源涵养重要地区主要分布在河川上游的水源区，这对于调节径流，合理开发利用水资源及防止水、旱灾害具有重要意义。

3）蓄水保水功能

水土保持的蓄水保水功能主要体现在通过水土保持工程措施和林草措施解决干旱缺水地区及季节性缺水严重地区的水资源问题。水土保持林草措施的蓄水保水功能主要表现在林草植被的拦截降水、抑制土壤水分蒸发、减缓地表径流、改善小气候和增加降水等功能上，这些功能延长了降水径流时间，在枯水期可补充河流水量，缓解水资源短缺。水土保持蓄水保水工程主要包括：蓄水池、水窖、涝池、塘坝、梯田和地埂等。据黄河流域有关部门统计，1950～1995 年，黄河流域共修建了 400 多万座水窖、塘坝、谷坊、涝池等小型蓄水保水工程，总蓄水量为 322.71 亿 m³，按照 60%的利用率计算，这些蓄水保水措施可增加用水量近 200 亿 m³，可解决流域内大约 1000 多万农业人口和 1500 多万头牲畜的饮水问题。因此，水土保持措施对干旱缺水地区的人畜饮水及农作物种植具有重要的作用。

4）生态维护功能

生态系统是人类赖以生存的环境，其中对人类最为重要的是森林、草原和湿地生态系统，它不仅为人类提供了生产生活所需的食品、木材及其他原料，还提供包括维持生物多样性、调节气候、净化环境和减轻自然灾害等许多方面的生态服务（欧阳志云和王效科，1999）。然而，随着社会经济迅速发展和人口的增加，生态环境问题日益突出。具体表现为森林面积不断缩小，草地沙化严重，湖泊、湿地面积萎缩等，这不仅造成了区域环境质量的降低，还加速了自然灾害发生的频率与危害强度，使人类自身的生存与发展受到威胁。水土保持生态维护功能主要体现在通过造林、种草和封山育林、育草等措施，增加林地、草地面积，维护森林系统多样性，防治草地沙化，减少入河入库泥沙，从而达到维护森林、草原、湿地等生态系统功能的目的。

5）防风固沙功能

防风固沙功能主要体现在通过防风固沙植物来增加地表覆盖率，起到固沙紧土、降低风速、改变风向和改良土壤等作用，从而削弱风的侵蚀能力，并有效地防止流沙运动，这在防沙治沙、保护土壤和农田等方面具有重要作用（吴岚，2007）。

根据实地测定，陕西西北部的靖边县在营造大面积的防风固沙林后，平均风速较之前降低了 19%，且 17m/s 以上大风的次数、沙尘暴次数和扬沙次数分别减少了 73%、40% 和 10%。造林后大部分的流沙得到了控制，不仅减轻了对农作物的危害，还恢复了部分耕地，防风固沙效果显著。

6）拦沙减沙功能

上游地区水土流失产生的大量泥沙进入河流，导致下游地区水库淤积，河床抬高，洪涝灾害频发，严重威胁群众生产、生活安全。水土保持的拦沙减沙功能主要体现在通过水土保持林草和耕作措施，减少土壤侵蚀的产生；通过水土保持工程措施的拦挡作用（如淤地坝、拦沙坝、谷坊），固定泥沙，减少泥沙进入河道，从而达到拦截和减少入江（河、湖、库）泥沙的目的。

据调查统计，大、中、小型淤地坝每淤一亩坝地分别可拦泥沙 8000t、6000t 和 3000t，典型坝系拦泥效果更加显著。截至 2004 年，陕西共建成淤地坝 3.7 万座，超过了黄土高原区总坝数的 1/3。其平均每淤一亩（1 亩≈0.067hm^2）坝地可拦泥近 6000t，现已累计拦截泥沙高达 40 亿 t，为改善黄土高原的生态环境、减少黄河泥沙和保护下游安全做出了巨大贡献。

7）农田防护功能

在农业生产过程中，农田常常会遭受各种自然或非自然因子的侵害，所以在农业生产过程中必须采取适当措施来保护农田，以稳定作物产量，维持良好的农田生态条件。按照侵害因素的不同，可将各种农田侵害划归为三大基本类型：一是物理侵蚀，主要有水蚀、风蚀和重力侵蚀三种基本方式；二是化学侵害，包括化学污染和次生盐碱化；三是生物侵染，包括病虫杂草及其他有害生物的侵染。与水土保持相关的主要是物理侵蚀，以水蚀和风蚀为主。物理侵蚀使农田土壤遭受冲刷、剥离与迁移，导致土壤颗粒及其养分流失，降低了土壤肥力，造成土壤石化、沙化，严重影响农业生产，威胁城镇安全。水土保持的农田防护功能主要体现在通过林草措施（如农田防护林、水土保持经济林等）、工程措施（如梯田、地埂等）和耕作措施，达到减少水蚀、风蚀和重力侵蚀的危害，改善农田小气候，增加土壤水分，提高土壤养分，增加粮食产量等目的。

8）水质维护功能

水土流失导致土壤和水分的流失，耕地的丧失，洪水和泥石流等各种灾害的发生，使土壤以泥沙形式进入水体，增加了水体的浑浊度。同时，流失的土壤中挟带的多种金属物质及残存的农药、化肥等也会影响水质，导致水体的面源污染，从而影响大小江河湖泊和水库，并最终对饮用水水源和农业用水的水质产生影响（潘宣等，2010）。水土保持主要通过工程措施与植物措施相结合，不仅可以拦蓄地表径流，沉降泥沙，从而减少地表土壤流失；还可拦截、过滤和吸收大量有害物质，从而减少面源污染物进入水体，改善河流湖泊及水库的水体质量，发挥水质维护的作用。

9）防灾减灾功能

地质灾害是指在自然或者人为因素的作用下形成的，对人类生命财产、环境造成破坏和损失的地质作用（现象）（盛昌明，2011），如崩塌、滑坡、泥石流、山洪、地面沉降，以及地震、火山、地热害等，其中崩塌、滑坡、泥石流和山洪灾害是水土流失的特殊类型。这些灾害除了冲毁房屋、道路、电力通信等设施外，还将破坏农田、水塘、水函、水库等水利设施，严重的还会影响航运，使河道断流。水土保持的防灾减灾功能主要体现在通过工程措施减少和减弱地质灾害的发生。防灾减灾的工程措施主要包括山洪防治措施、泥石流防治措施和滑坡防治措施。其中，山洪防治措施主要有护岸及堤防工程、沟道疏浚工程、排洪渠等；泥石流防治措施主要包括排导工程、拦挡工程、沟道治理工程和蓄水工程等；滑坡防治措施主要要有排水、削坡、减重反压、抗滑挡墙、抗滑桩、锚固、抗滑键等。

10）人居环境维护功能

人居环境是人类聚居生活的地方，是与人类生存活动密切相关的地表空间，它是人类在大自然中赖以生存的基地，是人类利用自然、改造自然的场所，包括自然、人群、社会、居住、支撑五大系统（吴良铺，2000）。其中，自然系统是聚居产生并发挥其功能的基础，人类安身立命之所。随着社会经济的不断发展，人们的生活水平得到了很大的改善，使得人们对生活品质的追求不断提高，因而人居环境问题日益被人们所重视，人人都渴望能享有优质的人居环境。但不断加快的城市化进程，也带来了严峻的自然环境问题，如环境污染、土地资源遭到破坏、水资源受到污染等，这些问题都体现出现代城市人居环境质量正在大幅度下降。因此，维护和改善人居环境，保护人类生存的环境空间，是当今城市规划建设和管理的重点内容。

水土保持的人居环境维护功能是通过城市劣地的生态修复，裸露山地的复绿治理，城市沿海（河、库）岸的防护林建设等城市水土保持措施，对水土资源加强维护与管理，减少流失，充分发挥其综合效益，从而在防洪减灾、保护资源、整治土地、改善生态等方面发挥重要的作用。

6.3　水土保持主导基础功能确定方法

6.3.1　水土保持功能界定

水土保持基础功能界定条件和辅助指标选取如下。

水源涵养：主要评价区域水土保持设施发挥调节径流、改善水质作用的重要性。江河湖泊的源头、供水水库上游地区及国家已划定的水源涵养区是水源涵养功能的重要体现区域，可将林草植被覆盖率和人口密度等作为评价的辅助指标。

　　土壤保持：主要评价区域水土保持设施发挥保持土壤资源、维护和提高土地生产力作用的重要性。山地丘陵综合农业生产区是土壤保持功能的重要体现区域，可将耕垦指数、种植业产值比重（占农业产值）和大于 15°土地面积比例等作为评价的辅助指标。

　　蓄水保水：主要评价区域水土保持设施发挥保持、集蓄利用降水和地表径流作用的重要性。干旱缺水地区及季节性缺水严重地区是蓄水保水功能的重要体现区域，可将降水量、旱地（望天田）面积比例和地面起伏度等作为评价的辅助指标。

　　防风固沙：主要评价区域水土保持设施发挥阻滞风沙运动和改良土壤作用的重要性。绿洲防护区及风沙区是防风固沙功能的重要体现区域，可将大风日数、植被盖度和中度以上风蚀面积比例等作为评价的辅助指标。

　　生态维护：主要评价区域水土保持设施维护大面积森林、草原、湿地等生态系统的重要性。森林、草原、湿地是生态维护功能的重要体现区域，可将林草植被覆盖率、人口密度和各类保护区面积比例等作为评价的辅助指标。

　　防灾减灾：主要评价区域水土保持设施发挥的减轻山洪、泥石流、滑坡等山地灾害作用的重要性。山洪、泥石流、滑坡易发区及工矿集中区是防灾减灾功能的重要体现区域，可将灾害易发区危险区面积比例和工矿区面积比例等作为评价的辅助指标。

　　农田防护：主要评价区域水土保持设施在平原和绿洲农业区发挥保护农田，改善农田小气候，减轻风沙、干旱等自然灾害作用的重要性。平原地区的粮食主产区是农田防护功能的重要体现区域，可将耕地面积等作为评价的辅助指标。

　　水质维护：主要评价区域水土保持设施发挥减轻面源污染，维护水质作用的重要性。河湖水网、饮用水源地周边面源污染较重地区是水质维护功能的重要体现区域，可将农田面积比例和人口密度等作为评价的辅助指标。

　　拦沙减沙：主要评价区域水土保持设施发挥拦截和减少进入江河、水库、湖泊泥沙作用的重要性。多沙粗沙区及河流输沙量大的地区是拦沙减沙功能的重要体现区域，可将土壤侵蚀模数等作为评价的辅助指标。

　　人居环境维护：主要评价区域水土保持设施发挥维护城市和经济发达区域居住环境作用的重要性。人均生活水平高的大中型现代化城市是人居环境维护的重要体现区域，可将人口密度、人均收入和城市化率等作为评价的辅助指标。

6.3.2　水土保持主导功能指标确定

　　参考 2002 年国家环境保护总局制定的《生态功能区划技术暂行规程》在功能重要性方面提出的指标体系和评价方法，水土保持功能影响因素比生态功能的影响因素更多，其不仅与地形、地貌、植被、气候等自然因素有关，还与社会和经济要素有很强的关联性。因此，将社会经济要素作为水土保持功能重要性评价指标体系中的重要组成部分。水土保持主导功能的界定应定性与定量指标相结合，在统筹考虑国家主体功能区划分和生态功能区划的基础上，建立水土保持功能排序指标体系，通过分析筛选出定量和定性的指标，对指标信息进行收集和提取，采用层次分析法、综合指标法等对各水土保持功能进行排序，从而界定水土保持主导功能。本书中的水土保持功能指标体系以水土保持功能包含的主要内容为基础，基于评价的科学性和数据的可获取性，通过层次分析法确定各功能各指标的权重；结合国家有关规范、前人研究成果及专家咨询指导意见来确定水土保持功能重要性评价指标体系。水土保持功能指标确定方法流程如图 6-1 所示。

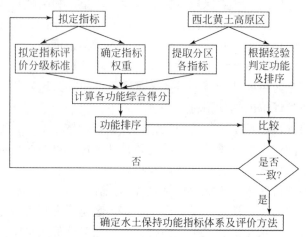

图 6-1　水土保持功能指标确定方法流程图

6.3.3　主导基础功能确定方法

主导基础功能确定可以通过以下两种途径解决。

途径 1：以县域为单位，在二级区中对各县分别收集和提取相应指标值，通过评价分别对各县进行水土保持主导功能的界定，根据各县的主导功能进行聚类，结合专家判定，划分三级区。

此方案的优点在于以基本单元为功能评价单元，较为详细，并体现了自上而下与自下而上的结合；缺点是工作量大，过程烦琐，区划结果较破碎。

途径 2：通过自然及社会经济条件，初步拟定三级区，以拟定的三级区为单元，收集整理和提取相应指标值，通过评价进行水土保持功能的排序，明确主导功能，作为此分区的主导功能并作为指导规划的依据。

此方案的优点是便于操作，工作量小；缺点是自下而上的区划途径体现不强。

6.3.4　水土保持功能评价的案例分析

本书以陕西为例，利用 ArcGIS 软件，在对省内各县水土保持功能重要性评价的基础上，采用自上而下和自下而上相结合的方法，对各单元的主导功能进行考察、分析，应用聚类法将区域内的相似功能单元进行划分归类，结合专家判定，最终确定三级区的范围及其主要功能。

6.3.4.1 指标体系构建

根据陕西自然和水土流失特点,选择土壤保持、水源涵养、蓄水保水、生态维护、防风固沙、拦沙减沙、农田防护等水土保持功能进行重要性评价,建立以水土保持功能重要性为研究内容的 10 个集成性指标和 21 项基本指标的指标体系。指标体系见图 6-2。

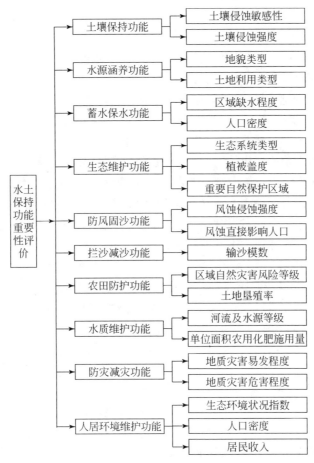

图 6-2 水土保持功能重要性评价指标体系

土壤侵蚀强度:指地壳土壤在自然营力和人类活动等作用下,单位面积、单位时间内被剥蚀并发生位移的土壤侵蚀量。土壤侵蚀强度是定量的表示和衡量某区域土壤侵蚀数量的多少和侵蚀的强烈程度。根据国家标准,可划分为剧烈、极强烈、强烈、中度、轻度和微度 6 个等级。

区域缺水程度:指区域内水资源的短缺程度,主要分为五级,即极度缺水、重度缺水、中度缺水、轻度缺水和不缺水。本书用缺水率来计算缺水程度,缺水率是缺水量与需水量的比值,即缺水率=(需水量-可供水量)÷需水量×100%。

风蚀侵蚀强度:指地壳土壤在自然风力的作用下,单位面积、单位时间内被剥蚀并发生位移的土壤侵蚀量。根据国家标准,可划分为剧烈、极强烈、强烈、中度、轻度和微度 6 个等级。

输沙模数：指河流某断面以上单位面积所输移的泥沙量，一般以 $t/(km^2 \cdot a)$ 表示。包括流域土壤与岩层被侵蚀后通过各级支流进入河流的泥沙及河水对河床、河岸的冲刷和坍塌的泥沙量。

区域自然灾害风险等级：指区域内以自然变异为主因导致的未来不利事件发生的可能性及其损失的程度。按照国家标准，可划分为极高、高、中、低 4 个等级。自然灾害主要包括：旱灾、洪涝、台风、风暴潮、冻害、雹灾、海啸、地震、火山、滑坡、泥石流、森林火灾、农林病虫害等。

土地垦殖率：又称土地垦殖系数。指一定区域内耕地面积占土地总面积的比例，是反映土地资源利用程度和结构的重要指标。

单位面积农用化肥施用量：指区域内农用化肥施用的总量与土地面积的比值，是反映该区域面源污染的重要指标。

地质灾害易发程度：指质灾害发生可能性的大小，主要是通过调查和数学方法对区域地质灾害的易发性进行评价而得出的结果，一般划分为高易发区、中易发区、低易发区、不易发区 4 个等级。地质灾害主要包括山洪、滑坡、崩塌、泥石流、地面坍塌，以及地震、火山爆发等。从水土保持研究的方面考虑，本书只讨论山洪、滑坡、泥石流的地质灾害易发程度。

地质灾害危害程度：指地质灾害发生后造成的人员伤亡、经济损失与生态环境破坏的程度。

生态环境状况指数（EI）：指反映被评价区域生态环境质量状况的一系列指数的综合。EI＝0.25×生物丰度指数＋0.2×植被覆盖指数＋0.2×水网密度指数＋0.2×土地退化指数＋0.15×环境质量指数。按照国家环境保护总局颁布的《生态环境状况评价技术规范（试行）》（HJ\T192—2006），将生态环境分为五级，即优（EI≥75）、良（55≤EI＜75）、一般（35≤EI＜55）、较差（20≤EI＜35）和差（EI＜20）。

6.3.4.2　评价方法

水土保持功能重要性评价是考虑多种因素综合作用的结果，因此，对陕西水土保持功能重要性评价时，运用综合指数法能更好地反映水土保持功能的空间分布特征。本书利用各指标的专题图层，并依据其重要性相应分级标准，在 ArcGIS 软件的空间分析功能支持下，采用综合指数法对陕西的各项功能重要性进行评价和分析，将区域划分成一般、比较重要、重要、极重要四个等级，并得到相应的图件。

$$SS_j = \sum_{i=1}^{n} P_i \times W_i \quad (n=1,\ 2,\ 3,\ \cdots)$$

式中，SS_j 为水土保持功能评价值；P_i 为各指标评价值（按照各指标的分级标准确定的评价值）；W_i 为各指标的权重，采用专家法得到；重要性评价分级，通过综合相关领域专家意见及前人研究成果，并根据研究区的实际情况确定。

6.3.4.3　水土保持功能评价

1. 土壤保持重要性评价

区域土壤保持重要性评价在于该地区土壤侵蚀现状的严重程度、潜在的土壤侵蚀危险程度及对生态环境的影响程度。因此，在借鉴《生态功能区划暂行规程》和凡非得等（2011）等的研究方法基础上，以土壤侵蚀敏感性和土壤侵蚀强度作为土壤保持重要性评价指标。

首先对土壤侵蚀敏感性进行评价，区域土壤侵蚀影响和制约因素很多，主要包括气候、水文、地形地貌、土壤和植被等。根据国内外学者对土壤侵蚀及其敏感性的研究（杨永峰，2009），参照《生态功能区划技术暂行规程》，并结合陕西土壤侵蚀现状及其特征，选择降雨侵蚀力、土壤质地、坡度和植被盖度作为评价指标（国务院西部地区开发领导小组办公室，2002；赵明月等，2012），进行陕西土壤侵蚀敏感性评价，其中，各级的分类赋值及分级标准见表 6-1。

表 6-1 土壤侵蚀敏感性评价因子和分级标准表

评价指标	不敏感	轻度敏感	中度敏感	高度敏感	极敏感
降雨侵蚀力	<800	800～1200	1200～1600	1600～2000	>2000
土壤质地	石砾、砂	粗砂土、细砂土、黏土	面砂土、壤土、砂黏壤土	砂壤土、粉黏土、壤黏土	砂粉土、粉土
坡度/（°）	<8	8～15	15～20	20～25	>25
植被盖度/%	>80	60～80	40～60	20～40	<20
分级赋值（P）	1	3	5	7	9
分级标准（SS）	1.0～2.0	2.0～4.0	4.0～6.0	6.0～8.0	>8.0

在土壤侵蚀单因子分析的基础上，根据上述各项因子的敏感性分级赋值（P），采用综合评价法来计算土壤侵蚀敏感性指数，对陕西土壤侵蚀敏感性状况进行评价，并利用ArcGIS 软件统计分析功能，绘制陕西土壤侵蚀敏感性分布图（附图 13）。土壤侵蚀敏感性指数计算公式如下

$$SS_j = \sqrt[4]{\prod_{i=1}^{4} P_{ij}}$$

式中，SS_j 为土壤侵蚀敏感性综合指数；P_{ij} 为评价因子等级值；j 为评价单元；i 为第 i 个评价因子（考虑降雨侵蚀力、土壤质地、坡度和植被盖度对陕西的土壤侵蚀的影响都比较大，因此权重取值一样）。土壤保持重要性评价指标及分级标准见表 6-2。

表 6-2 土壤保持重要性评价指标及分级标准

指标	重要性等级			
	一般重要	比较重要	重要	极重要
土壤侵蚀强度	微度和轻度	中度	强烈	极强烈和剧烈
土壤侵蚀敏感性等级	不敏感	轻度敏感	中度敏感	高度敏感和极敏感
分级赋值	1	3	5	7
分级标准（SS）	<2	2～4	4～6	>6

按照上述分级标准，利用 ArcGIS 软件，对陕西土壤侵蚀敏感性评价图和土壤侵蚀强度分布图进行空间叠加分析，得到陕西土壤保持重要性分布图（附图 14）。

2. 水源涵养重要性评价

水土保持水源涵养功能的重要性主要体现在通过林草地拦截地表水、增强土壤下渗、调节径流等为江河湖泊和供水水库提供水源。

根据区域内水土保持水源涵养功能的主要影响因素和区域生态环境的特征，考虑评价指标的数据可获得性和可操作性，选取地貌类型和植被类型作为重要性评价的指标。根据上述原则，并借鉴《生态功能区划暂行规程》和李艳春（2011）等的研究方法，将所得指标进行分级、赋值，具体见表6-3。

表6-3　水源涵养重要性评价指标和分级标准表

指标	重要性等级			
	一般重要	比较重要	重要	极重要
土地利用类型	居民点及工矿用地、未利用地	园地、耕地	灌木林、草地、水体	林地
地貌类型	平原、台地	山间盆地、河流漫滩、低洼地	低山地、丘陵	中高山地
分级赋值	1	3	5	7
分级标准（SS）	<2	2～4	4～6	>6

将通过RS和ArcGIS软件分析提取的土地利用类型图和地形地貌图，按照表6-3分级标准进行分类，并利用ArcGIS软件的空间叠加分析功能对陕西水源涵养重要性进行评价，得到陕西水源涵养重要性分布图（附图15）。

3. 蓄水保水重要性评价

水土保持的蓄水保水重要性在于对评价地区水资源的缺少程度和依赖程度，因此，可选取评价区域的缺水程度和人口密度作为重要性评价的指标。在借鉴赵勇等（2006）及葛美玲和封志明（2009）等学者研究方法的基础上，对陕西各县（市、区）的人口密度数据，采用SPSS聚类分析和专家咨询相结合的方法，计算出人口密度对蓄水保水功能重要性等级的节点，将所得指标进行分级、赋值，具体见表6-4。

表6-4　蓄水保水重要性评价指标和分级标准表

指标	重要性等级			
	一般重要	比较重要	重要	极重要
区域缺水程度	基本不缺水（缺水率<5）	轻度缺水（5<缺水率<10）	中度缺水（10<缺水率<20）	重度缺水（缺水率>20）
人口密度/（人/km²）	<50	50～200	200～400	>400
分级赋值	1	3	5	7
分级标准（SS）	<2	2～4	4～6	>6

以县为基本评价单元，通过对陕西各县多年平均需水量和供水量数据的收集与整理，求出全省各区（市）的缺水率，再通过ArcGIS软件，按照表6-4分级标准进行分级，并与

人口密度分级图进行叠加分析,计算每一个单元的蓄水保水重要性综合指数,得到陕西蓄水保水重要性分布图(附图 16)。

4. 生态维护重要性评价

水土保持的生态维护功能主要体现在通过水土保持封禁措施、林草措施和工程措施来提高森林、草原、湿地的面积和生物多样性,从而达到维护生态系统平衡和安全的目的,其重要性主要在于区域生态系统对人类提供服务作用的大小。因此,可选取评价区域的生态系统类型(用"土地利用类型"表示)、植被覆盖度和重要自然保护区域作为重要性评价的指标。在借鉴王永丽等学者研究方法的基础上,将所得指标进行分级、赋值,具体见表 6-5。

表 6-5 生态维护重要性评价指标和分级标准表

指标	重要性等级			
	一般重要	比较重要	重要	极重要
生态系统类型 (土地利用类型)	人工生态系统 (居民点及工矿用地、耕地)	水生生态系统 (水域和滩涂)	草地生态系统 (草地)	林地生态系统 (林地、灌木林)
植被盖度/%	<40	40~60	60~80	>80
重要自然保护区域	其他地区	重要湿地	重要天然草场	自然保护区和森林公园
分级赋值	1	3	5	7
分级标准(SS)	<2	2~4	4~6	>6

通过 ArcGIS 软件,数字化陕西省内自然保护区、森林公园和风景名胜区等分布图,并与土地利用类型图、植被覆盖度分级图进行叠加分析,最后以县为评价单元,计算生态维护重要性综合指数,得到陕西生态维护重要性分布图(附图 17)。

5. 防风固沙重要性评价

水土保持的防风固沙功能重要性评价在于区域风力侵蚀现状的严重程度和对人类社会的影响程度。因此,在借鉴《生态功能区划暂行规程》研究方法的基础上,根据陕西实际情况,以风力侵蚀强度和直接影响人口作为防风固沙重要性评价指标。分级标准见表 6-6。

表 6-6 防风固沙重要性评价指标和分级标准表

指标	重要性等级			
	一般重要	比较重要	重要	极重要
风蚀侵蚀强度	轻度	中度	强度	极强度
风蚀直接影响人口/人	<100	100~500	500~2000	>2000
分级赋值	1	3	5	7
分级标准(SS)	<2	2~4	4~6	>6

以县为评价单元,通过 ArcGIS 软件,用 Tabulate Areas 工具统计出每个行政区各风蚀侵蚀强度对应的面积与人口,按照表 6-6 分级标准进行分级,计算每一个单元的防风固沙重要性综合指数,得到陕西防风固沙重要性分布图(附图 18)。

6. 拦沙减沙重要性评价

水土保持拦沙减沙功能主要体现在通过水土保持设施发挥的拦泥保土作用，有效地减少江河流域附近产沙区域的泥沙汇入江（河、湖、库），从而改善当地生态环境，并减轻下游的防洪压力。多沙粗沙区及河流输沙量大的地区是拦沙减沙功能的重要体现区域。陕西境内面积为 4.35 万 km²，占多沙粗沙区总面积的 55%，占黄河流域水土流失面积的 10.3%，而产生的泥沙约占黄河输沙总量的 34%，年侵蚀模数多在 1 万 t 以上，无定河以西的大理河、延河、洛河上游为 1.5 万～2 万 t，无定河以东为 2 万～3 万 t，窟野河下游年侵蚀模数则超过 3 万 t，为世界之最。

根据区域内水土保持拦沙减沙功能的主要影响因素和区域生态环境的特征，考虑评价指标的数据可获得性和可操作性，选取输沙模数为重要性评价的指标，根据上述原则，并借鉴土壤侵蚀强度分级标准，将所得指标进行分级、赋值，具体见表 6-7。

表 6-7　拦沙减沙重要性评价指标和分级标准表

指标	重要性等级			
	一般重要	比较重要	重要	极重要
输沙模数/（t/km²·a）	<2500	2500～5000	5000～10000	>10000
分级赋值	1	3	5	7
分级标准（SS）	<2	2～4	4～6	>6

利用 ArcGIS 软件，数字化陕西输沙模数图，按照表 6-7 分级标准进行分级，得到陕西拦沙减沙重要性分布图（附图 19）。

7. 农田防护重要性评价

水土保持的农田防护功能主要体现在水土保持设施在农业生产区保护农田，改善农田小气候，减轻风、沙、水、旱等自然灾害的作用。因此，受自然灾害影响的粮食主产区是农田防护功能的重要体现区域，可选取评价区域的自然灾害风险等级和土地垦殖率作为重要性评价的指标。在刘引鸽和李团胜（2005）及王雁林等（2011）的研究方法基础上，对陕西各县（市、区）土地垦殖率的数据，采用 SPSS 聚类分析和专家咨询相结合的方法，计算出土地垦殖率对农田防护功能重要性等级的节点，将所得指标进行分级、赋值，具体见表 6-8。

表 6-8　农田防护重要性评价指标和分级标准表

指标	重要性等级			
	一般重要	比较重要	重要	极重要
区域自然灾害风险等级	低	中	高	极高
土地垦殖率	<0.1	0.1～0.3	0.3～0.5	>0.5
分级赋值	1	3	5	7
分级标准（SS）	<2	2～4	4～6	>6

利用 ArcGIS 软件，数字化陕西自然灾害风险等级图。根据 2010 年陕西各县耕地面积，计算出各县的土地垦殖率，并按照表 6-8 分级标准，计算农田防护重要性综合指数，得到陕西农田防护重要性分布图（附图 20）。

8. 水质维护重要性评价

水土保持的水质维护功能重要性评价主要体现在耕地产生的水土流失对重要水源地及河流上中下游和湖泊造成的面源污染的后果与严重程度。因此，可选取评价区域水体所处的河流及水源等级作为评价指标之一，同时考虑耕地水土流失产生的水质污染主要来源于土壤中化肥对水体富营养化的影响，也可用区域单位面积农用化肥施用量的比例作为衡量水质维护功能重要性的评价指标。在借鉴《生态功能区划暂行规程》研究方法的基础上，对陕西各县（市、区）的农用化肥施用量数据，采用 SPSS 聚类分析和专家咨询相结合的方法，计算出单位面积农用化肥施用量对水质维护功能重要性等级的节点，将所得指标进行分级、赋值，具体见表 6-9。

表 6-9　水质维护重要性评价指标和分级标准表

指标	重要性等级			
	一般重要	比较重要	重要	极重要
河流及水源等级	其他地区	4~5 级河流水源地、一般湖泊湿地	3 级河流及小城市水源地	国家重点饮用水水源地、1~2 级河流及大中城市主要水源地
单位面积农用化肥施用量 / (kg/hm²)	<52	52~184	184~325	>325
分级赋值	1	3	5	7
分级标准（SS）	<2	2~4	4~6	>6

以陕西水系矢量图为数据基础，利用 ArcGIS 软件，确定不同等级河流的流域范围，生成陕西流域分布图。结合陕西主要包括的城市水源地、水源地保护区和水库等基础数据资料，生成各级别水源地矢量图。根据 2010 年陕西各县化肥使用情况，计算出各县的单位面积农用化肥施用量，按照表 6-9 的分级标准，得出水质维护重要性分布图（附图 21）。

9. 防灾减灾重要性评价

防灾减灾功能主要体现在防治山洪、泥石流、滑坡等地质灾害的发生，防灾减灾的重要性主要体现在区域地质灾害发生的可能性和灾害发生的危险性，根据地质灾害危险性评估技术要求，将区域地质灾害易发程度及地质灾害危害程度（用地质灾害影响区人口密度表示）作为防灾减灾功能评价指标。评价指标及分级标准见表 6-10。

表 6-10　防灾减灾重要性评价指标和分级标准表

指标	重要性等级			
	一般重要	比较重要	重要	极重要
地质灾害易发程度	山洪、泥石流、滑坡不易发区	山洪、泥石流、滑坡低易发区	山洪、泥石流、滑坡中易发区	山洪、泥石流、滑坡高易发区
地质灾害危害程度	危害小[人口密度（人/km²）≤50]	危害中等[50<人口密度（人/km²）≤150]	危害较大[150<人口密度（人/km²）≤350]	危害极大[人口密度（人/km²）>350]
分级赋值	1	3	5	7
分级标准（SS）	<2	2~4	4~6	>6

利用 ArcGIS 软件，数字化陕西地质灾害易发等级图，并与人口密度分级图进行叠加分析，并按照表 6-10 分级标准，计算防灾减灾重要性综合指数，得到陕西防灾减灾重要性分布图（附图 22）。

10. 人居环境维护重要性评价

水土保持的人居环境维护功能主要是评价区域水土保持设施发挥的维护城市和经济发达区域居住环境作用的重要性。城市的发展水平和居民生活质量是人居环境维护的重要体现。因此，可选取评价区域环境和居民生活质量、人口密度和居民收入等级作为重要性评价的指标，其中区域环境和居民生活质量用生态环境状况指数来表示。参照曾祥旭（2007）、葛美玲（2009）等的研究方法，将所得指标进行分级、赋值，具体见表 6-11。

表 6-11　人居环境维护重要性评价指标和分级标准表

指标	重要性等级			
	一般重要	比较重要	重要	极重要
生态环境状况指数	优 （EI>75）	良 （55≤EI≤75）	一般 （35≤EI<55）	差 （EI<35）
人口密度/（人/km^2）	<200	200～500	500～1000	>1000
居民收入/元	<6000	6000～15000	15000～30000	>30000
分级赋值	1	3	5	7
分级标准（SS）	<2	2～4	4～6	>6

注：居民收入等级是根据城镇人口年可支配收入划分的（参照国家统计局 2010 年城镇居民收入等级）。

参照陕西省环境监测中心编制的《陕西省 2010 年生态环境状况评价报告》，得到陕西各县的生态环境综合评价指数。以 2010 年陕西省统计年鉴为数据基础，应用计算机和地理信息系统对城市等级和收入等级进行计算，并按照表 6-11 分级标准进行分级，得到陕西人居环境维护重要性分布图（附图 23）。

6.3.4.4　水土保持功能区划

利用 ArcGIS 中的空间分析叠加功能，将陕西上述 10 个功能区重要性评价分布图进行叠加，选取极重要性综合指数区域，将相似单元的地域单元归类，得到陕西水土保持功能区划图（附图 24），即水土保持主导功能区划图。

6.3.5　基于水土保持功能定位的案例分析

本书以拟定的西北黄土高原区下的二级区——甘宁青黄土丘陵沟壑区为例，采用层次分析法对该二级区内的水土保持功能进行评价，然后按照评价结果进行排序，取前 1～2 名为主导功能，从而最终明确该三级区的水土保持主导功能。

6.3.5.1　建立层次结构模型

根据水土保持功能的性质，结合研究区的实际情况和数据分析，选取水源涵养、土壤保持、蓄水保水、防风固沙、生态维护、防灾减灾、农田保护、水质维护和拦沙减沙等 9 项水土保持功能进行评价。

本次评价体系由三层构成，从顶层至底层分别为目标层（A 层）、准则层（B 层）和要素指标层（C 层）。A 层是系统的总目标，即水土保持功能评价。B 层是准则层，由水源涵养、土壤保持、蓄水保水等 9 项基础功能构成。C 层是要素指标层，由人口密度、林草植被覆盖率、耕垦指数、降水量、地面起伏度等 23 项指标构成（图 6-3）。

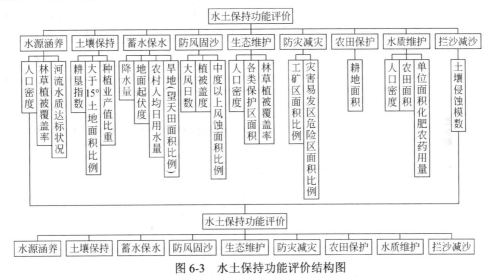

图 6-3　水土保持功能评价结构图

6.3.5.2　评价步骤

1）构造成对比较矩阵

准则层对目标层的判断矩阵 $A=(a_{ij})_{n \times n}$，指标层 C 对准则层 B 的判断矩阵 $B=(b_{ij})_{n \times n}$，其中，a_{ij}、b_{ij} 取值根据 Saaty 的 1～9 标度法给出，见表 6-12。

表 6-12　标度表

标度	含义
1	表示两个因素相比，具有相同重要性
3	表示两个因素相比，前者比后者稍重要
5	表示两个因素相比，前者比后者明显重要
7	表示两个因素相比，前者比后者强烈重要
9	表示两个因素相比，前者比后者极端重要
2，4，6，8	表示上述相邻判断的中间值
倒数	因素 i 与因素 j 的重要性之比为 a_{ij}，那么，因素 j 与因素 i 重要性之比为 $a_{ji}=1/a_{ij}$

2）准则层对目标层的判别矩阵

甘宁青黄土丘陵沟壑区地处我国西北黄土高原地区，对水土资源的保护极其重视。现以水土保持 9 个基本功能作为准则层，以该地区水土保持功能综合评价为目标层，得到准则层对目标层的权重矩阵，见表 6-13。

表 6-13 准则层对目标层的判别矩阵

A	B1	B2	B3	B4	B5	B6	B7	B8	B9
B1	1	2	1/2	1/3	3	3	4	3	1/2
B2	1/2	1	1/2	1/3	3	3	3	2	1/2
B3	2	2	1	2	3	3	2	3	2
B4	3	3	1/2	1	3	3	3	3	2
B5	1/3	1/3	1/3	1/3	1	2	3	1/3	1/3
B6	1/3	1/3	1/3	1/3	1/2	1	2	1/3	1/4
B7	1/4	1/3	1/2	1/3	1/3	1/2	1	1/2	1/3
B8	1/3	1/2	1/3	1/3	3	3	2	1	1/3
B9	2	2	1/2	1/2	3	4	3	3	1

经计算得到准则层对目标层的矩阵 A 的最大特征值 Lamda=9.7939，得到甘宁青黄土丘陵沟壑区水土保持基本功能对目标层的权重值，见表 6-14。经一致性检验 CR=0.0684<0.1，认为判别矩阵 A 一致性检验合格，不需对矩阵进行调整。

表 6-14 甘宁青黄土丘陵沟壑区水土保持基本功能对目标层的权值表

功能	水源涵养	土壤保持	蓄水保水	防风固沙	生态维护	防灾减灾	农田保护	水质维护	拦沙减沙
权重 W	0.1291	0.1004	0.2015	0.1986	0.0565	0.0437	0.0412	0.0752	0.1538

由表 6-14 可知，甘宁青黄土丘陵沟壑区水土保持主导基本功能为蓄水保水（0.2015）和防风固沙（0.1986）。

3）指标层对准则层的判别矩阵

甘宁青黄土丘陵沟壑区辅助指标对所属基本功能的判别矩阵见表 6-15。以每个三级区的两个行政县（市）作为具体研究对象，甘宁青黄土丘陵沟壑区内的三级区主要为陇中高原蓄水保土区、甘肃中部黄土丘陵蓄水保土区和黄土高原西缘土壤保持区三个，本例中以甘肃中部黄土丘陵蓄水保土区行政县（市）所给的数据进行计算。

表 6-15 甘宁青黄土丘陵沟壑区辅助指标对所属基本功能的判别矩阵

B1	C1	C2	C3	B2	C4	C5	C6	B4	C11	C12	C13
C1	1	2	3	C4	1	2	1/2	C11	1	2	3
C2	1/2	1	2	C5	1/2	1	1/2	C12	1/2	1	2
C3	1/3	1/2	1	C6	2	2	1	C13	1/3	1/2	1

B3	C7	C8	C9	C10	B5	C1	C2	C14	B6	C15	C16
C7	1	1/2	3	3	C1	1	1/3	1/2	C15	1	1/3
C8	2	1	3	2	C2	3	1	2	C16	3	1
C9	1/3	1/3	1	1/2	C14	2	1/2	1			
C10	1/3	1/2	2	1							

B7	C17	B8	C2	C18	C19	B9	C20
C17	1	C2	1	1/2	1/3	C20	1
		C18	2	1	1/2		
		C19	3	2	1		

　　计算甘宁青黄土丘陵沟壑区辅助指标对所属基本功能的判别矩阵，得到各矩阵最大特征值，以及辅助指标对所属基本功能的权重，见表 6-16。

表 6-16　辅助指标对所属基本功能相关计算表

基本功能	水源涵养	土壤保持	蓄水保水	防风固沙	生态维护	防灾减灾	农田保护	水质维护	拦沙减沙
	0.5396	0.3108	0.3219	0.5396	0.1634	0.2500	1	0.1634	1
W	0.2970	0.1958	0.4091	0.2970	0.5396	0.7500		0.2970	
	0.1634	0.4934	0.1038	0.1634	0.2970			0.5396	
			0.1653						
最大特征值	3.0092	3.0536	4.1431	3.0092	3.0092	2	1	3.0092	1
CI	0.0046	0.0268	0.0477	0.0046	0.0046	0	∞	0.0046	∞
RI	0.58	0.58	0.90	0.58	0.58	0	0	0.58	0
CR	0.0079	0.0462	0.0530	0.0079	0.0079	∞	∞	0.0079	∞

　　由表 6-16 可知，甘宁青黄土丘陵沟壑区水土保持中各个辅助指标对其归属基本功能的影响权重，如影响水源涵养功能的辅助指标依次为人口密度（0.5396）、林草植被覆盖率（0.2970）、河流水质达标状况（0.1634）。对辅助指标与所属基本功能的判别矩阵进行一致性检验，可得所有判别矩阵的 CR 均小于 0.1，认为辅助指标与所属基本功能的判别矩阵一致性检验合格，不需对矩阵进行调整。

　　4）辅助指标对该地区整体评价的影响

　　每个辅助指标对甘宁青黄土丘陵沟壑区水土保持整体评价的影响权重为每个辅助指标对基本功能的权重乘以基本功能与目标层的权重，结果见表 6-17。

表 6-17　各个辅助指标对该地区的整体影响权重

功能	水源涵养	土壤保持	蓄水保水	防风固沙	生态维护	防灾减灾	农田保护	水质维护	拦沙减沙
	0.0610	0.0312	0.0649	0.1072	0.0092	0.0109	0.0412	0.0123	0.01538
W	0.038	0.0197	0.0824	0.0590	0.0305	0.0328		0.0223	
	0.0211	0.0495	0.0209	0.0325	0.0168			0.0406	
			0.0333						

　　由表 6-17 可知，防风固沙功能的大风日数对甘宁青黄土丘陵沟壑区水土保持整体评价的影响最大，权值占 0.1072；其次是蓄水保水功能的地面起伏度，影响权重为 0.0824。

　　5）以甘肃中部黄土丘陵蓄水保土区所给的数据进行分析

　　文中按照指标 C1 到 C20 进行排列，得到甘肃中部黄土丘陵蓄水保土区共 10 个行政县（市）数据，且对每个指标数据进行收集整理，并进行归一化，见表 6-18。

表 6-18　甘肃中部黄土丘陵蓄水保土区归一化后的数据

地名	C1	C2	C3	C4	C5	C6	C7	C8	C9	C10
白银	1	0.858	0.5	0.641	0.386	1	0.724	1	0.806	0.667
皋兰	0.476	0.925	0.75	0.592	0.251	0.924	0.697	0.867	0.694	0.556
古浪	0.543	0.560	0.5	0.885	0.678	0.946	0.730	1	0.903	1
海原	0.468	0.696	0.75	1	0.756	0.935	0.718	0.767	0.887	0.933
景泰	0.295	0.843	0.5	0.562	0.743	0.946	0.758	0.933	0.855	0.844
靖远	0.564	0.8	0.5	0.750	0.785	0.967	0.915	0.767	0.968	0.711
天祝	0.267	1	0.75	0.322	0.771	0.859	1	0.7	1	0.844
同心	0.358	0.673	1	0.963	1	0.978	0.915	0.533	0.919	0.911
永登	0.569	0.845	0.75	0.723	0.818	0.946	0.894	0.733	0.952	0.711
中卫	0.569	0.639	0.5	0.335	0.591	0.967	0.8	0.6	0.629	0.8

地名	C11	C12	C13	C14	C15	C16	C17	C18	C19	C20
白银	1	0.823	0.808	0.882	0.630	0.65	0.315	0.348	0.971	0.85
皋兰	0.778	0.903	1	0.814	1	1	0.220	0.042	1	0.875
古浪	0.889	0.871	0.408	0.904	0.847	0.65	0.665	0.241	1	0.917
海原	0.889	0.55	0.770	0.992	0.791	0.6	0.821	1	0.990	0.883
景泰	0.667	0.806	0.722	0.796	0.245	0.09	0.455	0.015	1	0.875
靖远	0.556	0.968	0.587	0.913	0.716	0.6	0.636	0.042	0.951	0.883
天祝	0.556	0.952	0.193	1	0.561	0.45	0.269	0.109	0.757	0.775
同心	0.667	1	0.855	0.866	0.381	0.315	1	0.086	0.942	0.817
永登	0.778	0.855	0.864	0.874	0.673	0.5	0.634	0.069	0.932	1
中卫	0.667	0.935	0.477	0.997	0.487	0.4	0.226	0.687	1	0.792

　　用进行无量纲化后的数据乘以指标层对该地区基本功能的权重值求和作为综合指标值，结果见表 6-19。

表 6-19　甘肃中部黄土丘陵蓄水保土区功能综合指标计算表

基本功能	水源涵养	土壤保持	蓄水保水	防风固沙	生态维护	防灾减灾	农田保护	水质维护	拦沙减沙
综合指标	6.1737	6.8135	8.0686	7.7777	7.7567	2.2381	5.2415	3.5428	8.6167

6.3.5.3　评价结果

　　根据本次评价得出的综合指标值的分布情况，结合水土保持专家的意见和建议，制定甘肃中部黄土丘陵沟壑区水土保持功能综合评价等级标准，将分值 0～6 分为一般重要区，6～7 分为中等重要区，7～8 分为重要区，8～10 分为极重要区（表 6-20）。

表 6-20　水土保持功能综合评价等级标准

级别	极重要区	重要区	中等重要区	一般重要区
范围	$X \geqslant 8.0$	$8.0 > X \geqslant 7.0$	$7.0 > X \geqslant 6.0$	$X < 6.0$

　　依据综合指标值的大小排序和水土保持功能综合评价等级标准，确定甘肃中部黄土丘陵区的水土保持主导功能为拦沙减沙（8.6167）和蓄水保水（8.0686）。

第7章 水土保持区划成果表述研究

水土保持区划成果表述应按等级系统从最大等级区到最小等级区。全国水土保持区划作为全国规划的指导性文件，不仅要在宏观上明确不同区域水土保持发展的战略方向、生产发展方向和防治途径，还要明确不同区域水土流失防治模式和措施配置，便于项目布局。

一级区，体现影响水土流失自然条件（地势-构造和水热条件）的相对一致性，反映大尺度的地貌分布格局，用于确定不同区域水土流失防治方略。

二级区，重点体现水土流失类型和强度的空间分布特点，反映影响水土流失下垫面条件及水土流失严重程度的相对一致性，用于确定不同区域水土流失防治方向和治理途径，明确区域布局。

三级区，体现水土流失治理需求的一致性，反映水土保持功能特征，用于明确不同区域水土流失防治模式和措施体系。

7.1 水土保持区划的命名和编码研究

7.1.1 相关区划的命名和编码分析

7.1.1.1 生态区划

生态区单元命名是生态区划中的重要环节。它是不同生态区单元等级性的具体体现与标识。我国生态区单元划分为 3 个等级，即一级生态大区（domain）、二级生态地区（ecoregion）和三级生态区（ecodistrict）。而各等级区中生态区单元的命名主要遵循以下原则：①要准确体现各个区域的主要特点；②要标明其所处的地理空间位置；③要标明其生态系统类型；④同一级别生态区的名称应相互对应；⑤要反映人类活动对生态环境的影响；⑥文字上要简明扼要，易于被大家接受。因此，对各级生态区进行命名采用以下方式：

生态大区名称由"地名+气候特征+生态大区"构成；

生态地区名称由"地名+（气候类型）+生态地区"构成；

生态区名称由"地名+气候类型+植被类型+生态区"构成。

例如，

A 东北部湿润半湿润生态大区

 Ⅰ 东北生态地区

 Ⅰ01 大兴安岭北部寒温带针叶林生态区

　　Ⅰ02　小兴安岭中温带针叶-落叶阔叶混交林生态区
　　Ⅰ03　三江平原温带农业生态区
　　Ⅰ04　松辽平原温带农业生态区
　　Ⅰ05　长白山温带红松阔叶混交林生态区
　　Ⅰ06　大兴安岭南部温带针叶林生态区
　　Ⅱ华北平原生态地区
　　Ⅱ01　燕山温带落叶阔叶林生态区
　　Ⅱ02　海河平原暖温带农业生态区
　　Ⅱ03　鲁东温带落叶阔叶林生态区
　　Ⅱ04　鲁中南温带落叶阔叶林生态区
　　Ⅱ05　黄淮平原暖温带农业生态区

7.1.1.2　生态功能区划

　　依据三级分区分别命名，每一生态功能区的命名由三部分组成。

　　（1）一级区命名要体现出分区的气候和地貌特征，由地名+特征+生态区构成。

　　气候特征包括湿润、半湿润、干旱、半干旱、寒温带、温带、暖温带、（南、中、北）亚热带、热带等，地貌特征包括平原、山地、丘陵、河谷等。命名中择其重要或典型者用之。

　　（2）二级区命名要体现出分区的生态系统与生态服务功能的典型类型，由地名+类型+生态亚区构成。

　　生态系统类型包括森林、草地、湿地、荒漠、农田等。命名中择其重要或典型者用之。

　　（3）三级区命名要体现出分区的生态服务功能重要性、生态环境敏感性的特点，由地名+生态服务功能特点（或生态环境敏感性特征）+生态功能区构成。

　　生态服务功能特点包括荒漠化控制、生物多样性保护、水源涵养、水文调蓄、土壤保持等。生态环境敏感性特征包括土壤侵蚀、沙漠化、石漠化、盐渍化、酸雨敏感性等，命名中择其重要或典型者用之。

7.1.1.3　水生态区划

　　根据我国气候干湿特征及阶梯地貌，从宏观层面上将全国分为 6 个一级水生态区，采用"地理区位"+"气候带"的命名原则，即东部温带区、中部温带区、西北温带区、东部亚热带区、中部亚热带区、西南高原气候区，其编号分别为Ⅰ、Ⅱ、Ⅲ、Ⅳ、Ⅴ、Ⅵ。

　　二级水生态区的命名要做到既能够反映区域的生态特征，又符合习惯地理称谓，采用"气候带类型"+"地理区域"+"地形地貌"的命名原则。可根据实际灵活运用，重点突出能够体现分区生态意义的组分。二级水生态区代码由 3 位字符组成，自左到右，第 1 位罗马数字（Ⅰ、Ⅱ、Ⅲ、Ⅳ、Ⅴ、Ⅵ）代表一级区代码，第 2、3 两位阿拉伯数字代表二级区代码，如中温带三江平原区代码为"Ⅰ-01"。

　　三级水生态区的命名原则为："所在一、二级流域分区"+"流域区间"+"地形条件"+"主导水生态功能类型"。三级区的命名要尽量体现规范性、准确性、协调性，同时又符合习惯称谓。三级水生态区代码由 5 位字符组成,自左到右,第 1 位罗马数字(Ⅰ、Ⅱ、Ⅲ、Ⅳ、Ⅴ、Ⅵ)代表一级区代码,第 2、3 两位阿拉伯数字代表二级区代码,第 4、5 两位阿拉伯数字是三级区代码,如淮河中游王蚌区间平原洪水调节区的代码为"Ⅰ-07-03"。

7.1.1.4　林业区划

各级分区命名应与划区的主导因子相适应。

全国林业区划的命名如下。

(1)一级区命名遵循的原则是:①标明其所处的地理空间位置;②标明森林(植被)生态系统类型;③体现林业发展方向。

例如,Ⅰ大兴安岭寒温带针叶林限制开发区。

(2)二级区命名遵循的原则是:①标明地理位置;②体现区域特征;③体现一级林种或主体治理方向。以所在地区范围内的"地理位置或具体地域名称"+"地貌"+"具体林种"命名。

例如,Ⅰ.01 大兴安岭西北部特用林区。

(3)三级区命名:"地名(地理位置)"+"区划的主要特征"+"主导布局(类型包括二级林种或特殊区域或代表产业或治理措施)"。序号:一级区用罗马数字编号,二级、三级用阿拉伯数字,如,

Ⅰ.01-01,Ⅰ.01-02,…,Ⅱ.01-01,Ⅱ.01-02,…,以省为单位,在二级区内统一排序。跨省的,各省先独立排序,最后在二级区内统一排序。

例如,Ⅰ.01-01 大兴安岭西北部国防水土保持林区。

7.1.2　水土保持区划命名

全国水土保持区划分区命名主要遵循两条基本原则:主要特征原则和分级命名原则。

主要特征原则是指无论是高级区还是低级区,在分区命名时都应体现出这一级区的主要自然特征。例如,中国自然区划的一级区突出反映出东部季风区、西北干旱区、青藏高寒区的地域组合特征;二级区主要体现了每一个自然区的地貌特征。

分级命名原则是指不同级区考虑不同的自然特征及采取不同的命名方式,以明确区分不同级区的名称。例如,中国农业气候区划一级区以大气候类型为分区特征,并命名为农业气候大区;二级区以热量条件为特征,命名为气候带;三级区以中地貌类型或地理位置为特征,命名为气候区。《中国自然区划》在分析了我国自然综合体的地域分异规律,制订了分区原则和指标体系之后,根据"地理位置-大气候类型""热量类型""地理位置+地貌类型"的命名方式分作三级区命名,并对各级自然区域自然综合体的表现特点给予了详尽的描述。

水土保持区划分区命名过程中,应特别注意一点,高级区第一段地域位置一定要大于低级区的第一段地域位置,即低级区的地域应包含于上一级区的地域之中。如果不同级区名称第二段是同类自然特征,如地貌,则高级区的自然特征应大于低级区自然特征,即高

级区用大地貌或中地貌类型,而低级区用中地貌或小地貌类型,并且每一级区表征分区等级的名称也应尽量不同。通过上述方法,来区分不同级区在分区体系中概念的大小和所处的等级位置。鉴于此,全国水土保持区划三级分区具体命名规则如下。

一级区采用"大尺度区位或自然地理单元"+"优势地面组成物质或岩性(大尺度区位或自然地理单元+地貌类型组合)"的方式命名。例如,东北黑土区(东北山地丘陵区)、北方土石山区(北方山地丘陵区)、西北黄土高原区、北方风沙区(新甘蒙高原盆地区)、南方红壤区(南方山地丘陵区)、西南岩溶区(云贵高原区)、西南紫色土区(四川盆地及周围山地丘陵区)、青藏高原区。

二级区采用"区域地理位置(区位、特征地理单元名称)"+"优势地貌类型"的方式命名,如长白山山地丘陵区、甘宁青黄土丘陵区。

三级区采用"地理位置"+"地貌类型"+"水土保持主导功能"的方式命名。水土保持主导功能包括:水源涵养、土壤保持(保土)、蓄水保水(蓄水)、防风固沙(防沙)、生态维护、农田防护、水质维护、防灾减灾(减灾)、拦沙减沙(拦沙)、人居环境维护,如鲁中南山地土壤保持区、大兴安岭山地水源涵养区、晋陕蒙黄土丘陵保土拦沙区。

7.2　水土保持区划编码

7.2.1　编码原则

(1)科学性。依据现行国家标准及行业标准,按照建立现代化水资源信息管理系统的要求,对分区进行科学编码,形成编码体系。

(2)唯一性。水土保持区划及其对应代码,可保证水土保持区划信息存储、交换的一致性、唯一性。

(3)完整性和可扩展性。分区代码既反映各分区的属性,又反映分区间的相互关系,具有完整性。编码结构留有扩展余地,适宜延伸。

7.2.2　编码依据

行政区划代码依据《中华人民共和国行政区划代码》(GB/T 2260-2002);其他分区代码依据《信息分类编码的基本原则和方法》(GB/T 7027-1986)。

7.2.3　分区编码

一级区采用罗马数字;
二级区采用罗马数字-阿拉伯数字;

三级区采用罗马数字-阿拉伯数字-阿拉伯数字和主导功能符号,主导功能符号为水源涵养（h）、土壤保持（t）、蓄水保水（x）、防风固沙（+）、生态维护（w）、农田防护（n）、水质维护（s）、防灾减灾（z）、拦沙减沙（j）、人居环境维护（r）、如Ⅱ-1-10tx。

7.2.4　编码顺序

水土保持区划按照由北向南由东往西方向编序。

7.2.5　代码延拓

如果在工作中需要划分县以下行政区划,可按照《县以下行政区划代码编制规则》（GB 10114-88）的要求对行政区划代码进行延拓，根据其分类原则和编码方法制定相应代码并对分区代码进行延拓。

7.3　水土保持区划分区描述研究

7.3.1　相关区划（分区）描述特征分析

7.3.1.1　中国畜牧业区划分区描述内容

举例：东北区。

本区位于我国东北边境，包括辽宁、吉林、黑龙江三省。总人口为 10953 万，现有耕地 1667 万 hm^2、草地 1600 万 hm^2，人均耕地 $0.15hm^2$、人均草地 $0.14hm^2$。气候属温带半湿润区，无霜期南部为 180～200d、中部为 120～180d、北部为 60～120d，年降水量为 400～1200mm，由西北向东南递增。

畜牧业生产条件的综合评价：①饲草、饲料资源丰富。②畜种抗寒力强耐粗饲，适合本区的生境条件。③工业、交通发达，易于发展规模化养畜和畜产品的流通。

畜牧业的发展方向和途径。发展方向：充分利用丰富的饲草资源，大力发展抗寒性能好的草食性家畜，适合发展猪禽，积极发展兔、蜂和鹿、貂等经济动物。途径：①加强草原建设，合理开发利用草山草坡。②广开饲料来源，大力推广秸秆的青储、氨化。③加强饲料管理，提高养畜技术水平。④保护、利用经济动物资源。

7.3.1.2　中国农业水利区划分区描述内容

举例：东北山丘平原区。

东北山丘平原区，包括黑龙江、吉林、辽宁 3 个省的全部和内蒙古东部 4 个市（盟）。农业人口为 6470 万人，有耕地 1847 万 hm^2，其中水田 933 万 hm^2，林地 5027 万 hm^2，牧地 1607 万 hm^2。多年平均降水量为 500~700mm，多年平均年径流量为 1633 亿 m^3，地下水开采量为 356 亿 m^3。现有水利设施年供水量 412 亿 m^3，有效灌溉面积为 325 万 hm^2。今后水利发展的主要方向和途径是：林区兴修小型水利，解决病区改水及发展农田和苗圃灌溉；牧区以发展基本供水井为主，解决人畜饮水为重点；有条件的地区兴修小型水利，发展饲草饲料基地和天然草场灌溉；平原地区以防洪治涝为重点，同时开源节流，充分利用地表水，合理开发地下水，发展灌溉；丘陵区以水土保持为重点；工农业用水矛盾突出的地区，要统一调配和合理利用水资源。

7.3.1.3 中国综合农业区划分区描述内容

举例：东北区。

本区包括黑、吉、辽（朝阳地区除外）三省及内蒙古东北部大兴安岭地区共 181 个县（市、旗）。主要特点：①冬季严寒，无霜期由北至南为 80~180d，除了辽南外大部分地区只能一年一熟。②是我国人均粮食产量最多的地区，每个农业人口平均产粮 801kg；是我国玉米、大豆的主产区，玉米和大豆产粮分别占全国的 47.4%和 42.8%；也是我国最大的甜菜、亚麻、向日葵的经济作物产区。③土地辽阔，三江平原、大小兴安岭两侧，也是我国开荒扩耕的重点区，国营农场密集，其耕地占全国国营农场的 1/2。④是我国最大的天然用材林区，森林覆盖率为 30%，森林面积和木材蓄积量占全国的 1/3。⑤充分利用野生动植物资源，发展多种经营。

本区包括 4 个二级区；兴安岭区；松嫩、三江平原农业区；长白山地林农区；辽宁平原丘陵农林区。

7.3.2 水土保持区划分区描述确定

通过研究分析相关区划的分区描述内容，水土保持区划方案各区描述可按照一、二、三级由粗到细，重点逐级分明，以数据图表支撑描述内容。具体可包括以下六个方面。

1）地理区位

各个区的界限（以优势地貌单元为主）、范围（坐标）、面积、行政区划等。

2）各区的自然条件

（1）地形：宏观上说明各区的山地、丘陵、高原、平原、盆地等不同地貌；微观上说明地面坡度组成、沟壑密度等定量指标。

（2）降水：说明各区的年均雨量、汛期雨量、降水的年际分布与季节分布、暴雨情况、干旱缺雨情况，有数据类的表格等。

（3）地面组成物质：说明各区的土类、岩石、沙地的分布；农业土壤的主要物理化学性质等。

（4）植被：说明各区的林地（天然林与人工林）、草地（天然草地与人工草地）分布情况，植被覆盖度，主要树种、草种。

（5）其他农业气象：温度、霜期、风力、霜冻、冰雹等自然灾害。

3) 各区的自然资源

（1）土地资源：各区的农地、林地、草地、荒地等各类土地的总量、人均量、土地质量、生产能力。

（2）水资源：各区的地面水、地下水总量、人均量。

（3）生物资源：各区能提供用材、果品、药用、编织、茶叶、观赏等用途的植物和有开发价值的动物。

（4）光热资源：各区的日照数、辐射热量、≥10℃的积温。

（5）矿藏资源：各区的煤、铁、铜、铝、石油、天然气等矿藏资源的分布、数量和开采情况。

4) 各区的社会经济情况

（1）各区人口、劳力、人均土地、人均农地等。

（2）各区土地利用现状、存在问题。

（3）各区群众生活水平、人均粮食、人均收入、人畜饮水和燃料、饲料、肥料供需情况。

5) 各区水土流失特点

（1）各区水土流失主要方式：沟蚀、面蚀、重力侵蚀、风力侵蚀、侵蚀强度（按侵蚀模数定量指标）、分布情况等。

（2）各区水土流失造成的危害：包括对当地农村生产、群众生活的危害和对下游水库及河道的淤积，造成洪涝灾害等危害。

（3）各区水土流失成因和问题：包括自然因素和人为因素（不合理的土地利用、开发建设不注意保持水土，造成新的流失等）。

（4）水土保持工作状况：包括目前水土保持的状况、各种措施、治理程度、取得的效益、存在问题等。

6) 各区水土保持方略、布局和途径

（1）一级区为水土保持方略。根据各区在全国的地位，如生态功能、粮食主产区等重要地位描述，存在的水土保持及生产发展问题，提出解决的重点和方略。

（2）二级区为水土保持布局。根据各区的水土保持特点和生产发展方向，针对特点具体提出各区农、林、牧、副、渔业、工程等水土保持方案和发展总体布局。

（3）三级区为水土保持方向和途径。各区的防治措施布局，根据各类土地上不同的水土流失方式与特点，以及防治需求，有针对性地提出主要防治措施及其配置特点，并简述其依据。

7.4　成图要求

水土保持区划图专题性很强，根据其本身的特点还应提出一些基本要求。

7.4.1　地理基础地图的选择

水土保持区划图质量的高低与制图时选择的地理基础底图密切相关。地理基础底图对专题内容的表示有以下作用：首先，它具有确定方位的骨架作用。地理基础底图能够提供经纬网格、水文、地貌和其他要素等内容，为正确显示各种专题内容的空间分布，进行合理的图面配置提供科学依据，所以它是转绘专题内容的控制系统。其次，它能阐明专题内容与底图要素的相互联系，再现制图区域地理景观的本来面目，便于理解各种专题内容的分布规律，明确所要表达的目的。

因此，地理基础底图是编制水土保持区划图的先行图件。地理基础底图有两种：一是工作底图，通常选用与所编区划图比例尺相同的地形图；二是出版底图，按照图种和比例尺的要求编制而成，它既要求能阐明专题内容的地理环境，有助于区划图使用，又要求清晰易读、不干扰主题内容，编制方法一般是先在地形图上标绘出所需内容，然后清绘，得到出版底图。

7.4.2　图形的总体设计与布局

首先，明确编制水土保持区划图的目的意义和基本用途，这是进行总体设计的出发点。然后，确定地图的选题内容，制图区域范围和成图比例尺。由于编图的目的与用途的不同，地图的内容详细程度和表示方法就有很大差别。地图比例尺的确定除考虑地图用途外，还要考虑所掌握制图资料的详细程度及图面大小与纸张规格。比例尺一般应为简单的整数比。整个制图区域必须有比成图比例尺大一些的编图资料，或地图上能够表示的行政单元的统计资料。根据预先考虑的大致比例尺，在充分利用幅面的前提下，根据制图范围的大小，确定地图开幅。地图幅面一般分全开、对开、四开、八开等。如果制图区域范围较大，可采取多幅地图拼接。一般大于两全开地图，多采取对开多幅拼接。

7.4.3　布局美化与实用性

水土保持区划图是通过整饰手段来实现的，整饰的对象不仅包括科学内容的外表和它的形式，还包括内容的图解、着色、字体、地理基础，以及其他辅助表达要素，如图廓、标题、符号表、略图、图形、注记等。图件的图例符号系统要严格按照国家颁布的规划规程的要求绘制，做到标准化、规范化，为实现制图自动化奠定基础。

水土保持区划图的目的是，服务于生产实践，指导全国水土保持规划。确定合适的制图比例是重要的组成部分。地图比例尺越大，所表示的内容各要素就越详细，精度也越高。随着比例尺的缩小，地图内容的概括程度就越大，精度也就越低。我国普通地图通常按比例尺分为大、中、小三种，一般 1∶10 万和更大比例尺的地图称为大比例尺普通地图。就全国水土保持区划的特点而言，可以根据需要，采用 1∶400 万、1∶100 万等不同尺度的比例尺。水土保持区划图所表示的内容和指标必须满足水土保持部门的工作要求，体现其实用性。

第8章 研究案例

8.1 西北黄土高原区二级区划

本书选取西北黄土高原区进行水土保持二级区的划分。因为黄土高原地貌类型复杂多样，且水土流失面积大、强度高、类型多，是我国水土流失最严重的地区。长期以来，由于各学科的研究的目的和内容不同，对西北黄土高原空间区域的选择和界线的划分往往不同。本书划分的主要目的是解决水土保持区划技术体系的可行性，为全国水土保持区划提供依据和参考。

8.1.1 区域特征分析

本区位于阴山以南，贺兰山—日月山以东，太行山以西，秦岭以北，总面积约 54 万 km²。涉及山西、内蒙古、陕西、甘肃、青海和宁夏 6 省（自治区）共 279 个县（市、区、旗），主要属于黄河流域。

1. 地势地貌

本区地处我国第二级地势阶梯，地势自西北向东南倾斜。该区土层深厚、沟壑纵横，主要地貌类型有丘陵沟壑、高原沟壑、黄土阶地、冲积平原、土石山地等，六盘山以西地区海拔为 2000～3000m；六盘山以东、吕梁山以西的陇东、陕北、晋西地区海拔为 1000～2000m；吕梁山以东的晋中地区海拔为 500～1000m，由一系列的山岭和盆地构成。该区宏观地貌类型有丘陵、高塬、阶地、平原、沙漠、干旱草原、高地草原、土石山地等，其中山区、丘陵区、高塬区占 2/3 以上。西部主要为黄土高原沟壑区，中部主要为黄土丘陵沟壑区，东南主要为土石山区，北部主要为风沙、干旱草原和高地草原区。银川平原、河套平原、汾渭平原等地形相对平缓。区内海拔 200～3000m，平均海拔约为 1400m。

2. 气候水文

该区属暖温带半湿润区、半干旱区和干旱区，雨量分配不均，暴雨集中，年均降水量为 200～700mm，区内平均降水量约 450mm，东南部自沁河与汾河的分水岭沿渭河干流，到洮河、大夏河，过积石山至吉迈一线以南，年降水量在 600mm 以上，属半湿润气候区；中部广大黄土丘陵沟壑地区，年降水量为 400～600mm，属于半湿润易旱气候区；西北部地区，年降水量为 150～250mm，属半干旱地区。黄土高原地区全年≥10℃的积温为 1300～4500℃，无霜期为 120～250d，干燥指数为 1～3。黄河天然年径流总量为 580 亿 m³，其中年径流量超过 30 亿 m³ 的有渭河、洮河、湟水、伊洛河。黄土高原径流量小，水资源短缺，人均河川地表径流水量（不含过境水）仅相当于全国平均水平的 1/5，耕地亩均径流量不足全国平均水平的 1/8，是全国水资源贫乏的地区。

3. 土壤植被

该区优势地面组成物质以黄土为主，主要土壤类型包括黄绵土、棕壤、褐土、垆土、栗钙土和风沙土等。黄土高原地区大部分为黄土覆盖，平均厚度为 50～100m，是世界上黄土分布最集中、覆盖厚度最大的区域。黄土高原地区分属森林、草原、荒漠三个植被区，其中草原区所占面积最大。全区从东南到西北呈带状变化，依次为森林植被地带、森林草原植被带、典型草原植被地带、荒漠草原植被地带、草原化荒漠地带。森林植被主要为常绿针叶林、落叶针叶林、落叶阔叶林；灌丛植被主要为常绿灌丛和落叶灌丛；草原植被为草甸草原、典型草原、荒漠草原。

4. 经济社会概况

据 2010 年统计，黄土高原地区总人口为 0.93 亿，其中农业人口为 0.62 亿人，占总人口的 67% 以上。国民总产值约为 2 万亿元，农民人均纯收入约 4500 元。人口密度为 172 人/km²，粮食产量为 3625 万 t；本次统计的黄土高原地区耕地面积为 11.23 万 km²，占 20.3%；林地面积为 13.52 万 km²，占 24.4%；草地面积为 14.65 万 km²，占 26.4%；未利用土地面积为 10.23 万 km²，占 18.5%；其他土地面积为 5.78 万 km²，占 10.4%，坡耕地比例很大。黄土高原地区曾长期是我国政治、经济、文化的中心地区，同时，又是我国多民族交汇地带，是比较贫困的地区，也是革命时期的红色根据地。在 2001 年国务院批准的新时期国家扶贫开发重点县中，黄土高原地区占到 100 多个。本区煤炭、电力、石油和天然气等能源工业，铅、锌、铝、铜、钼、钨、金等有色金属冶炼工业，以及稀土工业有较大优势。区域内主要矿产与能源资源在空间分布上具有较好的匹配关系，为区域经济发展创造了良好的条件。特色农林产品有苹果、猕猴桃、梨、枣、中药材、马铃薯等，是我国最大的猕猴桃产区、仅次于黄淮海平原的第二大苹果产区、主要的中药材种植区和马铃薯集中产区。

5. 水土流失状况

西北黄土高原区水土流失以水力侵蚀为主，西北部风沙肆虐，西南部边缘地区有冻融危害，其余大部分地区水蚀剧烈。黄土高原是我国乃至世界上土壤侵蚀最严重的区域，土壤侵蚀模数大于 1000t/（km²·a）的面积达 28.76 万 km²，多年平均侵蚀量为 16 亿。严重的土壤侵蚀使黄土高原水旱灾害频繁，农业生产水平低下，区域经济落后，农村长期处于贫困状态，成为我国西部大开发最突出的生态环境问题。区内共有水土流失面积 45 万 km²，占该区总面积的 83%，年均输入黄河的泥沙达约 15 亿 t。水土流失不仅造成耕地面积不断减少、土地生产力持续破坏，还会淤积河道水库，加剧洪涝、干旱、风沙灾害，造成水质污染，威胁下游饮水安全。

6. 区位特征与防治任务

西北黄土高原区位于黄河上中游地区，是中华文明的发祥地，是世界上面积最大的黄土覆盖地区和黄河泥沙的主要策源地，是阻止内蒙古高原风沙南移的生态屏障，也是我国重要的能源重化工基地。该区水土流失严重，泥沙下泄，影响黄河下游防洪安全；坡耕地多，水资源匮乏，粮食产量低而不稳，贫困人口多；植被稀少，草场退化，部分区域沙化严重；局部地区能源开发导致水土流失加剧。

西北黄土高原区的根本任务是拦沙减沙，保护和恢复植被，保障黄河下游安全；实施小流域综合治理，促进农村经济发展；改善能源重化工基地的生态环境。重点做好淤地坝和粗泥沙集中来源区拦沙工程建设；加强坡耕地改造和雨水集蓄利用，发展特色林果产业；加强现有森林资源的保护，提高水源涵养能力；加强西北部风沙地区植被恢复与草场管理；加强能源重化工基地的植被恢复与土地整治。

8.1.2　指标的选取与数据来源

根据西北黄土高原实际情况，在进行二级区划分时，主要考虑了西北黄土高原自然地理、生态环境和社会经济发展变迁过程中起主要作用的地带性自然生态环境因素，影响水土流失和控制农林牧生产发展方向等的主导因子，如降水量、植被状况、热量、温度等，确定的黄土高原区的县级单元共 279 个，选取主导指标 5 个：平均海拔、林草覆盖率、≥10℃积温、多年平均降水量、强烈以上侵蚀强度的比例，组成 279 个原始数据矩阵。指标的选取与数据来源如表 8-1 所示。

表 8-1　指标选取与数据来源

指标	数据来源
平均海拔	从 30m 的 DEM 中提坡度坡向高程等（国际科学数据镜像网）
多年平均降水量和≥10℃积温	中国气象科学数据共享服务网
林草覆盖率	西部数据中心、统计年鉴和数据上报系统
强烈以上侵蚀强度的比例	2000 年公布的全国土壤侵蚀二次遥感调查的统计数据

8.1.3　数据处理与聚类方法分析

8.1.3.1　聚类分析步骤

1. 聚类要素的数据处理

在区划研究中，被聚类的对象常常是多个要素构成的。不同要素的数据往往具有不同的单位和量纲，因而其数值的差异可能会很大，这就会对分类结果产生影响。因此当分类要素的对象确定之后，在进行聚类分析之前，还要对聚类要素进行数据处理。

假设有 m 个被聚类的对象，每一个被聚类对象都由 x_1, x_2, …, x_n 个要素构成。它们所对应的要素数据可用表 8-2 给出。在聚类分析中，常用的聚类要素的数据处理方法有如下几种。

表 8-2 要素数据表

聚类对象	要素					
	x_1	x_2	⋯	x_j	⋯	x_n
1	x_{11}	x_{12}	⋯	x_{1j}	⋯	x_{1n}
2	x_{21}	x_{22}	⋯	x_{2j}	⋯	x_{2n}
⋮	⋮	⋮		⋮		⋮
i	x_{i1}	x_{i2}	⋯	x_{ij}	⋯	x_{in}
⋮	⋮	⋮		⋮		⋮
m	x_{m1}	x_{m2}	⋯	x_{mj}	⋯	x_{mn}

（1）总和标准化。分别求出各聚类要素所对应的数据总和，以各要素的数据除以该要素数据的总和，即

$$x_{ij} = x_{ij} \Big/ \sum\nolimits_{i=1}^{m} x_{ij} \quad \begin{cases} i = 1, 2, \cdots, m \\ j = 1, 2, \cdots, n \end{cases} \tag{8-1}$$

这种标准化方法所得的新数据 x_{ij} 满足

$$\sum\nolimits_{i=1}^{m} x_{ij} = 1 \quad (j = 1, 2, \cdots, n) \tag{8-2}$$

（2）标准差的标准化，即

$$x_{ij} = \frac{x_{ij} - \bar{x}_j}{s_j} \quad \begin{pmatrix} i = 1, 2, \cdots, m \\ j = 1, 2, \cdots, n \end{pmatrix} \tag{8-3}$$

式中，

$$\bar{x}_j = \frac{1}{m} \sum\nolimits_{i=1}^{m} x_{ij}, \, s_j = \sqrt{\frac{1}{m} \sum\nolimits_{i=1}^{m} (x_{ij} - \bar{x}_j)^2} \tag{8-4}$$

这种标准化方法所得的新数据 x_{ij}，各要素平均值为 0，标准差为 1，即有

$$\bar{x}_j = \frac{1}{m} \sum\nolimits_{i=1}^{m} x_{ij} = 0, \, s_j = \sqrt{\frac{1}{m} \sum\nolimits_{i=1}^{m} (x_{ij} - x_j)^2} = 1 \tag{8-5}$$

（3）极大值标准化，即

$$x_{ij} = \frac{x_{ij}}{\max\{x_{ij}\}} \tag{8-6}$$

经过这种标准化所得的新数据，各要素的极大值为 1，其余各数值小于 1。

（4）极差的标准化，即

$$x_{ij} = \frac{x_{ij} - \min\{x_{ij}\}}{\min_i\{x_{ij}\} - \min\{x_{ij}\}} \qquad \begin{pmatrix} i = 1,2,\cdots,m \\ j = 1,2,\cdots,n \end{pmatrix} \tag{8-7}$$

经过这种标准化所得的新数据，各要素的极大值为 1，极小值为 0，其余的数值均在 0 与 1 之间。

2. 距离的计算

如果把每一个分类对象的 n 个聚类要素看成 n 维空间的 n 个坐标轴，则每一个分类对象的 n 个要素所构成的 n 维数据向量就是 n 维空间中的一个点。这样，各分类对象之间的差异性就可以由它们所对应的 n 维空间中点之间的距离度量。常用的距离有

（1）绝对值距离

$$d_{ij} = \sum_{k=1}^{n} |x_{ik} - x_{jk}| \qquad (i,\ j = 1,\ 2,\ \cdots,\ m) \tag{8-8}$$

（2）欧氏距离

$$d_{ij} = \sqrt{\sum_{k=1}^{n} (x_{ik} - x_{jk})^2} \qquad (i,\ j = 1,\ 2,\ \cdots,\ m) \tag{8-9}$$

（3）明科夫斯基距离

$$d_{ij} = \left[\sum_{k=1}^{n} |x_{ik} - x_{jk}|^p \right]^{\frac{1}{p}} \qquad (i,\ j = 1,\ 2,\ \cdots,\ m) \tag{8-10}$$

式中，$p \geqslant 1$。当 $p=1$ 时，它就是绝对值距离；当 $p=2$ 时，它就是欧氏距离。

（4）切比雪夫距离。当明科夫斯基距离 $p \to \infty$ 时，有

$$d_{ij} = \max|x_{ik} - x_{jk}| \qquad (i,\ j=1,\ 2,\ \cdots,\ m) \tag{8-11}$$

选择不同的距离，聚类结果会有所差异。本次区划研究中，采用了几种距离进行计算、对比，最后选择了一种较为合理的距离进行聚类。最终选择欧氏距离平方。

3. 相似系数的计算

常见的相似系数是夹角余弦和相关系数，其计算公式如下。

（1）夹角余弦

$$r_{ij} = \cos\theta_{ij} = \frac{\sum_{k=1}^{n} (x_{ik} x_{jk})}{\sqrt{\sum_{k=1}^{n} x_{ik}^2} \sqrt{\sum_{k=1}^{n} x_{jk}^2}} \qquad (i,\ j = 1,\ 2,\ \cdots,\ m) \tag{8-12}$$

式中，显然有 $-1 \leqslant \cos\theta_{ij} \leqslant 1$。

（2）相关系数

$$r_{ij} = \frac{\sum_{k=1}^{n} (x_{ik} - \bar{x}_i)(x_{jk} - \bar{x}_j)}{\sqrt{\sum_{k=1}^{n} (x_{ik} - \bar{x}_i)^2} \sqrt{\sum_{k=1}^{n} (x_{jk} - \bar{x}_j)^2}} \qquad (i, j = 1,\ 2,\ \cdots,\ m) \tag{8-13}$$

式中，$\overline{x}_i$ 和 $\overline{x}_j$ 分别为聚类对象 i 和 j 各要素标准化数据的平均值。构建相似系数矩阵。

4. 选择聚类方法进行聚类

聚类结果的好坏取决于该聚类方法采用的相似性比较方法（根据邻域有所区别），系统聚类的相似性（类与类之间的距离）比较方法有许多种，如最短距离法、最长距离法、中间距离法、类平均法、重心法和离差平方和法（Ward's minimumvariance method）等。不同系统聚类方法的统一的递推公式如下

$$D_{kr}^2 = \alpha_p D_{kp}^2 + \alpha_q D_{kq}^2 + \beta D_{pq}^2 + \gamma \mid D_{kp}^2 - D_{kq}^2 \mid \tag{8-14}$$

式中，D 为距离；α_p、α_q、β、γ 为不同方法的系数，其值见表 8-3。表中的 n_p、n_q、n_k、n_r 为 G_p、G_q、G_k、G_r 各类样本数据个数。

表 8-3　聚类分析的参数表

方法名称	参数				D 矩阵要求	空间性质
	α_p	α_q	β	γ		
最短距离法	1/2	1/2	0	−1/2	各种 D	压缩
最长距离法	1/2	1/2	0	1/2	各种 D	扩张
中间距离法	1/2	1/2	$-1/4 \leqslant \beta \leqslant 0$	0	欧氏距离	保持
重心法	n_p/n_r	n_q/n_r	$-\alpha_p \alpha_q$	0	欧氏距离	保持
类平均法	n_p/n_r	n_q/n_r	0	0	各种 D	保持
离差平方和法	$\dfrac{(n_k+n_p)}{(n_k+n_r)}$	$\dfrac{(n_k+n_q)}{(n_k+n_r)}$	$\dfrac{-n_k}{(n_k+n_r)}$	0	欧氏距离	压缩

根据相关研究，离差平方和法和类平均法能较好地表达各样本信息，是类型分区和区划中较好的方法。通过方法比较分析，本书研究中采用的是离差平方和法。

8.1.3.2　数据处理与聚类分析

在 SPSS 软件中，定义变量为这 5 个指标，同时定义 1 个县级单位指标，见表 8-4。

表 8-4　指标选取与定义变量

指标	定义变量	属性
县（市、区、旗）	Y	字符串型
平均海拔	X_1	数值型
多年平均降水量	X_2	数值型
$\geqslant 10℃$积温	X_3	数值型
林草覆盖率	X_4	数值型
强烈以上侵蚀强度的比例	X_5	数值型

根据区划方法，采用标准化变换方法对原始数据矩阵进行标准化处理，输出的统计量如表 8-5 和表 8-6 所示。

表 8-5 描述统计表

项目	平均海拔	林草覆盖率	≥10℃积温	多年平均降水量	强烈以上侵蚀比例
N	279	279	279	279	279
最小值	340	0.24	1120.4	125.9	2.08
最大值	2850	0.87	4995.6	3959	98.78
均值	1148.885	0.546	3228.033	463.857	56.089
标准差	544.881	0.121	759.325	248.126	28.085

表 8-6 聚类单元统计

有效单元		缺失单元		总计	
N	Pereent	N	Percent	N	Percent
279	100.0	0.0	0.0	279	100.0

本书选择的"聚类方法"是离差平方和法，"间距"选择欧氏距离平方，通过聚类分析，输出系统树图（略），选择距离为 16 时，将各单元分为 5 类。根据聚类分析树形图进行划分，在 ArcGIS 软件中落实到图斑上（附图 25），依照分区原则，从实际出发，本着求大同存小异，可将西北黄土高原区划分为 5 个二级区，见表 8-7。

表 8-7 将样本聚为 5 类结果输出表

县（市、区、旗）	分类	县（市、区、旗）	分类	县（市、区、旗）	分类	县（市、区、旗）	分类	县（市、区、旗）	分类
周至县	1	西安市碑林区	2	咸阳市杨凌区	3	兴平市	4	西安市雁塔区	5
户县	1	眉县	2	蓝田县	3	洛南县	4	天水市麦积区	5
西安市长安区	1	西安市莲湖区	2	武功县	3	岐山县	4	麟游县	5
宝鸡市渭滨区	1	西安市新城区	2	高陵县	3	千阳县	4	淳化县	5
宝鸡市金台区	1	西安市未央区	2	永寿县	3	芮城县	4	平陆县	5
咸阳市秦都区	1	西安市灞桥区	2	天水市秦州区	3	陇县	4	灵台县	5
扶风县	1	咸阳市渭城区	2	华阴市	3	富平县	4	临猗县	5
华县	1	乾县	2	武山县	3	临洮县	4	庄浪县	5
西安市临潼区	1	三原县	2	清水县	3	铜川市王益区	4	隆德县	5
潼关县	1	张家川回族自治县	2	永寿县	3	隆德县	4	泾川县	5
宝鸡市陈仓区	1	长武县	2	甘谷县	3	运城市盐湖区	4	合阳县	5
凤翔县	1	太子山天然林保护	2			垣曲县	4	平凉市崆峒区	5
泾阳县	1	宜君县	2	秦安县	3	正宁县	4	隆德县	5
西安市阎良区	1	闻喜县	2	铜川市耀州区	3	临夏市	4	黄陵县	5
礼泉县	1	庆阳市西峰区	2	陇西县	3	彭阳县	4	宁县	5
渭南市临渭区	1	洛川县	2	渭源县	3	同仁县	4	韩城市	5
漳县	1	永靖县	2	铜川市印台区	3	阳城县	4	黄龙县	5
大荔县	1	乡宁县	2	庄浪县	3	泽州县	4	镇原县	5

县（市、区、旗）	分类	县（市、区、旗）	分类	县（市、区、旗）	分类	县（市、区、旗）	分类	县（市、区、旗）	分类
永济市	1	皋兰县	2	通渭县	3	曲沃县	4	彭阳县	5
蒲城县	1	延长县	2	和政县	3	翼城县	4	化隆回族自治县	5
彬县	1	乐都县	2	广河县	3	庆城县	4	富县	5
华亭县	1	延安市宝塔区	2	临夏县	3	延长县	4	吉县	5
崇信县	1	延川县	2	晋城市城区	3	白银市平川区	4	合水县	5
康乐县	1	志丹县	2	临夏回族自治州东	3	交口县	4	甘泉县	5
夏县	1	安塞县	2	临洮县	3	同心县	4	大宁县	5
白水县	1	吴起县	2	定西市安定区	3	中卫市沙坡头区	4	蒲县	5
澄城县	1	孝义市	2	兰州市七里河区	3	文水县	4	汾西县	5
旬邑县	1	子长县	2	兰州市安宁区	3	吴堡县	4	石楼县	5
万荣县	1	中阳县	2	西吉县	3	定边县	4	清涧县	5
静宁县	1	吴忠市红寺堡开发	2	民和回族土族自治	3	盐池县	4	平遥县	5
泾源县	1	中宁县	2	榆中县	3	方山县	4	景泰县	5
绛县	1	柳林县	2	贵德县	3	横山县	4	绥德县	5
侯马市	1	吕梁市离石区	2	民和回族土族自治	3	佳县	4	门源回族自治县	5
积石山保安族东乡族自治县	1	子洲县	2	临汾市尧都区	3	鄂托克前旗	4	青铜峡市	5
河津市	1	太原市晋源区	2	固原市原州区	3	静乐县	4	娄烦县	5
循化撒拉族自治县	1	交城县	2	平安县	3	贺兰县	4	平罗县	5
稷山县	1	靖边县	2	西宁市城中区	3	乌海市海南区	4	石嘴山市大武口区	5
新绛县	1	太原市迎泽区	2	西宁市城西区	3	乌海市乌达区	4	石嘴山市惠农区	5
兰州市城关区	1	太原市万柏林区	2	西宁市城东区	3	鄂托克旗	4	神池县	5
尖扎县	1	米脂县	2	白银市白银区	3	包头市东河区	4	偏关县	5
襄汾县	1	太原市杏花岭区	2	西宁市城北区	3	托克托县	4	清水河县	5
高平市	1	太原市尖草坪区	2	华池县	3	包头市九原区	4		
兰州市西固区	1	灵武市	2	霍州市	3	杭锦旗	4		
浮山县	1	古交市	2	海原县	3	磴口县	4		
沁水县	1	永宁县	2	永登县	3	土默特右旗	4		
会宁县	1	银川市兴庆区	2	隰县	3	呼和浩特市玉泉区	4		
共和县	1	阳曲县	2	互助土族自治县	3	包头市石拐区	4		
兰州市红古区	1	银川市西夏区	2	介休市	3	凉城县	4		

县（市、区、旗）	分类	县（市、区、旗）	分类	县（市、区、旗）	分类	县（市、区、旗）	分类	县（市、区、旗）	分类
延长县	1	岚县	2	大通回族土族自治县	3	土默特左旗	4		
宜川县	1	榆林市榆阳区	2	吴忠市利通区	3	呼和浩特市回民区	4		
安泽县	1	保德县	2	临县	3	杭锦后旗	4		
洪洞县	1	五寨县	2	银川市金凤区	3	巴彦淖尔市临河区	4		
古县	1	乌审旗	2	伊金霍洛旗	3	乌拉特前旗	4		
湟源县	1	神木县	2	五原县	3	卓资县	4		
永和县	1	河曲县	2	武川县	3	固阳县	4		
湟中县	1	府谷县	2	靖远县	3				
环县	1	乌海市海勃湾区	2						
灵石县	1	鄂尔多斯市东胜区	2						
汾阳市	1	准格尔旗	2						
祁县	1	包头市青山区	2						
太谷县	1	包头市昆都仑区	2						
清徐县	1	和林格尔县	2						
太原市小店区	1	呼和浩特市赛罕区	2						
晋中市榆次区	1	呼和浩特市新城区	2						
兴县	1								
岢岚县	1								
达拉特旗	1								

8.1.4 西北黄土高原区二级区初步分区方案

由于初步聚类分析形成的方案较为复杂，遵循区划原则，参考已有的黄土高原区划成果（黄秉维，1955；张青峰，2008）等，结合国家水土流失类型分区、西北黄土高原水土流失重点防治区划分等，同时，对照中国地貌区划、中国植被区划、中国农业区划等图件，重点结合区域的实际情况和发展需求，通过专家判别和实地调查，对边界方案进一步进行分区调整和归并，并根据确定的"区域地理位置（区位、特征地理名称）+优势地貌类型"和"罗马数字-英文字母"命名编码方式,得出西北黄土高原区的水土保持区二级区初步分区方案，结果见表 8-8 和附图 26。

表 8-8　西北黄土高原水土保持区划二级区方案

二级区编码及名称	区域范围和基本概况
IV-A 宁蒙覆沙黄土丘陵区	本区位于阴山以南、贺兰山以东、六盘山以北，达拉特旗—榆林—靖边—吴旗一线以西，包括河套、银川中卫平原、毛乌素沙地、库布齐沙漠、河东沙地和宁夏中部地区，总面积约 13.9 万 km²，涉及内蒙古、宁夏的 10 市（盟）的 45 个县（市、区）。该区除山地、河套平原外，还有大面积风沙地貌，间有滩地，海拔为 1000~2000m，平均海拔为 1300m；涉及的主要河流为黄河干流。气候属于温带半干旱区，多年平均气温为 5.3℃，≥10℃积温为 2000~3000℃，降水量为 150~350mm。土壤类型主要有风沙土、棕钙土、灰钙土、栗钙土和潮土等。植被类型以温带落叶灌丛、半灌木荒漠植被为主。水土流失以风蚀为主
IV-B 晋陕蒙丘陵沟壑区	本区位于包头—呼和浩特一线以南，毛乌素沙地以东，崤山—白于山一线以北，吕梁山及其以西，总面积为 12.7 万 km²，包括山西、内蒙古、陕西的 11 个市（地区、盟）的 46 个县（市、区）。地貌以山地、黄土梁峁沟谷和涧地为主，吕梁山地区为中低山山地，其余大部分地区为黄土梁峁丘陵，海拔为 1000~1500m，平均海拔为 1300m；涉及的主要河流有黄河的支流三川河、昕水河、汾河、延河、无定河等。属于暖温带半干旱区，区内多年平均气温为 6.3℃，≥10℃积温为 2800~3500℃，年降水量为 350~500mm。土壤类型以黄绵土、栗褐土、褐土、棕壤和风沙土为主。植被类型主要为温带落叶阔叶林和温带草原。水土流失严重，以中度-强烈水蚀为主，西部、西北部兼有风蚀
IV-C 汾渭及晋城丘陵阶地区	本区包括太原以南，宝鸡以东的关中盆地，晋中和晋南盆地，晋城盆地及其周边地区，总面积约 8.5 万 km²，包括山西和陕西的 10 市（区）的 87 个县（市、区）。该区以河流阶地、盆地及其周边的台塬和丘陵为主，地势平缓，海拔为 400~1000m，平均海拔为 700m；涉及的主要河流有汾河、沁河、渭河和黄河干流等。属于暖温带半湿润区，区内多年平均气温为 10.3℃，≥10℃积温为 2600~4300℃，年降水量为 500~700mm。土壤类型以褐土、黄绵土为主。主要植被类型为温带落叶阔叶林。水土流失以微-中度水蚀为主
IV-D 甘陕晋高塬沟壑区	本区位于崤山—白于山一线以南，汾河以西，六盘山以东，关中盆地以北地区，总面积约 5.6 万 km²，包括山西、陕西和甘肃的 7 市（地区）的 36 个县（市、区）。该区黄土台塬、残塬和梁峁广布，塬面平坦，沟壑深切，黄土覆盖较厚，海拔为 1000~2000m，平均海拔为 1200m；涉及的主要河流有洛河、泾河等。属于中温带半湿润区，区内多年平均气温为 8.4℃，≥10℃积温为 2501.4~4626℃，年降水量为 460~667mm。土壤类型以黄绵土、黑垆土和褐土为主。植被类型主要为温带落叶阔叶林。水土流失以中度-强烈侵蚀为主
IV-E 甘宁青山地丘陵沟壑区	本区位于日月山以东，乌鞘岭以南，六盘山及其以西，秦岭以北，总面积约 14.8 万 km²，包括甘肃、青海和宁夏的 14 市（区、自治州）的 66 个县（市、区）。该区东部以梁状丘陵为主，地形复杂，地面坡度较缓，且有丘间小盆地，西部以中高山山地为主，地势陡峻，海拔为 1500~3000m，平均海拔为 2300m；涉及的河流主要有湟水、洮河和黄河干流段等。属于温带半干旱季风区，区内多年平均气温为 4.6℃，≥10℃积温为 1000~3000℃，年降水量为 250~550mm。土壤类型为栗钙土、黑钙土和黑毡土为主。植被类型以温带草原为主，局部地区分布有森林。土壤侵蚀为中度-强烈水力侵蚀为主，北部地区兼有风蚀

8.2 西北黄土高原区三级区划

水土保持区划三级区作为基本功能区，主要用于反映区域土地利用、经济社会和水土流失防治需求的区内相对一致性和区间最大差异性。与水土保持基础功能相结合，通过水土保持主导功能定位，确定三级区水土流失防治技术体系，与防治目标相结合，实践性强。本节以西北黄土高原区进行实例研究，探讨三级区划分指标体系、区划方法等技术的可行性，旨在为全国水土保持区划三级区划分提供技术思路和参考。

8.2.1 三级区分区依据与指标体系

综合研究国内外已有的相关区划成果，在一级区的框架之下和水土保持区划二级区划分探索的基础上，水土保持区划三级区划分应依据区域内特征优势地貌和次要地貌类型保持区内土壤类型和水热条件的基本一致。三级区应与区域土地利用、社会和经济相结合，保持区内社会经济发展方向及土地利用结构的相对一致性。重点考虑区内土壤侵蚀类型、强度和程度的基本一致性。参考我国土壤区划、植被区划和综合农业区划等成果，水土保持区划三级区划分从全国尺度来看，属于中小尺度区划。中小尺度水土保持区划影响因素包括自然、生态、社会和经济等多个方面，对水土保持影响因子的分析与评价，实质上就是一个多因素、多指标综合作用的系统评价分析。水土保持三级区划是在二级区划下的基础上进一步划分，重点突出自然生态与社会经济的结合，把握区域自然环境特点、社会经济发展需求和水土保持发展方向。三级区水土保持区划指标体系综合了自然地理、土地利用、水土流失和社会经济四大因素指标，把水土流失防治与区域生态环境建设和区域社会经济发展相结合，充分体现了水土保持发展方向的实际需求和客观存在。因此，三级区划分以地貌特征指标（如海拔、相对高差、特征地貌等）、社会经济发展状况特征指标（如人口密度、人均纯收入等）、土地利用特征指标（如耕垦指数、林草覆盖率等）、土壤侵蚀强度、水土流失防治需求和特点（如坡耕地治理、小流域综合治理、崩岗治理、石漠化防治等）为主要分区指标；水热指标（≥10℃积温、多年平均降水量）等作为辅助指标。

8.2.2 三级区分区模型选择与步骤

水土保持区划三级区划分属于中小尺度区划，适合采用自下而上，以定量为主，定性与定量结合分析的区划途径。根据三级区划分原则和指标体系选择区划模型方法，针对划分三级区的自然地理、土地利用、水土流失和社会经济四大因素指标，以及指标变量大、关系复杂的问题，本书在三级区划分中采用了主成分分析与系统聚类相结合的区划方法，并以西北黄土高原区作为实例进行研究。

具体区划步骤为：首先按区划单元收集数据，运用统计分析软件（SPSS）对各项指标进行数据标准化和主成分分析，通过主成分分析定量评价各主成分得分，并根据各主成分的贡献率给各主成分赋权重，根据权重求得各主成分综合得分，利用综合得分进行系统聚类分析，分别生成各要素的聚类树状图，在对聚类结果进行调整的基础上，采用地理信息系统软件（ArcGIS）对各要素分区图进行叠置分析，最后生成水土保持区划图。技术步骤如图 8-1 所示。

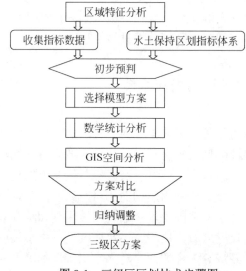

图 8-1　三级区区划技术步骤图

8.2.3　主成分分析和系统聚类进行三级区划分

8.2.3.1　指标体系与区划技术方案

1. 指标体系构建

根据水土保持区划指标体系建立的原则和结构，结合西北黄土高原区的实际情况和数据获取情况，西北黄土高原二级分区主要选取了自然地理 B1、土地利用 B2、水土流失 B3 和社会经济 B4 四个要素，共包括 24 个指标，见表 8-9。

表 8-9　西北黄土高原水土保持区划指标体系

目标层（A）	要素层（B）	指标层（D）
西北黄土高原区水土保持区划指标体系（A）	自然地理要素（B1）	多年平均降水量 D1
		多年平均暴雨日数 D2
		干燥度 D3
		≥10℃积温 D4
		平均海拔 D5

目标层（A）	要素层（B）	指标层（D）
		>15°坡度面积比例 D6
		起伏度 D7
	土地利用要素 （B2）	林草覆盖率 D8
		耕地面积比例 D9
		林地面积比例 D10
		草地面积比例 D11
		>15°坡耕地面积比例 D12
西北黄土高原区水土保持区 划指标体系 （A）	水土流失要素 （B2）	轻度以上侵蚀强度比例 D13
		强烈以上侵蚀强度比例 D14
	社会经济要素 （B4）	国民生产总值（GDP）D15
		林业产值比例 D16
		种植业产值比例 D17
		牧业产值比例 D18
		粮食单产 D19
		舍饲率 D20
		城镇化率 D21
		人口密度 D22
		人均年生活用水总量 D23
		农村人均纯收入 D24

2. 区划技术方案

本书根据以上三级区确立的主成分分析与系统聚类分析模型，采用了两种划分技术方案进行划分结果对比，最后得出更加符合实际的三级区方案。

方案一：在西北黄土高原二级区划分基础上，根据每个三级区不能跨越二级区的特点和实际可操作性，针对每一个二级区（共 5 个二级区）选取以上确立的指标，进行单独的主成分分析和系统聚类，根据每个二级区的划分结果，在对结果进行调整的基础上，合并为三级区分区方案。

方案二：根据西北黄土高原区的特点，将涉及的自然地理、土地利用、水土流失和社会经济四大要素，综合为自然地理、生态资源和社会经济三大要素类进行每个要素类的主成分分析和系统聚类，然后在对聚类结果进行调整的基础上，采用地理信息系统软件（ArcGIS）对各要素分区图进行叠置分析，最后获得三级区方案。

具体技术步骤如图 8-2 所示。

8.2.3.2 主成分分析

主成分分析的基本思想是通过对变量的相关系数矩阵内部结构进行分析，从中找出少数几个能控制原始变量的随机变量，选取主成分的原则是使其尽可能多地包含原始变量的信息（于秀林和任雪松，1999）。

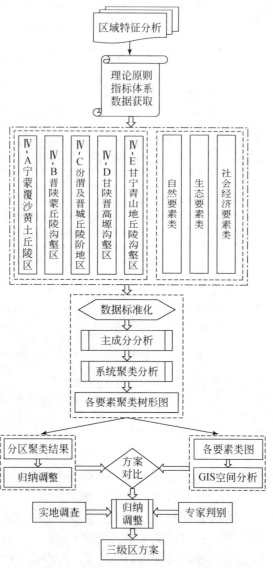

图 8-2　西北黄土高原三级区划分技术步骤

（1）计算相关系数矩阵。

$$\boldsymbol{R} = (R_{ij})_{m \times m} = \begin{bmatrix} r_{11} & r_{12} & \cdots & r_{1m} \\ r_{21} & r_{22} & \cdots & r_{2m} \\ \vdots & \vdots & & \vdots \\ r_{m1} & r_{m2} & \cdots & r_{mn} \end{bmatrix} \tag{8-15}$$

式中，R_{ij}（i，$j=1$，2，$\cdots$，m）为原来变量 x_i 与 x_j 的相关系数，其计算公式为

$$R_{ij} = \frac{\sum_{k=1}^{n}(x_{ki} - \overline{x}_i)(x_{kj} - \overline{x}_j)}{\sqrt{\sum_{k=1}^{n}(x_{ki} - \overline{x}_i)^2 \sum_{k=1}^{n}(x_{kj} - \overline{x}_j)^2}} \tag{8-16}$$

因为 R 是实对称矩阵（即 $R_{ij}=R_{ji}$），所以只需计算其上三角元素或下三角元素即可。

（2）求特征值和特征向量。

用雅克比方法求解特征方程：

$$|R - \lambda_i| = 0 \tag{8-17}$$

通过求解特征方程，可得到 m 个特征值（$i=1$，2，3，$\cdots$，m）和对应于每一个特征值的特征向量：

$$Q_i = (a_{i1}, a_{i2}, \cdots, a_{im}) \quad (i=1, 2, 3, \cdots, m) \tag{8-18}$$

且有 $\lambda_1 > \lambda_2 > \lambda_3 > \lambda_m > 0$ 与之对应的特征向量相互正交。

（3）求成分表达式。

根据求得的 m 个特征向量，m 个成分分别为

$$\begin{aligned}
F_1 &= a_{11}X_1 + a_{21}X_2 + \cdots + a_{m1}X_m \\
F_2 &= a_{12}X_1 + a_{22}X_2 + \cdots + a_{m2}X_m \\
&\vdots \\
F_m &= a_{1m}X_1 + a_{2m}X_2 + \cdots + a_{mm}X_m
\end{aligned} \tag{8-19}$$

式中，F_1，F_2，$\cdots$，F_m 为 X 的协方差矩阵的 m 个特征值；a_{1i}，a_{2i}，$\cdots$，a_{mi}（$i=1$，2，$\cdots$，m）为 m 个特征值所对应的特征向量；X_1，X_2，$\cdots$，X_m 是原始数据经过标准化处理后的值。

以上求得的各成分相互正交且每一个成分的方差等于对应的特征向量 λ。显然，各成分对应的方差是逐次递减的。

（4）根据累计贡献率提取主成分。前 p 个综合指标（$p<m$）的方差与全部指标总方差的比，即累计贡献率。

$$a = \frac{\sum_{k=1}^{p} \lambda_k}{\sum_{i=1}^{m} \lambda_i} \quad (k=1, 2, 3, \cdots, p), (i=1, 2, \cdots, m) \tag{8-20}$$

通常要求提取的主成分的数量 p 满足 $a>0.85$，表示提取的 p 个综合指标基本保留了原来全部指标的 85%以上的信息，这样就达到了用较少指标代替原来较多指标的目的。

（5）主成分综合得分计算。通过主成分分析提取出 p 个主成分，并得到主成分得分，但此得分没有考虑各主成分对应的方差贡献率的影响。因此，按各主成分对应的方差贡献

率为权数计算各主成分综合得分 F'。

$$F_1' = \frac{\lambda_1}{\lambda_1 + \lambda_2 + \cdots + \lambda_p} \bullet F_1$$

$$F_2' = \frac{\lambda_2}{\lambda_1 + \lambda_2 + \cdots + \lambda_p} \bullet F_2$$

$$\vdots$$

$$F_p' = \frac{\lambda_p}{\lambda_1 + \lambda_2 + \cdots + \lambda_p} \bullet F_p$$

（8-21）

8.2.3.3　数据处理

以县级行政单元收集的数据经过计算转化后,按上节的标准差标准化法进行数据标准化,标准化后的各指标数据均值为 0,标准差为 1。本步骤通过 SPSS 软件自动实现。

主成分分析的优势就是降维,能够使复杂的具有一定相关性的变量简单综合化处理,指标进行归类,最后用最少的指标较为全面地反映较多指标的信息。本书使用统计软件(SPSS),进行主成分分析,通过分析提取出各区(要素)的主成分,并根据贡献率加权求得各主成分的综合得分,各主成分综合得分之和即为区划单元综合得分,然后进行聚类分析,并在 ArcGIS 中进行成图表达,能够直观地认知各地理单元的特性,方便归纳和调整。在方案二中,对要素的聚类结果在 ArcGIS 中进行空间叠加分析。

8.2.3.4　按二级区进行划分

1）各区主成分分析

三级分区指标体系中,选取分区因子指标 24 个,在水土保持区划二级区的基础上组成 5 个原始数据矩阵。

主成分分析的步骤依次是:输入数据,定义属性,"分析—降维—因子分析—因子抽取(选择主成分)",系统自动构建相关系数矩阵进行标准化处理,并输出主成分、因子矩阵和综合得分,"因子得分"对话框选中"另存为新变量",方法选择"回归"。

特征值可以表明主成分影响的大小。如果特征值小于 1,则说明该主成分的解释力度还不如直接引入一个原变量的平均解释力度大。因此,一般可以用特征值大于 1 作为纳入标准,同时,KMO 检验值大于 0.5,以抽取因子数目的主成分的累计贡献率大于或接近85%为宜。通过方差分解主成分提取分析(表 8-10~表 8-14)可知,Ⅳ-A、Ⅳ-C 和Ⅳ-E 区中可提取 7 个主成分,即 $m=7$;Ⅳ-B 区和Ⅳ-D 中分别可提取 8 个主成分,即 $m=8$;其初始因子可解释的总方差见表 8-15~表 8-19。

表 8-10　Ⅳ-A 区的主成分分析总方差表

成分	初始特征值			提取因子载荷平方和		
	合计	方差贡献率/%	累积贡献率/%	合计	方差贡献率/%	累积贡献率/%
1	4.510	18.791	18.791	4.510	18.791	18.791
2	3.584	14.932	33.723	3.584	14.932	33.723
3	3.283	13.678	47.401	3.283	13.678	47.401
4	2.281	9.504	56.905	2.281	9.504	56.905
5	1.617	6.738	63.643	1.617	6.738	63.643
6	1.531	6.380	70.023	1.531	6.380	70.023
7	1.304	5.434	75.457	1.304	5.434	75.457
8	0.946	3.940	79.398			
9	0.770	3.207	82.604			
10	0.721	3.003	85.607			
11	0.608	2.535	88.142			
12	0.572	2.384	90.525			
13	0.494	2.059	92.585			
14	0.373	1.554	94.139			
15	0.301	1.256	95.395			
16	0.247	1.030	96.425			
17	0.192	0.802	97.227			
18	0.177	0.737	97.964			
19	0.152	0.631	98.595			
20	0.132	0.550	99.145			
21	0.084	0.348	99.493			
22	0.062	0.259	99.753			
23	0.039	0.163	99.916			
24	0.020	0.084	100.000			

表 8-11　Ⅳ-B 区的主成分分析总方差表

成分	初始特征值			提取因子载荷平方和		
	合计	方差贡献率/%	累积贡献率/%	合计	方差贡献率/%	累积贡献率/%
1	4.648	19.368	19.368	4.648	19.368	19.368
2	4.186	17.441	36.809	4.186	17.441	36.809
3	2.415	10.062	46.870	2.415	10.062	46.870
4	2.121	8.838	55.709	2.121	8.838	55.709
5	1.732	7.216	62.925	1.732	7.216	62.925
6	1.346	5.607	68.532	1.346	5.607	68.532
7	1.148	4.784	73.316	1.148	4.784	73.316

续表

成分	初始特征值			提取因子载荷平方和		
	合计	方差贡献率/%	累积贡献率/%	合计	方差贡献率/%	累积贡献率/%
8	1.045	4.356	77.671	1.045	4.356	77.671
9	0.927	3.861	81.532			
10	0.784	3.268	84.800			
11	0.729	3.036	87.835			
12	0.572	2.383	90.218			
13	0.507	2.114	92.333			
14	0.381	1.589	93.922			
15	0.343	1.428	95.350			
16	0.291	1.212	96.561			
17	0.286	1.192	97.753			
18	0.142	0.592	98.345			
19	0.129	0.536	98.881			
20	0.092	0.383	99.264			
21	0.084	0.349	99.612			
22	0.053	0.223	99.835			
23	0.028	0.116	99.951			
24	0.012	0.049	100.000			

表 8-12　Ⅳ-C 区的主成分分析总方差表

主成分	初始特征值			提取因子的荷载平方和		
	合计	方差贡献率/%	累积贡献率/%	合计	方差贡献率/%	累积贡献率/%
1	5.243	21.848	21.848	5.243	21.848	21.848
2	3.799	15.830	37.678	3.799	15.830	37.678
3	2.108	8.783	46.461	2.108	8.783	46.461
4	1.788	7.451	53.911	1.788	7.451	53.911
5	1.408	5.865	59.776	1.408	5.865	59.776
6	1.311	5.463	65.239	1.311	5.463	65.239
7	1.126	4.694	69.933	1.126	4.694	69.933
8	1.001	4.163	74.095	1.001	4.163	74.095
9	0.882	3.676	77.771			
10	0.789	3.285	81.057			
11	0.658	2.743	83.800			
12	0.626	2.609	86.409			
13	0.605	2.521	88.930			
14	0.525	2.188	91.118			
15	0.377	1.570	92.688			

续表

主成分	初始特征值			提取因子的荷载平方和		
	合计	方差贡献率/%	累积贡献率/%	合计	方差贡献率/%	累积贡献率/%
16	0.345	1.437	94.125			
17	0.316	1.317	95.442			
18	0.263	1.097	96.540			
19	0.251	1.046	97.585			
20	0.202	0.841	98.426			
21	0.159	0.664	99.090			
22	0.116	0.482	99.572			
23	0.069	0.288	99.860			
24	0.033	0.140	100.000			

表 8-13　Ⅳ-D 区的主成分分析总方差表

成分	初始特征值			提取因子的荷载平方和		
	合计	方差贡献率/%	累积贡献率/%	合计	方差贡献率/%	累积贡献率/%
1	5.804	24.182	24.182	5.804	24.182	24.182
2	3.703	15.431	39.613	3.703	15.431	39.613
3	2.366	9.859	49.472	2.366	9.859	49.472
4	2.115	8.811	58.284	2.115	8.811	58.284
5	1.705	7.105	65.388	1.705	7.105	65.388
6	1.319	5.496	70.884	1.319	5.496	70.884
7	1.160	4.835	75.719	1.160	4.835	75.719
8	0.963	4.012	79.731			
9	0.837	3.488	83.219			
10	0.725	3.022	86.241			
11	0.604	2.515	88.756			
12	0.522	2.176	90.932			
13	0.453	1.888	92.820			
14	0.372	1.549	94.368			
15	0.299	1.245	95.613			
16	0.263	1.096	96.709			
17	0.212	0.882	97.591			
18	0.175	0.729	98.320			
19	0.00141	0.587	98.907			
20	0.115	0.479	99.386			
21	0.074	0.306	99.693			
22	0.055	0.227	99.920			
23	0.018	0.074	99.994			
24	0.001	0.006	100.000			

表 8-14　Ⅳ-E 区的主成分分析总方差表

成分	初始特征值			提取因子的荷载平方和		
	合计	方差贡献率/%	累积贡献率/%	合计	方差贡献率/%	累积贡献率/%
1	5.192	21.633	21.633	5.192	21.633	21.633
2	3.917	16.320	37.954	3.917	16.320	37.954
3	2.857	11.902	49.856	2.857	11.902	49.856
4	1.962	8.176	58.032	1.962	8.176	58.032
5	1.522	6.340	64.372	1.522	6.340	64.372
6	1.397	5.820	70.192	1.397	5.820	70.192
7	1.165	4.853	75.044	1.165	4.853	75.044
8	0.954	3.976	79.020			
9	0.767	3.197	82.217			
10	0.655	2.729	84.946			
11	0.569	2.372	87.318			
12	0.520	2.165	89.483			
13	0.431	1.796	91.279			
14	0.424	1.768	93.047			
15	0.365	1.519	94.566			
16	0.268	1.118	95.684			
17	0.228	0.948	96.632			
18	0.191	0.796	97.429			
19	0.168	0.698	98.127			
20	0.156	0.650	98.777			
21	0.124	0.518	99.295			
22	0.088	0.365	99.660			
23	0.050	0.210	99.869			
24	0.031	0.131	100.000			

表 8-15　Ⅳ-A 区主成分分析因子载荷矩阵表

指标	成分						
	1	2	3	4	5	6	7
多年平均降水量	0.051	0.787	0.133	−0.102	0.084	0.304	0.333
多年平均暴雨日数	0.128	0.468	0.091	0.285	0.506	0.349	−0.045
干燥度	−0.146	−0.278	−0.482	−0.602	−0.079	0.231	−0.368
≥10℃积温	0.569	−0.586	0.033	0.105	0.007	−0.292	−0.177
平均海拔	−0.653	0.416	−0.428	−0.044	−0.048	−0.030	−0.119
>15°坡度面积比例	0.145	0.278	0.056	0.307	−0.502	0.394	−0.332
起伏度	0.602	0.197	−0.047	0.202	−0.505	0.131	0.057
林草覆盖率	0.059	0.315	0.526	0.540	0.057	−0.431	0.064

指标	成分						
	1	2	3	4	5	6	7
耕地面积比例	-0.079	0.174	0.840	-0.114	-0.255	-0.288	-0.097
林地面积比例	0.168	0.825	0.291	-0.230	-0.041	-0.003	0.118
草地面积比例	0.101	0.002	-0.666	0.167	0.044	0.354	0.090
>15°坡耕地面积比例	-0.443	0.563	-0.013	-0.225	0.260	-0.103	-0.202
轻度以上侵蚀强度比例	-0.323	0.354	-0.608	0.379	0.088	-0.314	0.086
强烈以上侵蚀强度比例	-0.101	-0.019	-0.622	0.502	0.019	-0.240	0.158
国民生产总值（GDP）	0.644	0.163	-0.130	-0.159	0.219	-0.094	0.226
林业产值比例	-0.520	-0.283	0.153	0.433	0.145	0.228	0.091
种植业产值比例	-0.466	-0.460	0.482	0.227	-0.011	0.329	0.119
牧业产值比例	-0.523	-0.414	0.389	0.115	0.103	0.289	0.174
粮食单产	0.420	-0.237	-0.172	0.053	-0.447	-0.014	0.474
舍饲率	0.357	-0.291	0.112	0.426	0.447	0.047	-0.258
城镇化率	0.836	-0.022	-0.120	0.052	0.242	-0.115	-0.267
人口密度	0.598	0.164	0.273	-0.028	0.092	0.250	-0.299
人均年生活用水总量	0.272	0.297	-0.115	0.545	-0.206	0.262	-0.165
农村人均纯收入	0.606	-0.192	0.024	-0.290	0.318	0.213	0.454

表 8-16 Ⅳ-B 区主成分分析因子载荷矩阵表

指标	成分							
	1	2	3	4	5	6	7	8
多年平均降水量	0.486	0.437	0.378	0.094	-0.079	0.271	-0.016	-0.179
多年平均暴雨日数	0.005	0.104	0.205	0.054	0.226	0.786	0.265	0.009
干燥度	0.376	0.048	-0.632	-0.167	-0.452	0.185	-0.016	0.231
≥10℃积温	0.709	-0.323	-0.142	0.394	-0.011	-0.113	-0.038	0.267
平均海拔	-0.573	0.087	0.171	-0.500	-0.056	0.234	-0.216	-0.303
>15°坡度面积比例	0.595	0.496	0.300	0.374	-0.200	0.092	-0.114	-0.132
起伏度	0.054	0.821	0.226	-0.056	-0.303	-0.037	0.037	-0.084
林草覆盖率	-0.244	-0.045	0.709	0.221	0.268	-0.322	0.035	-0.201
耕地面积比例	0.729	-0.087	-0.149	-0.067	0.421	-0.035	0.056	-0.196
林地面积比例	-0.127	0.902	-0.030	0.118	-0.231	-0.079	0.008	-0.073
草地面积比例	-0.155	-0.772	0.327	-0.104	-0.103	0.147	-0.016	0.142
>15°坡耕地面积比例	0.785	-0.090	0.273	0.268	0.007	0.114	-0.201	-0.096
轻度以上侵蚀强度比例	0.495	-0.588	0.282	-0.297	-0.141	0.021	0.164	-0.055
强烈以上侵蚀强度比例	0.564	-0.440	0.330	-0.268	-0.072	-0.096	0.303	-0.113
国民生产总值（GDP）	-0.515	-0.577	0.021	0.204	-0.048	0.075	0.113	-0.175
林业产值比例	0.205	0.247	0.094	-0.485	0.202	0.284	-0.214	0.418

指标	成分							
	1	2	3	4	5	6	7	8
种植业产值比例	0.362	0.218	0.058	−0.502	0.501	−0.300	−0.095	0.077
牧业产值比例	−0.032	0.368	−0.421	0.087	0.571	−0.152	0.288	−0.025
粮食单产	−0.059	0.176	0.311	0.323	0.527	0.228	−0.188	0.323
舍饲率	0.019	−0.436	−0.064	0.536	−0.051	−0.073	−0.518	0.036
城镇化率	−0.372	0.398	0.287	0.223	−0.102	−0.190	0.190	0.312
人口密度	0.424	0.007	−0.463	0.334	0.091	0.167	0.320	−0.247
人均年生活用水总量	0.081	−0.005	0.372	0.105	−0.224	−0.116	0.486	0.408
农村人均纯收入	−0.710	−0.163	−0.139	0.351	0.168	0.229	0.149	0.008

表 8-17　Ⅳ-C 区主成分分析因子载荷矩阵表

指标	主成分							
	1	2	3	4	5	6	7	8
多年平均降水量	0.125	−0.021	0.602	0.460	0.204	0.036	0.382	0.303
多年平均暴雨日数	−0.133	0.000	0.173	0.134	0.497	−0.217	0.064	−0.614
干燥度	0.438	0.526	0.425	0.017	−0.136	0.145	0.112	0.071
≥10℃积温	−0.537	−0.173	0.546	−0.115	−0.345	0.043	−0.036	0.042
平均海拔	0.524	0.297	−0.598	0.169	0.026	−0.075	−0.131	−0.081
>15°坡度面积比例	0.809	0.153	0.390	−0.153	−0.003	0.064	−0.021	0.043
起伏度	0.823	0.156	0.325	−0.244	0.107	0.001	0.049	−0.092
林草覆盖率	−0.261	0.315	−0.097	−0.404	0.010	−0.265	0.195	0.466
耕地面积比例	−0.739	−0.615	0.059	0.073	−0.054	0.050	0.045	0.008
林地面积比例	0.729	0.352	0.216	−0.372	0.033	−0.034	0.046	−0.100
草地面积比例	0.829	0.148	−0.174	0.258	−0.108	−0.030	−0.083	−0.007
>15°坡耕地面积比例	0.374	−0.178	0.079	0.594	−0.340	0.060	0.004	−0.021
轻度以上侵蚀强度比例	0.548	−0.330	−0.024	0.397	−0.115	−0.377	−0.038	0.119
强烈以上侵蚀强度比例	−0.164	−0.073	0.066	0.070	0.037	−0.710	0.086	0.018
国民生产总值（GDP）	−0.410	0.653	0.243	0.282	0.042	0.069	−0.042	−0.001
林业产值比例	0.103	−0.236	0.166	−0.334	0.610	−0.145	−0.057	0.116
种植业产值比例	0.128	−0.476	−0.105	−0.156	0.192	0.516	0.036	0.004
牧业产值比例	0.406	−0.416	−0.279	0.270	0.366	0.304	0.255	0.124
粮食单产	−0.284	0.013	0.405	0.208	0.200	0.178	−0.573	−0.012
舍饲率	−0.309	0.381	−0.231	−0.057	−0.105	0.181	0.619	−0.193
城镇化率	−0.284	0.797	−0.110	0.145	0.052	−0.080	−0.019	−0.113
人口密度	−0.388	0.470	0.154	0.340	0.221	0.059	0.174	−0.066
人均年生活用水总量	−0.157	0.402	−0.272	0.248	0.414	0.019	−0.146	0.420
农村人均纯收入	−0.177	0.738	−0.135	−0.110	−0.067	0.217	−0.223	0.064

表 8-18 Ⅳ-D 区主成分分析因子载荷矩阵表

指标	主成分						
	1	2	3	4	5	6	7
多年平均降水量	0.470	−0.190	0.411	−0.167	0.527	−0.294	−0.150
多年平均暴雨日数	0.694	0.348	0.262	−0.041	0.192	−0.142	−0.082
干燥度	−0.460	0.091	0.396	0.355	−0.225	0.375	−0.303
≥10℃积温	0.548	−0.061	−0.444	−0.041	−0.296	−0.244	0.029
平均海拔	−0.582	−0.118	0.539	−0.037	0.093	0.181	0.350
>15°坡度面积比例	−0.698	0.282	−0.096	0.116	−0.133	−0.207	−0.200
起伏度	−0.183	0.729	0.050	0.331	0.195	0.259	0.206
林草覆盖率	0.239	0.293	−0.716	−0.230	0.221	0.083	0.167
耕地面积比例	0.217	−0.908	−0.167	0.017	−0.043	0.002	0.051
林地面积比例	0.130	0.830	0.188	−0.275	0.085	0.064	0.290
草地面积比例	−0.628	0.249	0.030	0.385	−0.009	−0.104	−0.458
>15°坡耕地面积比例	−0.297	−0.422	0.130	0.494	0.254	−0.346	0.303
轻度以上侵蚀强度比例	−0.620	0.158	−0.264	0.278	0.291	−0.319	−0.026
强烈以上侵蚀强度比例	−0.488	0.349	−0.488	0.214	0.263	−0.166	0.128
国民生产总值（GDP）	0.550	−0.154	0.048	0.380	−0.283	0.141	0.031
林业产值比例	−0.077	0.261	−0.156	−0.685	0.171	0.189	−0.398
种植业产值比例	−0.658	−0.190	0.145	−0.321	0.267	0.126	0.344
牧业产值比例	−0.628	−0.248	0.175	−0.221	−0.027	0.241	−0.041
粮食单产	0.225	0.212	0.674	−0.266	−0.008	−0.502	−0.057
舍饲率	−0.005	−0.459	−0.116	−0.043	0.493	0.341	−0.109
城镇化率	0.612	0.169	0.052	0.266	0.473	0.188	−0.229
人口密度	0.584	−0.394	0.031	0.319	0.308	0.166	−0.029
人均年生活用水总量	0.467	0.437	0.053	0.406	0.188	0.119	0.032
农村人均纯收入	0.619	0.322	0.137	0.118	−0.364	0.152	0.228

表 8-19 Ⅳ-E 区主成分分析因子载荷矩阵表

指标	主成分						
	1	2	3	4	5	6	7
多年平均降水量	−0.394	0.322	0.611	0.175	0.079	−0.153	0.009
多年平均暴雨日数	0.024	0.438	0.323	−0.122	0.013	0.515	−0.167
干燥度	−0.207	−0.209	0.510	0.135	−0.563	0.015	−0.278
≥10℃积温	−0.209	−0.595	−0.280	0.536	−0.077	0.274	−0.124
平均海拔	0.358	0.720	0.122	−0.311	0.129	−0.282	0.057
>15°坡度面积比例	−0.148	0.259	0.358	0.436	−0.120	0.297	0.509
起伏度	0.137	0.727	−0.175	0.155	−0.301	0.131	0.310
林草覆盖率	0.219	0.349	−0.431	0.311	0.332	0.018	−0.031

续表

指标	主成分						
	1	2	3	4	5	6	7
耕地面积比例	−0.600	−0.513	0.439	−0.288	0.013	−0.052	0.023
林地面积比例	0.102	0.663	0.154	0.564	−0.028	0.070	−0.166
草地面积比例	0.329	0.128	−0.757	0.050	0.075	0.123	0.123
>15°坡耕地面积比例	−0.617	−0.240	0.358	0.356	0.232	0.061	0.294
轻度以上侵蚀强度比例	−0.729	−0.049	−0.442	−0.260	0.142	−0.057	0.076
强烈以上侵蚀强度比例	−0.530	−0.256	−0.301	0.070	0.037	−0.105	0.515
国民生产总值（GDP）	0.648	−0.464	0.033	0.188	0.001	0.154	0.023
林业产值比例	−0.067	0.310	0.268	0.450	0.532	−0.248	−0.167
种植业产值比例	−0.706	0.131	0.192	−0.306	0.258	0.220	0.105
牧业产值比例	−0.436	0.505	0.054	−0.082	0.066	−0.393	0.011
粮食单产	0.315	0.387	0.123	−0.248	−0.535	−0.089	0.267
舍饲率	0.364	−0.388	0.189	0.156	0.054	−0.402	0.116
城镇化率	0.797	−0.303	0.268	−0.068	0.218	−0.027	0.015
人口密度	0.604	−0.349	0.309	−0.074	0.138	0.033	0.361
人均年生活用水总量	0.153	0.171	0.228	−0.407	0.379	0.584	−0.003
农村人均纯收入	0.832	−0.124	0.309	−0.051	0.161	−0.087	0.169

将综合主成分矩阵分别与标准化后的数据矩阵相乘，即可计算 5 个二级区内各县（市、区、旗）主成分的得分及综合得分。

2）各区聚类分析

将主成分分析得到的各分区县域单元主成分因子得分组成的新矩阵，作为聚类分析的数据集合，通过以上分析共得到 5 组主成分因子得分矩阵，得出的综合主成分值，根据经验进行初步的判断，避免误差和争议的结果。本书选择系统聚类进行分析，通过区域分析和不限定方案聚类的树状图结果初判，将Ⅳ-A、Ⅳ-C 和Ⅳ-E 区的方案聚类数选择 3 类，将Ⅳ-B 区选择聚类数为 5 和Ⅳ-D 区选择聚类数为 2，选择的聚类方法为离差平方和法，通过多次尝试，发现离差平方和法聚类结果与实际更符合，间距选择欧氏距离平方（squared Euclidean distance）。通过计算得到 5 个二级区的三级区划分方案，根据聚类结果，输入 ArcGIS 中得到分区方案图，初步分区方案，见附图 27。

将聚类结果直接落实到图斑上以后，由附图 27 可以看出，按照二级区分区结果进行三级区划分，聚类较为集中，大部分符合当地的实际情况，分区结果较好，很大程度上能反映区内的共性和特点。在分区总原则的指导下，参考西北黄土高原水土保持分区（黄秉维，1955）等区划结果，结合区域的自然、生态和社会经济情况，重点考虑区域水土流失防治需求和综合农业生产发展方向，在局部地区把握不准的情况下，进行了野外考察工作和各地统计资料。按照原则，在总体框架下对局部地区进行了归纳与调整，归纳调整后的结果见附图 28，可将西北黄土高原初步划分为 15 个水土保持区划三级区。

8.2.3.5 按要素进行划分

根据建立的指标体系，准备自然要素指标数据、生态要素指标数据和社会经济指标数据，分别输入 SPSS 软件进行主成分分析，方法步骤同上。

1. 各要素指标的主成分分析

1）自然要素指标的主成分分析

（1）运用 SPSS 统计软件对自然要素指标进行主成分分析，主成分分析总方差如表 8-20 所示，提取的因子数目为 3，3 个主成分的累积贡献率为 75.3%，这对于较大的样本和变量而言是较为理想的。

表 8-20　自然要素指标主成分分析总方差表

成分	初始特征值			提取因子的荷载平方和		
	合计	方差贡献率/%	累积贡献率/%	合计	方差贡献率/%	累积贡献率/%
1	2.712	38.744	38.744	2.712	38.744	38.744
2	1.399	19.993	58.736	1.399	19.993	58.736
3	1.160	16.571	75.308	1.160	16.571	75.308
4	0.794	11.347	86.655			
5	0.510	7.286	93.940			
6	0.260	3.720	97.660			
7	0.164	2.340	100.000			

（2）通过主成分分析的旋转因子载荷矩阵（表 8-21）可知，第一主成分主要在≥10℃积温、平均海拔、起伏度和>15°坡度面积比例等指标上有较大的载荷，基本上反映了自然要素的重要方面，命名第一主成分为综合因子；第二主成分主要是多年平均降水量、多年平均暴雨日数，很明显是地形中影响水土流失的重要的坡度因素，所以命名为降水因子；第三主成分主要表现在干燥度指标上，因此，命名第三主成分为气候因子。

表 8-21　自然要素指标主成分分析因子载荷矩阵表

指标	主成分		
	1	2	3
多年平均降水量	−0.177	0.858	0.135
多年平均暴雨日数	−0.227	0.721	0.215
干燥度	0.238	0.179	−0.719
≥10℃积温	−0.808	0.263	−0.227
平均海拔	0.880	−0.286	0.169
>15°坡度面积比例	0.667	0.604	−0.108
起伏度	0.837	0.263	0.119

各主成分得分分别乘以权重得出各主成分的综合得分（F1、F2、F3），自然要素综合得分（F）为各主成分综合得分之和。

2）生态要素指标的主成分分析

生态要素指标主成分分析总方差如表 8-22 所示。共提取因子数为 4，其累积贡献率为 87.49%，根据因子载荷矩阵（表 8-23）可知，第一主成分主要体现在＞15°坡耕地面积比例、轻度以上侵蚀强度的比例、强烈以上侵蚀强度的比例，命名为土壤侵蚀因子；第二主成分主要体现在耕地面积比例和草地面积比例，所以命名为土地利用因子；第三主成分主要体现在林草覆盖率，所以命名为植被因子；第四主成分主要体现在林地面积比例，所以命名为林地因子。

表 8-22　生态要素指标主成分分析总方差表

主成分	初始特征值			提取因子的荷载平方和		
	总计	方差贡献率/%	累积贡献率/%	总计	方差贡献率/%	累积贡献率/%
1	2.854	31.714	31.714	2.854	31.714	31.714
2	2.147	23.858	55.572	2.147	23.858	55.572
3	1.776	19.729	75.301	1.776	19.729	75.301
4	1.097	12.184	87.485	1.097	12.184	87.485
5	0.620	6.892	94.377			
6	0.350	3.891	98.268			
7	0.156	1.732	100.00			

表 8-23　生态要素指标主成分分析因子载荷矩阵表

指标	主成分			
	1	2	3	4
林草覆盖率	−0.564	0.328	0.746	−0.056
耕地面积比例	0.109	−0.851	0.418	−0.203
林地面积比例	−0.207	0.193	0.016	0.948
草地面积比例	0.313	0.778	−0.282	−0.239
＞15°坡耕地面积比例	0.818	−0.053	0.306	0.239
轻度以上侵蚀强度的比例	0.668	0.503	0.187	−0.041
强烈以上侵蚀强度的比例	0.576	0.428	0.346	−0.103

3）社会经济要素指标的主成分分析

社会经济要素指标主成分分析总方差如表 8-24 所示。共提取因子数为 5，其累积贡献率为 73.67%，根据因子载荷矩阵表（表 8-25）可知，第一主成分体现在国民生产总值（GDP）、城镇化率和农村人均纯收入，很明显是反映区域经济发达水平的重要因素，所以命名为经济因子；第二主成分主要体现在人均年生活用水总量，所以命名为干旱因子；第三主成分主要体现在粮食单产，命名为农业因子；第四主成分主要体现在舍饲率，命名为牧业因子；第五主成分主要体现在林业产值比例，命名为林业因子。

表 8-24　社会经济要素指标主成分分析总方差表

成分	初始特征值			提取因子的荷载平方和		
	合计	方差贡献率/%	累积贡献率/%	合计	方差贡献率/%	累积贡献率/%
1	3.192	31.915	31.915	3.192	31.915	31.915
2	1.164	11.642	43.557	1.164	11.642	43.557
3	1.008	10.082	53.639	1.008	10.082	53.639
4	1.003	10.027	63.667	1.003	10.027	63.667
5	1.001	10.007	73.674	1.001	10.007	73.674
6	0.818	8.177	81.036			
7	0.613	6.133	87.983			
8	0.538	5.376	93.345			
9	0.431	4.313	97.658			
10	0.234	2.342	100.000			

表 8-25　社会经济要素指标主成分分析因子载荷矩阵表

指标	主成分				
	1	2	3	4	5
国民生产总值（GDP）	0.771	0.004	0.010	0.010	0.086
林业产值比例	−0.301	0.189	0.288	0.348	−0.808
种植业产值比例	−0.638	0.437	0.130	0.138	0.254
牧业产值比例	−0.491	0.263	0.493	0.259	0.390
粮食单产	0.430	0.147	0.621	−0.428	−0.035
舍饲率	0.419	−0.182	−0.020	0.685	0.162
城镇化率	0.792	0.226	−0.062	0.142	−0.095
人口密度	0.496	0.320	−0.034	0.300	0.089
人均年生活用水总量	0.068	0.805	−0.425	−0.161	−0.045
农村人均纯收入	0.787	0.104	0.306	−0.053	0.032

2. 各要素聚类分析

以通过主成分分析得到的三大要素的 3 组主成分因子矩阵（略）作为聚类分析的数据集合，聚类方法同上。根据经验和树状图（略）初步判断，将自然要素聚为 3 类（附图 29）、生态要素聚为 3 类（附图 30）和社会经济要素聚为 5 类（附图 31）。通过计算得到了按自然要素、生态要素和经济社会要素形成的分区方案，根据聚类结果，输入 ArcGIS 中得到分区方案图。

3. 空间叠加分析

根据生成的各要素分区图，采用 ArcGIS 软件空间分析模块中的叠加功能，对上述各分区图逐次进行空间叠加分析，同时，依据水土保持区划应保持单元相对完整性等原则，将零星分布的区划单元结合其属性并入相应的单元中，得到初步的西北黄土高原三级区分区方案，见附图 32。

　　由于通过各要素分区图空间叠加分析得到的结果较为分散，进一步通过专家判别和实地调查等方法，按照分区总原则的指导，参考西北黄土高原水土保持分区（黄秉维，1955）等区划结果，结合区域的自然、生态和社会经济情况，重点考虑区域水土流失防治需求和综合农业生产发展方向，在总体框架下对局部地区进行归纳与调整，归纳调整后的结果见附图 33，可将西北黄土高原三级区初步划分为 7 个类别 18 个区。

8.2.3.6　方案对比与分析

　　通过按照二级区划分三级区方案和按照三类要素进行分区方案对比，得到了初步三级区划分方案，虽然大部分区域已经根据实际情况进行了调整和归并，但按照水土保持区划的原则，结合水土保持区划的要求，同时考虑相关行政主管部门的总体战略性目标，区划方案需进一步调整，应遵循如下原则。

　　（1）保持区域地理单元和地貌特征的相对完整性和一致性，西北黄土高原涉及风沙区、土石山区、丘陵沟壑区、黄土高原区、平原盆地区等，总体地势复杂，地貌单元多样，结合已有的中国地貌区划等相关资料，广泛征询专家和群众意见，将零星分布的区划单元结合其属性并入相应的区域单元。

　　（2）重点考虑水土流失防治和水土保持发展的一致性，水土流失防治是水土保持的目标，区域内水土流失要素指标的相对一致性非常重要，重点考虑水土流失及其影响因素指标，突出主体地位。

　　（3）充分研究中国水土流失科考相关资料，认真总结，对于局部不明确的区域，一定要在试验数据定量分析的基础上，结合定性分析（定性分析在水土保持区划中具有极其重要的地位）。实地调查是确定边界的有效手段，通过不断的方案对比、验证，最后得出准确的水土保持区划方案。

　　通过按二级区进行分区和按要素进行分区的两种不同方案对比，分别对按二级区进行分区形成的 15 个三级区和按要素进行分区形成的 18 个三级区，进一步进行了归纳与调整，最终将西北黄土高原区分为 16 个三级区，见附图 34。

8.3　西北黄土高原区水土保持区划功能评价

8.3.1　水土保持功能评价指标与方法

8.3.1.1　水土保持功能指标体系

　　根据西北黄土高原区区域特征，选择土壤保持、水源涵养、蓄水保水、生态维护、防风固沙、拦沙减沙、农田防护和防灾减灾等水土保持功能进行重要性评价，建立以水土保持功能重要性为研究内容的 8 个集成性指标和 15 项基本指标的指标体系。指标数据的获取同三级区划分方法。指标体系见图 8-3。

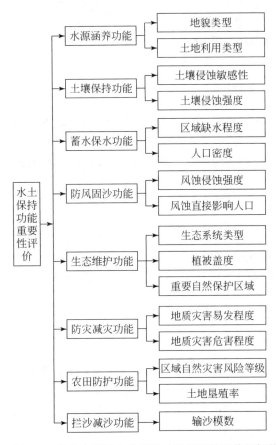

图 8-3 黄土高原区水土保持功能重要性评价指标体系

8.3.1.2 水土保持功能评价方法

水土保持功能重要性评价是考虑多种因素综合作用的结果，因此，对西北黄土高原区水土保持功能重要性评价时，运用多因子综合评价能更好地反映水土保持功能的空间分布特征。本书利用各指标的专题图层，并依据其重要性相应分级标准，在 ArcGIS 软件的空间分析功能支持下，采用多因子加权求和对西北黄土高原区的各项功能重要性进行评价和分析，将区域划分成一般、比较重要、重要、极重要四个等级，并得到相应的图件。

$$P = \sum_{i=1}^{n} A_i W_i \qquad (i = 1, 2, \cdots, n) \tag{8-22}$$

式中，P 为水土保持功能评价值；A_i 为各指标评价值（按照各指标的分级标准确定的评价值）；W_i 为各指标的权重，采用专家法得到；在指标和重要性评价分级时，通过综合相关领域专家意见及前人研究成果，并根据研究区的实际情况确定。

8.3.2　水土保持功能评价

8.3.2.1　水源涵养功能评价

将定量分析与定性条件相结合，通过 RS 和 ArcGIS 软件提取和分析的土地利用类型和地形地貌类型栅格数据，按照表 6-3 分级标准进行重分类，并利用 ArcGIS 软件的空间叠加分析功能对水源涵养重要性进行评价，得到西北黄土高原区的水源涵养重要性评价图（附图 35）。

8.3.2.2　土壤保持功能评价

按照表 6-1 和表 6-2 确定的分级标准，利用 ArcGIS 软件，对西北黄土高原区土壤侵蚀敏感性评价图和土壤侵蚀强度分布图进行空间叠加分析，得到西北黄土高原区土壤保持重要性评价图（附图 37）。

8.3.2.3　蓄水保水功能评价

以县为基本评价单元，通过对西北黄土高原区各县多年平均需水量和供水量的数据收集与整理，计算得到各地区的缺水率，按照表 6-4 确定的分级标准进行分级，并与人口密度分级图进行空间叠加分析，计算得到单元的蓄水保水重要性综合指数和西北黄土高原区的蓄水保水重要性评价图（附图 38）。

8.3.2.4　防风固沙功能评价

以县为评价单元，统计每个行政区对应的各风蚀侵蚀强度对应的面积与人口，按照表 6-6 确定的分级标准进行分级，计算单元的防风固沙重要性综合指数，得到西北黄土高原区防风固沙重要性评价图（附图 39）。

8.3.2.5　生态维护功能评价

矢量化获取研究区内自然保护区、森林公园和风景名胜区等分布图，并与土地利用、植被覆盖度分级图进行叠加分析，以县为评价单元，根据表 6-5 确定的分级标准进行分级，计算生态维护重要性综合指数，得到西北黄土高原区的生态维护功能重要性评价图（附图 40）。

8.3.2.6　防灾减灾功能评价

获取和矢量化研究区内地质灾害易发等级图，将矢量结果与人口密度分级图进行空间叠加分析，并按照表 6-10 确定的标准，计算防灾减灾重要性综合指数，得到西北黄土高原区的防灾减灾重要性评价图（附图 41）。

8.3.2.7 农田防护功能评价

获取和矢量化研究区农业自然灾害分布等级图,根据 2010 年西北黄土高原区各县耕地面积,计算出各县耕地面积比例,将矢量结果与各县耕地面积比例分级图进行空间叠加分析,并按照表 6-8 确定的分级标准,计算农田防护重要性综合指数,得到西北黄土高原区的农田防护重要性评价图(附图 42)。

8.3.2.8 拦沙减沙功能评价

统计研究区内水文站实测的多年平均输沙量资料和相关参考文献资料,参照西北黄土高原区水系图、湖泊图、流域界线图等,统计出评价单元对应的多年平均输沙模数,按照表 6-7 确定的分级标准进行分级,得到西北黄土高原区的拦沙减沙重要性评价图(附图 43)。

8.3.3 综合功能评价与功能定位

利用 ArcGIS 中的空间分析叠加功能,将黄土高原区上述 8 个功能区重要性评价分布图进行叠加,选取极重要性综合指数区域,得到黄土高原水土保持极重要功能区划图,即水土保持主导功能图。然后把西北黄土高原水土保持主导功能图与水土保持区划三级区分区图进行空间叠加分析,按照取大去小的原则,保留三级区内主导功能面积比例最大的水土保持功能,每个三级区保留 1~2 个水土保持主导功能。根据确定的三级区的"地理位置+地貌类型+水土保持主导功能"和"罗马数字-英文字母-阿拉伯数字和主导功能符号"的命名编码规则[主导功能符号为水源涵养(h)、土壤保持(保土)(t)、蓄水保水(蓄水)(x)、防风固沙(防沙)(f)、生态维护(w)、农田防护(n)、防灾减灾(防灾)(z)、拦沙减沙(拦沙)(j)],得到西北黄土高原区水土保持区划三级区划分方案,如附图 44 和表 8-26 所示。

表 8-26 西北黄土高原区水土保持区划三级区方案

一级区	二级区	三级区
IV西北黄土高原区	IV-A 宁蒙覆沙黄土丘陵区	IV-A-1nx 阴山山地丘陵农田防护蓄水区
		IV-A-2f 鄂乌低山丘陵防风固沙区
		IV-A-3fx 宁中北丘陵平原防沙蓄水区
	IV-B 晋陕蒙丘陵沟壑区	IV-B-1jt 呼鄂丘陵沟壑拦沙保土区
		IV-B-2zt 晋西北黄土丘陵沟壑防灾保土区
		IV-B-3jt 陕北黄土丘陵沟壑拦沙保土区
		IV-B-4jf 陕北盖沙丘陵沟壑拦沙防沙区
		IV-B-5zj 延安中部丘陵沟壑防灾拦沙区

	IV-C 汾渭及晋城丘陵阶地区	IV-C-1tx 汾河中游丘陵沟壑蓄水保土区
		IV-C-2xs 晋南丘陵阶地蓄水生态维护区
		IV-C-3nx 秦岭北麓渭河阶地农田防护蓄水区
IV 西北黄土高原区	IV-D 晋陕甘高塬沟壑区	IV-D-1nx 晋陕高塬沟壑农田防护蓄水区
		IV-D-2tx 甘南高塬沟壑蓄水保土区
	IV-E 陕甘宁青山地丘陵沟壑区	IV-E-1xt 宁南陇东丘陵沟壑蓄水保土区
		IV-E-2xt 陇中丘陵沟壑蓄水保土区
		IV-E-3hs 青东甘南丘陵沟壑水源涵养生态维护区

8.3.4　分区概况与防治技术途径

三级区作为基本功能区，主要用于反映区域土地利用、经济社会和水土流失防治需求的区内相对一致性和区间最大差异性。与水土保持基础功能相结合，通过水土保持主导功能定位，确定三级区水土流失防治技术体系，与防治目标相结合，操作性强。所以，针对以上研究确定的西北黄土高原区三级区功能定位结果，进行分区概述并提出防治技术途径。此分区结果为全国水土保持区划提供了重要支撑。

8.3.4.1　IV-A-1nx 阴山山地丘陵农田防护蓄水区

1）分区概况

本区位于阴山以南，黄河以北，西起狼山，东至岱海盆地，包括河套平原和土默川平原，内蒙古 4 个市的 21 个县（旗、区），总面积为 4.28 万 km²。地貌类型以冲积平原为主，间有山地丘陵和剥蚀地貌等，沟壑密度为 1~3km/km²，海拔为 500~2500m，年均降水量为 130~400mm，≥10℃积温为 2130℃，土壤类型以栗钙土为主。该区阴山沿麓山地丘陵区及倾斜平原区，以强度水力侵蚀为主，风力侵蚀主要分布于乌兰布和沙漠及覆沙平原区，以中度侵蚀为主。该区农业人口为 95 万人，人口密度为 117 人/km²，农村居民人均纯收入为 8750 元，耕垦指数为 0.38。

本区是我国水土流失最为严重的区域之一，干旱少水，风沙危害严重；植被破坏严重，山前洪涝泥石流灾害时有发生；旱地比例大，拦蓄排用水工程薄弱，水资源利用效率低。水土保持主导基础功能为蓄水保水和农田防护。

2）水土流失防治技术途径

本区水土保持重点是蓄水保水和农田防护，控制面源污染，节水灌溉，发展小型水利工程，减少入黄泥沙，防洪减灾；防风固沙，提高土地生产力，改善农村生产生活条件。重点以小流域综合治理为主，沟坡兼治，建立"山坡沟田水"综合防治体系。加大坡耕地改造，建设水平梯田；开展沟滩地改造，完善水源及田间灌排体系，建设高产稳产农田。实施封禁，加强生态保护和涵养水源。在沟道开阔处，修筑防洪堤，治沟滩造田，减轻下游洪水危害。在平原地带，以农田防护为重点，建设带、片、网为主要形式的农田防护林体系，加强乌兰布和沙漠入黄段的水土流失区治理。加强预防保护，控制人为水土流失。

8.3.4.2　Ⅳ-A-2f 鄂乌低山丘陵防风固沙区

1）分区概况

本区位于鄂尔多斯高原西部，西、北临黄河，贺兰山山脉北端东麓、乌兰布和沙漠东南边缘，毛乌素沙地和库布齐沙漠分布境内，包括内蒙古自治区的 2 市 7 个旗（区），土地面积为 6.45 万 km²。地貌类型以风积地貌和丘陵为主，海拔为 500～2000m，多年平均降水量为 150～350mm，≥10℃积温为 2600～3400℃，土壤类型以风沙土为主，植被类型以干旱草原和荒漠草原植被为主；水土流失以中强度风力侵蚀为主，主要分布于库布齐沙漠和乌兰布和沙地边缘地区，西部桌子山一带和无定河上游丘陵区主要为中度水力侵蚀。本区农业人口为 32 万人，人口密度为 15 人/km²，耕垦指数为 0.24，农村居民人均纯收入为 7684 元。

本区是我国水土流失最为严重的区域之一，为黄河泥沙主要来源区，气候干旱、植被稀疏，过度放牧和草场退化沙化严重。贺兰山北麓坡耕地较多，坡面、沟道侵蚀较严重；水资源供需矛盾和水资源利用效率问题突出。水土保持主导基础功能为防风固沙。

2）水土流失防治技术途径

本区水土保持重点是防风固沙，蓄水保土，减少入黄泥沙，加强草原管理，实施封育和退耕还林，营造防风固沙林，减少风沙危害，发展水窖等小型蓄水工程，节水灌溉，提高土地生产力，发展畜牧业，严格监督管理，减少人为水土流失。黄土丘陵地带，以小流域综合治理为主，加大坡耕地和沟道治理；开展封山禁牧，实施生态修复。发展小型水利水保工程，加强坝系防护体系建设。荒山荒坡和退耕的陡坡地上，营造水土保持林、水源涵养林，控制坡面土壤侵蚀。库布齐沙漠和毛乌素沙地边缘的风沙地带，以植被恢复与建设为主，提高林草覆盖率、减少风沙危害，人工治理与生态恢复相结合，配置植物沙障和机械沙障，建立防风固沙阻沙体系；通过引洪滞沙、引水拉沙等改造沙区滩地，减少洪水泥沙危害。干旱草原地带，加强草原管理，严禁开垦草原。加强预防保护，强化对矿产资源开发为主的生产建设项目的监督管理，有效控制新增人为水土流失。

8.3.4.3　Ⅳ-A-3fx 宁中北丘陵平原防沙蓄水区

1）分区概况

本区位于宁夏中北部地区，包括宁夏 4 个市的 15 个县（区），总面积为 3.18 万 km²。地貌类型以黄土丘陵和平原为主，沟道宽浅、比降缓，局部地区沙地分布，南部地区以丘陵为主，北部以平原地貌为主，西北部为贺兰山山地，海拔为 1000～2500m；多年平均降水量为 131～270mm，≥10℃积温为 3000～3500℃，土壤类型以黄绵土、灰褐土、风沙土为主，植被由森林草原带向典型草原带过渡，以干旱草原植被为主；水土流失以中度风蚀与水蚀为主。本区农业人口为 224 万人，耕垦指数为 0.33，农民人均纯收入为 5735 元。

本区东北部贺兰山地区为国家重点水源涵养林区，但植被退化严重，水源涵养能力下降，生态遭到破坏；北部宁夏沿黄经济区和河套灌区的农业主产区作为我国重要的商品粮基地，其坡耕地较多，坡面、沟道侵蚀较严重；南部毛乌素沙地南缘，风沙危害严重，生态环境脆弱。银川等中心城市开发强度大，工矿业开发多，是全国重要的能源化工基地。水土保持主导基础功能为防风固沙和蓄水保水。

2）水土流失防治技术途径

本区水土保持重点是加强预防保护，营造防风固沙林，发展小型水利工程，节水灌溉，减少风沙危害，提高土地生产力，发展综合农业和特色产业。北部地区应加强贺兰山自然保护区封禁治理，保护现有植被，维护生态，构建绿色生态屏障；沿黄经济热点地区和黄河灌区，应加大盐碱地改良和湿地保护，营造农田防护林，搞好"四旁"绿化，减少人为水土流失；山前丘陵沟壑地带以小流域治理和淤地坝建设为主，修建基本农田，提高土地生产力，发展特色农业。南部干旱草原地带，全面实施封山禁牧，保护天然草地，加大防风固沙林、草原防护林，农田防护林、小型水利工程的建设，促进荒山荒坡造林种草和退耕还林还草，控制新增人为水土流失。

8.3.4.4　Ⅳ-B-1jt 呼鄂丘陵沟壑拦沙保土区

1）分区概况

本区地处鄂尔多斯高原东部，涉及陕西 2 个市（地区）的 6 个县（区），面积为 3.01 万 km^2。地貌类型以丘陵为主，其次有风积、山地、冲积洪积平原和剥蚀地貌等，海拔为 500～2000m，多年平均降水量为 300～420mm，≥10℃积温为 2000～3500℃，土壤类型以风沙土为主，植被类型以温带丛生禾草草原植被为主；水土流失以中度及以上水力侵蚀为主。本区农业人口为 95 万人，人口密度为 58 人/km^2，耕垦指数为 0.28。农村居民人均纯收入为 8830 元。

本区是我国典型的风、水交错侵蚀区，砒砂岩分布广泛，是黄河多沙粗砂集中来源区；过度垦殖和放牧，风蚀沙化严重，生态恶化。水土保持主导基础功能为拦沙减沙和土壤保持。

2）水土流失防治技术途径

本区水土保持重点是加强黄河粗泥沙治理，减少河湖库淤积，保护土地生产力，保障农牧业和综合农业生产发展。丘陵地带以沟道治理为主，沟坡兼治，减少入黄河粗泥沙；充分利用降水资源，大力发展坝系农业；在荒山荒坡和退耕的陡坡地上，建设水土保持林，封山禁牧，恢复植被，适度发展畜牧业；将生产条件较好的坡耕地改造为水平梯田，发展设施农业和以枸杞、沙棘产品为主的特色产业。砒砂岩地带因地制宜，积极推进以沙棘生态林为主的林草植被建设，加大退耕还林还草工程，实行大面积封禁治理。库布齐沙漠和毛乌素沙地边缘的风沙区建立以乔、灌、草相结合的带、片、网的防风固沙阻沙体系，减轻风蚀沙害；加强预防保护，控制新增人为水土流失。

8.3.4.5　Ⅳ-B-2zt 晋西北黄土丘陵沟壑防灾减灾保土区

1）分区概况

本区位于山西西北部的黄河沿岸，汾河以西。涉及山西 4 市的 20 个县（市、区），面积为 3.27 万 km^2。地貌以峁状丘陵为主，年均降水量为 500mm，≥10℃积温为 2500～3500℃，土壤以褐土性土为主，植被类型属南部森林草原向北部干旱草原的过渡地带；水土流失以中度-强烈水力侵蚀为主。本区人口密度相对较大，耕垦指数高，农业以种植业为主，北部兼有畜牧业，农村经济欠发达。

本区降水相对较少，干旱缺水，坡耕地比例大，砂性土壤大面积覆盖，原生植被破坏殆尽，水土流失严重。多数县（市、区）为国家级贫困县和革命老区。水土保持主导基础功能为防灾减灾和土壤保持。

2）水土流失防治技术途径

本区水土保持重点是控制沟蚀，拦沙保土、减少入黄泥沙，蓄水保水，提高土地生产力，发展综合农业和特色产业，增加农民收入，改善农村生活条件。丘陵地带建设以沟道淤地坝建设为主的拦沙工程体系，以小流域为单元进行综合治理。梁峁顶部以灌草为主，防风固土；梁峁坡修建梯田，蓄水保土，适当发展经济林；沟缘线附近实施沟头防护；沟坡营造水土保持林；沟底建设淤地坝坝系工程，合理利用降水资源，建设高标准农田。土石山地带以改造中低产田和恢复林草植被建设为主，在缓坡地修筑水平梯田，荒草地进行生态修复或封山育草，有条件的地方发展特色林业产业，加强局部地区天然次生林保护。实施矿区土地整治和植被恢复，控制人为水土流失。

8.3.4.6 IV-B-3jt 陕北黄土丘陵沟壑拦沙保土区

1）分区概况

本区位于陕西东北部、黄河沿岸，窟野河及无定河下游区域，涉及陕西 2 市的 10 个县（市、区），面积为 2.46 万 km²。地貌以峁状丘陵为主，年均降水量为 400～520mm，≥10℃积温为 3200～4200℃，土壤以褐土性土、黄绵土、栗褐土和淡栗褐土为主，植被类型自南向北由森林草原向干旱草原过渡；水土流失以中度-强烈水力侵蚀为主。本区人口密度相对较大，耕垦指数高。

本区是我国水土流失最为严重的区域之一，是黄河多沙粗砂集中来源区，降水相对较少，干旱缺水，坡耕地比例大，砂性土壤大面积覆盖，原生植被破坏殆尽，水土流失严重。水土保持主导基础功能为拦沙减沙和土壤保持。

2）水土流失防治技术途径

本区水土保持重点是控制沟蚀，拦沙保土、减少入黄泥沙，蓄水保水，提高土地生产力，发展综合农业和特色产业，增加农民收入，改善农村生活条件。丘陵地带建设以沟道淤地坝为主的拦沙工程体系，同时开展以小流域为单元的综合治理，重点是坡耕地整治及林草植被建设。梁峁顶部以灌草为主，防风固土；梁峁坡修建梯田，蓄水保土，适当发展经济林；沟坡营造水土保持林；沟底建设淤地坝坝系工程。实施矿区土地整治和植被恢复，控制新增人为水土流失。

8.3.4.7 IV-B-4jf 陕北盖沙丘陵沟壑拦沙防沙区

1）分区概况

本区位于陕西西北部，毛乌素沙地南缘，无定河和北洛河上游区域。涉及陕西 2 市（区）的 5 个县（区），面积为 2.67 万 km²。地貌以沙化或片沙覆盖的黄土丘陵为主，平均海拔为 800～1700m，年均降水量为 320～450mm，≥10℃积温为 2900～3500℃，土壤以风沙土、盐碱土为主，植被为典型草原向森林草原过渡地带；北部水蚀风蚀交错，沙地边缘风蚀强烈，白于山及其以南的黄土丘陵地带水力侵蚀严重。该区农业人口为 133 万人，人口密度为 62 人/km²，耕垦指数为 0.28，农民人均纯收入为 4015 元。

本区位于毛乌素沙地东南缘，是风沙区和黄土丘陵沟壑区的过渡地带，风蚀水蚀交错，是我国水土流失较严重的区域之一，是黄河泥沙主要来源区之一。水土保持主导基础功能为拦沙减沙和防风固沙。

2）水土流失防治技术途径

本区水土保持重点是控制沟蚀，拦沙保土、减少入黄泥沙；大力恢复林草植被，控制风蚀和沙地南移；适度发展畜牧业，发展特色农业，增加农民收入，改善农村生活条件。丘陵地带以沟道治理为主，沟坡兼治，减少入黄河粗泥沙。在沟头布设沟头防护，在支毛沟修建谷坊群、淤地坝等，在主沟道修建骨干坝等拦沙工程；在荒山荒坡和退耕的陡坡地上，建设水土保持林；开展退耕还林，封育治理；有条件的地方，发展畜牧业和特色农业产业。在毛乌素沙地边缘的风沙地带，以人工治理与生态修复相结合，建立以乔、灌、草相结合的带、片、网防风固沙阻沙体系，提高林草覆盖率，减少人为过度开垦，减轻风蚀沙害。加强北洛河上游白于山一带的天然次生林保护，加强封山禁牧，巩固退耕还林还草成果，强化对煤炭、油气田等生产建设活动的监督管理，控制新增人为水土流失。

8.3.4.8　IV-B-5zj 延安中部丘陵沟壑防灾减灾拦沙区

1）分区概况

本区位于子午岭林区以北，延河中下游，涉及陕西延安市的 4 个县（区），面积为 1.26 万 km²。地貌以峁状丘陵为主，沟壑密度为 3～5km/ km²，平均海拔为 1000～1400m，年均降水量为 480～560mm，≥10℃积温为 2800～3300℃，土壤以黄绵土、黑垆土为主，植被以灌丛草地为主；水土流失以中度-极强烈水力侵蚀为主，兼有风力侵蚀和重力侵蚀。本区农业人口为 66 万人，人口密度为 77 人/km²，耕垦指数为 0.39，农民人均纯收入为 4800 元。

本区地形复杂，干旱缺水，土地贫瘠，人口密度较小，耕地资源丰富，垦殖指数较高，大部分为坡耕地，农业以种植业为主，经济欠发达；本区水土流失严重，是国家主体功能区确定的重要的生态功能区。水土保持主导基础功能为拦沙减沙和防灾减灾。

2）水土流失防治技术途径

本区水土保持重点是拦沙减沙和防灾减灾，减少河湖库淤积，发展综合农业及牧业生产，保障粮食生产，提高土地生产力。本区以小流域为单元，沟坡兼治。建设以骨干坝为主的坝系工程，辅以小型蓄水保土工程，控制沟道泥沙；充分利用拦蓄径流，发展高产高效的坝系农业，建设高标准农田，发展设施农业，促进退耕还林还草建设；加强梁峁坡的植被恢复，大力营造水土保持林，提高植被覆盖度，有效防止坡面土壤侵蚀；有条件的地区发展以苹果和枣为主的经济林，提高农民收入。推行封山禁牧，建设人工草场，发展舍饲养畜，巩固和扩大退耕还林还草成果。加强预防保护，强化对油气田、煤炭为主的生产建设项目的监督管理，有效控制新增人为水土流失。

8.3.4.9　IV-C-1tx 汾河中游丘陵沟壑蓄水保土区

1）分区概况

本区位于汾河中游地区的两岸。涉及山西 4 个市 23 个县（市、区），土地面积为 2.14 万 km²。典型地貌为河谷阶地、中低山丘陵，东部为太行山中低山土石山区，海拔为 600～

1500m，年均降水量为 380～580mm，≥10℃积温为 2400～5000℃。植被类型以温带落叶阔叶林为主；水土流失以轻度-中度水力侵蚀为主。本区农业人口为 456 人，人口密度为 412 人/km²，耕垦指数为 0.16，农民人均纯收入为 6217 元。

本区盆地区水土流失较轻，丘陵区水蚀较为严重；由于水资源严重短缺，汾河水资源利用率高，河流污染严重。水土保持主导功能为土壤保持和蓄水保水。

2）水土流失防治技术途径

本区水土保持重点是加强河谷阶地和丘陵区坡面和沟道综合治理，防治山前丘陵山洪灾害，改善城市人居环境。丘陵沟壑、残塬地带实施以小流域为单元的综合治理，加强坡改梯和淤地坝工程建设。山前阶地实施坡改梯，发展节水节灌，扩大灌溉面积，建设山西特色林果产品基地，实施清洁小流域治理，减轻山洪灾害和控制面源污染。冲积平原和河谷盆地地带平整土地，完善农田排灌设施，营造农田防护林，保护河岸植物带，控制滩岸侵蚀，与城市园林绿化相结合，推进城市水土保持工作，改善人居环境。土石山地带加强天然林保护，抚育改造次生林和疏林地，提高水土保持和水源涵养能力。加强矿区塌陷地、矸石山等损毁土地的水土保持和生态恢复，做好汾河清水复流工程和太原西山综合整治工程的相关水土保持工作，控制新增人为水土流失。

8.3.4.10　IV-C-2xs 晋南丘陵阶地蓄水生态维护区

1）分区概况

本区位于山西西南部，西、南以黄河为界，临汾以南及晋城盆地周边区域。共涉及山西 3 个市的 22 个县（市、区），土地总面积为 2.49 万 km²。该区西部以冲积平原和阶地为主，东部间有山地、阶地，南部为中条山，区内海拔为 400～2400m，≥10℃积温为 2000～4500℃，年均降水量为 470～625mm，土壤类型以褐土、褐土性土为主，植被类型以暖温带阔叶落叶林为主；水土流失以轻中度水力侵蚀为主，局部地区存在重力侵蚀。本区农业人口为 618 万人，人口密度为 332 人/km²，耕垦指数为 0.36，农民人均纯收入为 5103 元。

本区水土流失较为严重，土石山区山洪灾害时有发生，运城盆地干热风灾害严重，峨眉台地干旱缺水，晋城盆地土地塌陷、水资源破坏等矿产开采形成的环境问题突出。中条山是山西生物多样性保护区，是天然林保护工程的重要实施区，也是沁河、丹河等河流的重要水源涵养区。水土保持主导功能为蓄水保水和生态维护。

2）水土流失防治技术途径

本区水土保持重点是加强丘陵阶地和土石山区的蓄水保土工作，增强河源区的水源涵养能力，防治山洪灾害。土石山地带改造坡耕地，修筑石坎梯田，发展水浇地，开展退耕还林还草，荒山荒坡造林种草，封山育林，水热条件较好的地区发展特色林果产业；加强山洪灾害频发沟道的综合整治；河源区加强天然林保护，抚育改造次生林和疏林地，提高水土保持和水源涵养能力。有条件的地区建设特色林果产品基地；局部沟蚀严重地区，修建沟头、沟边围埝、沟底谷坊及淤地坝。冲积平原和山间盆地带，平整土地，完善农田排灌设施，营造农田防护林，防治干热风灾害。加强矿区塌陷地、露天采坑、矸石山、采石场、尾矿库等损毁土地的水土保持和生态恢复，控制新增人为水土流失。

8.3.4.11　IV-C-3nx 秦岭北麓渭河阶地农田防护蓄水区

1）分区概况

本区位于渭河两岸、秦岭分水岭以北、渭北高塬沟壑区以南，包括陕西 6 个市的 40 个县（市、区），总面积为 3.83 万 km²。本区地貌以冲积平原、丘陵山地、河谷滩地、阶地为主，海拔为 350～1300m，≥10℃积温为 1120～4656℃，土壤类型以褐土、黄绵土、棕壤为主，主要植被类型为温带落叶阔叶林；水土流失以轻度水力侵蚀为主，局部地区存在重力侵蚀。本区农业人口为 1316 万人，人口密度为 520 人/km²，农民人均纯收入为 4733 元。

本区渭北汉源沟壑纵横、地形破碎，植被稀少，地表水资源贫乏，水土流失严重；关中平原冬春少雨，夏旱秋涝，干热风强烈，植被覆盖度低；秦岭北麓山高、陡坡、沟深、石多土薄，植被破坏严重，水源涵养能力下降，生态破坏严重。本区是关中平原的绿色屏障，有国家级佛坪大熊猫和洋县朱鹮自然保护区，是关中-天水重要农业战略格局区和生态安全战略区。水土保持主导功能为农田防护和蓄水保水。

2）水土流失防治技术途径

本区水土保持重点是蓄水保土、节水灌溉，提高土地生产力，发展棉油等特色产业，严格监督管理，减少人为水土流失。丘陵沟壑地带以小流域综合治理和淤地坝建设为主，发展径流集蓄和节水灌溉，发展坝系农业，保障粮食生产。关中平原地带，开展土地平整，建设渠系及农田防护林网，实现田、林、路、渠配套的园田化。秦岭北麓，加强植被建设和保护，维护秦岭北麓绿色生态屏障。加强预防保护，有效控制新增人为水土流失。

8.3.4.12　IV-D-1nx 晋陕高塬沟壑农田防护蓄水区

1）分区概况

本区东起吕梁山南端，西至六盘山，南至渭北旱塬，北至子午岭北端，涉及陕西 4 个市的 19 个县（区），山西 1 个市的 6 个县，面积为 3.54 万 km²。地貌以黄土台塬和山地为主，海拔为 1000～2000m，年均降水量为 460～667mm，≥10℃积温为 2500～4600℃，土壤类型以黄绵土、褐土为主，植被类型主要为温带、暖温带落叶阔叶林；水土流失以轻度-强烈水力侵蚀为主，重力侵蚀次之。本区农业人口为 530 万人，人口密度为 125 人/km²，农民人均纯收入为 2309 元。

本区是典型的黄土高原沟壑区，是黄河的主要泥沙来源区之一，沟深坡陡，耕地主要集中在塬面，塬边沟壁崩塌、滑塌、泻溜等重力侵蚀活跃；塬面干旱缺水，人畜饮水困难，广布塬面的交通道路汇水排水造成冲蚀严重。水土保持主导基础功能为农田防护和蓄水保水。

2）水土流失防治技术途径

本区水土保持重点是农田防护和蓄水保水，保障粮食生产安全，发展综合农业生产，提高土地生产力，保护饮水安全、河湖沟渠边岸，减少河库淤积。在高塬沟壑地带进行保塬护坡固沟，塬面修筑梯田埝地，充分利用地埂栽植经济植物；塬边修筑沟头防护工程；塬坡实行条田台田化，营造经济林；沟坡大力营造水土保持林；支毛沟修筑谷坊工程和防冲林，主沟道修建淤地坝，建设坝系工程；子午岭和吕梁林区以保护天然次生林和人工林地为主，采取封山、封沟育林育草，结合次生林改造，提高林草覆盖率；通过引提工程，发展灌溉农田，促进植被恢复和建设。加强对矿区的水土保持监督管理工作，控制新增人为水土流失。

8.3.4.13 IV-D-2tx 甘南高塬沟壑蓄水保土区

1）分区概况

本区位于甘肃东部，六盘山东部地区，涉及甘肃2个市的9个县（区），面积为2.1万km²。地貌以山地和黄土台塬为主，海拔为1000~2000m，年均降水量为400~550mm，≥10℃积温为2500~3800℃，土壤类型以黄绵土、褐土为主，植被类型主要为温带、暖温带落叶阔叶林；水土流失以轻度-强烈水力侵蚀为主，重力侵蚀次之。本区农业人口为120万人，人口密度为98人/km²，农民人均纯收入为2405元。

本区是六盘山的东缘地区，沟深坡陡，沟谷延伸，沟蚀严重，耕地面积减少，田面破碎化；塬面干旱缺水，人畜饮水困难，广布塬面的交通道路汇水排水造成冲蚀严重。水土保持主导基础功能为土壤保持和蓄水保水。

2）水土流失防治技术途径

本区水土保持重点是土壤保持和蓄水保水，保障粮食生产安全，发展综合农业生产，提高土地生产力，保护饮水安全、河湖沟渠边岸，减少河库淤积。高塬沟壑地带以保塬护坡固沟为基本原则，塬面修筑梯田埝地，充分利用地埂栽植经济植物；塬边修筑沟头防护工程；塬坡实行条田台田化，营造经济林；沟坡大力营造水土保持林；支毛沟修筑谷坊工程和防冲林，主沟道修建淤地坝，建设坝系工程，有条件的应拦蓄径流和小泉小水，通过引水解决人畜吃水问题；做好道路排蓄水，防止道路侵蚀。子午岭与吕梁林区以保护天然次生林和人工林地为主，采取封山、封沟育林育草，结合次生林改造，提高林草覆盖率；在近村缓坡地上修建水平梯田，整治沟川台地，充分利用沟道径流和小泉小水，通过引提工程，发展灌溉农田，提高土地产值，促进植被恢复和建设。加强对矿区的水土保持监督管理工作，控制新增人为水土流失。

8.3.4.14 IV-E-1xt 宁南陇东丘陵沟壑蓄水保土区

1）分区概况

本区位于宁夏南部山区及甘肃中东部地区，涉及宁夏、甘肃6个市的22个县（区），土地面积为6.03万km²。地貌类型主要为黄土丘陵沟壑，北部地区以梁状丘陵为主，南部为山地地貌，海拔在1000~2400m，≥10℃活动积温为2500~3600℃，多年平均降水量为260~550mm，土壤主要以黄绵土、黑垆土为主，植被类型属森林草原植被带；本区水土流失主要以中-轻度水力侵蚀为主，间有重力、风力侵蚀。本区农业人口为728万人，人口密度为140人/km²，农民人均纯收入为2914元。

本区是我国水土流失最为严重的区域之一，气候干旱，降水分布不均，北部严重干旱缺水，南部季节性缺水严重；区内总体上植被覆盖率低，沟壑溯源侵蚀强烈，坡面径流冲刷侵蚀严重，坡耕地侵蚀强烈，泥沙淤积河道，崩塌、泥石流等灾害严重。水土保持主导功能为蓄水保水和土壤保持。

2）水土流失防治技术途径

本区水土保持重点是加强蓄水保水，控制沟道溯源侵蚀和坡面水蚀，提高土地生产力，保障粮食生产和饮水安全,改善农村生活条件。以小流域为单元的综合治理体系和以坡面为主的径流调控体系,充分利用坡面径流,修建涝池、水窖、塘坝等小型蓄水工程;在人口稀少地区的村庄缓坡地带,大力修建水平梯田,偏远地区退耕还林还草,恢复生态植被,保持水土;在荒山荒坡和退耕的陡坡地上,建设水土保持林,减轻坡面土壤侵蚀;有条件的地方发展特色经济林产业。加强沟道治理,营造固沟护坡防冲林;建设以骨干坝为主的坝系防护体系,有条件的地方,通过引提工程,发展灌溉农田。

8.3.4.15　IV-E-2xt 陇中丘陵沟壑蓄水保土区

1)分区概况

本区位于腾格里沙漠以南,六盘山以西,青海以东,黄河干流区域,包括甘肃 4 个市(州)的 16 个县(区),土地面积为 4.04 万 km²。地貌是以梁峁为主的丘陵沟壑,海拔为 1300~2800m,≥10℃活动积温为 1700~3500℃,年平均降水量为 180~550mm,土壤类型以灰钙土、黄绵土为主,植被类型为半荒漠草原植被;水土流失类型以水力侵蚀为主,间有风力侵蚀、重力侵蚀。本区农业人口为 337 万人,人口密度为 148 人/ km²,农民人均纯收入为 2637 元。

本区是黄河泥沙主要来源区之一,干旱少雨,降水时空分布不均,水资源利用率低,人畜引水困难;地形复杂,沟壑纵横,植被稀少,坡耕地多,沟道、坡面防治体系仍不健全,沟道侵蚀严重,崩塌、泥石流等自然灾害时有发生。水土保持主导功能为蓄水保水和土壤保持。

2)水土流失防治技术途径

本区水土保持重点是增强蓄水、保水能力,加强植被建设与保护,控制坡面和沟道侵蚀,发展综合农业和特色产业。南部地区小流域为单元综合治理;采取蓄、引、提、挖等多种形式广辟水源,拦蓄和利用地表径流,兴修涝池、水窖等小型蓄水工程;大力营造水土保持林、经果林,增加植被,固坡保土;巩固和发展水平梯田,建设基本农田,提高粮食单产;在主沟道采取修筑淤地坝等保土工程措施,形成沟道防护体系;发展旱作农业和设施农业,推进苹果、土豆等特色优势农产品基地建设。北部地区加强黄灌区的节水节灌,充分利用水资源,建设农田防护林,推广和发展砂田农业,防治风蚀。在黄河两侧及城市周边地区,开展城郊水土保持,建设清洁型小流域,加强生态环境保护和污染治理。加强以兰州市、白银市为核心的城镇及工业开发区水土保持监督管理工作,有效控制新增人为水土流失。

8.3.4.16　IV-E-3hs 青东甘南丘陵沟壑水源涵养生态维护区

1)分区概况

本区位于日月山以东,太子山—秦岭以北,兰州的西南,包括甘肃、青海 7 个市(地区)的 26 个县(区),土地总面积为 4.70 万 km²。地貌类型主要为黄土丘陵沟壑,海拔在 1500~4500m,≥10℃活动积温为 1720~2600℃,年平均降水量为 375~535mm,土壤主要以栗钙土和灰钙土为主,植被类型以温带草原为主;水土流失类型主要以中-轻度水蚀为主,兼有风力侵蚀和少量冻融侵蚀。本区农业人口为 501 万人,人口密度为 146 人/ km²,垦殖指数低,农民人均纯收入为 2058 元。

本区西北中高山地区气候条件恶劣，干旱寒冷，风大沙多，地势高，有少量河谷阶地分布，耕地少；中南部地区多浅山丘陵地貌，梁峁起伏、沟壑纵横、坡陡沟深、坡耕地多，水土流失严重；崩塌、泥石流等自然灾害时有发生。水土保持主导功能为水源涵养和生态维护。

2）水土流失防治技术途径

本区水土保持重点是以水源涵养和生态维护为主，改善农牧业生产基本条件，使土地利用结构趋于合理，维护区域的生态安全。湟水源头、大通河流域加强封山育林，恢复植被，提高水源涵养能力；丘陵沟壑地带加强坡面水土流失治理，实施坡改梯，发展地埂经济，建立坡面拦蓄系统，蓄水保土。土石山地带实施退耕还林还草，荒山荒坡造林种草，封山育林，发展特色农业、畜牧业等多种产业结构；在缓坡耕地修筑水平梯田；河谷阶地地带兴修蓄、引、提工程，实施阶台地的土地平整，加强节水节灌，发展灌溉农业。高地草原地带加强封育管理，建设高产草饲料基地。

参 考 文 献

陈百明. 2003. 中国土地利用与生态特征区划. 北京: 气象出版社.

陈传康. 1993. 综合自然地理学. 北京: 高等教育出版社.

陈德利. 2006. 农业区划与资源可持续利用. 福州: 海风出版社.

陈德清. 1999. 基于遥感与地理信息系统技术的洪水灾害评估方法及其应用研究. 北京: 中国科学院地理
    科学与资源研究所博士学位论文.

陈群香. 2000. 中国水土保持生态环境建设现状与社会经济可持续发展对策. 水土保持通报, 20(03): 1-4, 34.

陈衍泰, 陈国宏, 李美娟. 2004. 综合评价方法分类及研究进展. 管理科学学报, (4): 70-79.

陈燕红, 潘文斌, 蔡芫镔. 2007. 基于 RUSLE 的流域土壤侵蚀敏感性评价——以福建省吉溪流域为例. 山
    地学报, (4): 490-496.

陈毓芬, 江南. 2001. 地图设计原理. 北京: 解放军出版社.

崔林丽. 2005. 遥感影像解译特征的综合分析与评价. 北京: 中国科学院遥感应用研究所博士学位论文.

崔秀丽. 2008. 保定市生态功能区划研究. 北京: 华北电力大学硕士学位论文.

戴昌达, 等. 2004. 遥感图像应用处理与分析. 北京: 清华大学出版社.

邓根松, 危煦春, 王建玲. 1995. 灰色系统理论在水土保持区划中的应用——邵武市水土保持区划方法初
    探. 福建水土保持, (04): 14-18.

董连科. 1991. 分形理论及其应用. 沈阳: 辽宁科学出版社.

凡非得, 王克林, 熊鹰, 等. 2011. 西南喀斯特区域水土流失敏感性评价及其空间分异特征. 生态学报, (21):
    6353-6362.

范中桥. 2004. 地域分异规律初探. 哈尔滨师范大学自然科学学报, (2): 106-109.

冯磊, 王治国, 孙保平, 等. 2012. 黄土高原水土保持功能的重要性评价与分区. 中国水土保持科学, 10(4):
    16-21.

冯志泽, 胡政, 何均. 1994. 地震灾害损失评估及灾害等级划分. 灾害学, 9(1): 13-16.

傅抱璞. 1983. 山地气候. 北京: 科学出版社.

傅伯杰, 陈利顶, 刘国华. 1999. 中国生态区划的目的、任务及特点. 生态学报, (05): 3-7.

傅伯杰, 刘国华, 陈利顶, 等. 2001. 中国生态区划方案. 生态学报, 21(1): 1-6.

高江波, 黄姣, 李双成, 等. 2010. 中国自然地理区划研究的新进展与发展趋势. 地理科学进展, (11):
    1400-1407.

葛美玲, 封志明. 2009. 中国人口分布的密度分级与重心曲线特征分析. 地理学报, (2): 202-210.

耿大定, 陈传康, 杨吾扬, 等. 1978. 论中国公路自然区划. 地理学报, (1): 49-61.

谷勇, 陈芳, 李昆, 等. 2009. 云南岩溶地区石漠化生态治理与植被恢复. 科技导报, 5(27): 74-80.

关君蔚. 1996. 水土保持原理. 北京: 中国农业出版社.

郭芳芳, 杨农, 孟晖, 等. 2008. 地形起伏度和坡度分析在区域滑坡灾害评价中的应用. 中国地质, 35(1):

131-143.

郭焕成. 1999. 中国农业经济区划. 北京: 科学出版社.

郭仁忠. 2004. 空间分析. 北京: 高等教育出版社.

郭廷辅. 1995. 我国水土保持工作现状、问题和对策. 地理研究, (4):1-7.

国务院水土保持委员会办公室. 1958. 中国土壤侵蚀图及其有关资料.

国务院西部地区开发领导小组办公室, 国家环境保护总局. 2002. 生态功能区划技术暂行规程.

侯光炯. 1983. 运用农业生态系统学理论指导治山治水和防旱防洪——四川省长宁县相岭区水土保持区划工作试点. 水土保持通报, (5): 31-37.

侯学煜. 1960. 中国的植被. 北京: 人民教育出版社.

侯学煜. 1964. 论中国植被分区的原则、依据和系统单位. 植物生态学与地植物学丛刊, (2): 153-179.

侯学煜, 姜恕, 陈昌笃, 等. 1963. 对于中国各自然区的农、林、牧、副、渔业发展方向的意见. 科学通报, (9): 8-26.

侯学煜. 1988. 中国自然生态区划与大农业发展战略. 北京: 科学出版社.

胡永宏. 2002. 综合评价中指标相关性的处理方法. 统计研究, (03): 39-40.

胡月明, 冯艳芬, 李强, 等. 2001. 基于 SPSS 的中山市国家级生态示范区生态经济分区的研究. 经济地理, 21(5): 614.

胡志勇, 严鹏, 程颐农, 等. 1994. 用模糊——动态聚类法对青海省东部进行水土保持综合治理亚区划分. 水土保持研究, 1(1): 37-44.

黄秉维. 1955. 编制黄河中游流域土壤侵蚀分区图的经验教训. 科学通报, (12): 15-21.

黄秉维. 1958. 中国综合自然区划的初步草案. 地理学报, (4): 348-365.

黄秉维. 1959. 中国综合自然区划草案. 科学通报, 18: 594-602.

黄秉维. 1989. 中国综合自然区划纲要. 地理集刊, 21: 10-20.

黄志霖, 傅伯杰, 陈利顶. 2005. 黄土丘陵区不同坡度、土地利用类型与降水变化的水土流失分异. 中国水土保持科学, (04): 15-22.

贾冰. 2008. 基于 GIS 和 RS 的晋城市生态环境敏感性评价研究. 太原: 太原理工大学硕士学位论文.

贾良清, 欧阳志云, 张之源, 等. 2005. 生态功能区划及其在生态安徽建设中的作用. 安徽农业大学学报, 32(1): 113-116.

贾良清, 欧阳志云, 赵同谦, 等. 2005. 安徽省生态功能区划研究. 生态学报, 25(2): 254-259.

贾兴利. 2010. 公路自然区划地表破碎度评价指标体系研究. 西安: 长安大学硕士学位论文.

姜付仁, 向立云. 2002. 洪水风险区划方法与典型流域洪水风险区划实例. 水利发展研究, 2(7): 27-30.

蒋耀. 2006. 基于综合方法的区域可持续发展指标体系选择. 系统工程理论方法应用, (05): 441-444.

景贵和. 1986. 综合自然地理学. 长春: 东北师范大学出版社.

李斌. 1957. 关于划分道路气候区的几个问题. 工程建设, (5): 19-23.

李超. 2009. 中国公路自然区划地理信息系统研究. 西安: 长安大学博士学位论文.

李超, 许金良, 杨宏志. 2009. 基于空间变异理论的中国公路气候区划. 长安大学学报(自然科学版), 29(1): 45-49.

李德仁, 王树良, 李德毅. 2006. 空间数据挖掘理论与应用. 北京: 科学出版社.

李贵顺. 1996. 山西省三级公路自然区划. 山西交通科技, 5: 13-18.

李欢. 2012. 淮河流域水土保持区域研究. 泰安: 山东农业大学硕士学位论文.

李建勇, 陈桂珠. 2004. 生态系统服务功能体系框架整合的探讨. 生态科学, (2): 179-183.

李进鹏. 2010. 延河流域水土保持生态服务价值评价. 杨凌: 西北农林科技大学硕士学位论文.

李静, 张浪, 李敬. 2006. 城市生态廊道及其分类. 中国城市林业, 4(5): 46-47.

李君轶, 吴晋峰, 薛亮, 等. 2007. 基于 GIS 的陕西省土地生态环境敏感性评价研究. 干旱地区农业研究, 25(4): 19-23, 29.

李莉. 1997. 开发地理信息系统为环境管理服务. 城市环境与城市生态, (1): 11-13.

李明贵, 李明品. 2000. 呼盟黑土丘陵区不同土地利用水土流失特征研究. 中国水土保持, (10): 23-25.

李世东, 翟洪波. 2004. 中国退耕还林综合区划. 山地学报, 22(5): 513-520.

李世奎. 1987. 中国农业气候区划. 自然资源学报, (1): 71-83.

李煦, 梁乃兴. 2006. 四川、重庆地区公路三级自然区划的探讨. 重庆交通学院学报, (3): 46-49.

李艳春. 2011. 区域生态系统服务功能重要性研究. 太原: 太原理工大学硕士学位论文.

李云晋. 2005. 非标准化数据的聚类分析方法. 昆明冶金高等专科学校学报, (01): 34-36.

李云升, 黄毅. 1988. 辽宁省完成水土保持轮廓区划. 水土保持科技情报, (4): 63-64.

林超, 冯绳武, 郑伯仁. 1954. 中国自然区划大纲（摘要）. 地理学报, 20(4): 395-418.

林敬兰, 朱颂茜. 2006. GIS 支持下的汀江流域水土流失类型区划分探讨//中国水土保持学会第三次全国会员代表大会学术论文集: 102-107.

林涓涓, 潘文斌. 2005. 基于 GIS 的流域生态敏感性评价及其区划方法研究. 安全与环境工程, (02): 26-29.

刘传明, 李伯华, 曾菊新. 2007. 湖北省主体功能区划方法探讨. 地理与地理信息科学, (03): 68-72.

刘东生. 1985. 黄土与环境. 北京: 科学出版社.

刘国华, 傅伯杰. 1998. 生态区划的原则及其特征. 环境科学进展, 6(6): 69-73.

刘继斐. 2006. 评价指标相关性的处理方法研究. 管理科学文摘, (12): 50-51.

刘觉民, 岳大军, 唐常春, 等. 2002. 湖南六大水土保持区划的地学特征. 湖南农业大学学报（社会科学版）, (04): 29-31.

刘凯, 王选仓, 凌天清. 2009. 广西公路三级自然区划方法及其应用. 长安大学学报（自然科学版）, (2): 37-41.

刘康, 李团胜. 2004. 生态规划——理论、方法与应用. 北京: 化学工业出版社.

刘敏, 杨宏青, 向玉春. 2002. 湖北省雨涝灾害的风险评估与区划. 长江流域资源与环境, 11(5): 476-481.

刘培斌, 彭文启, 侯鹏生. 2002. 区域洪水的数值仿真模型及应用. 水动力学研究与进展, 17(5): 565-573.

刘新华, 张晓萍, 杨勤科, 等. 2004. 不同尺度下影响水土流失地形因子指标的分析与选取. 西北农林科技大学学报（自然科学版）, (06): 107-111.

刘秀花. 2006. 中国西北地区再造山川秀美综合区划研究. 西安: 长安大学博士学位论文.

刘耀宗, 张经元. 1992. 山西土壤. 北京: 科学出版社.

刘引鸽, 李团胜. 2005. 陕西省自然灾害分区与环境评价. 中国人口·资源与环境, (2): 61-64.

刘震. 2003. 黄土高原地区水土保持淤地坝规划概述. 中国水土保持, (12): 8-10.

刘自远, 杜金桂. 2007. 我国健康状况评价指标的筛选. 数理医药学杂志, (06): 825-828.

柳仲秋. 2010. 水土保持功能研究. 科学之友(下), (30): 110-111.

鲁韦坤, 杨树华. 2006. 基于 3S 的玉溪市土壤侵蚀敏感性评价研究. 云南环境科学, (2): 57-59.

陆大道. 1995. 区域发展及其空间结构. 北京: 科学出版社.

吕红亮, 杜鹏飞. 2005. 灰色系统方法在县域生态区划中的应用. 城市环境与城市生态, (03): 44-46.

吕香亭. 2009. 综合评价指标筛选方法综述. 合作经济与科技, 365: 54.

罗怀良, 朱波, 刘德绍, 等. 2006. 重庆市生态功能区的划分. 生态学报, 26(9): 3144-3151.

罗开富. 1954. 中国自然地理分区草案. 地理学报, 20(4): 379-394.

罗开富. 1956. 中国自然地理分区草案. 北京:科学出版社.

马立平. 2000. 统计数据标准化——无量纲化方法——现代统计分析方法的学与用（三）. 北京统计, (03): 34-35.

马明国, 张小荣. 2006. GIS 在甘肃省公路自然区划研究中的应用. 遥感技术与应用, (3): 232-237.

毛雪松, 王富春, 王秉纲. 2009. 中国公路沙漠自然区划研究. 公路交通科技, (1): 57-60.

孟广涛. 2011. 云南省水土流失治理及水土保持效益研究. 中国水土保持, 347(02): 34-36.

孟广涛, 方向京. 1994. 金沙江山地系统典型小流域水文效应监测方法. 云南林业科技, (03): 31-35.

苗夺谦, 李道国. 2008. 粗糙集理论、算法与应用. 北京: 清华大学出版社.

苗英豪, 王秉纲. 2009. 中国公路气候区划方案. 北京工业大学学报, (1): 89-95.

苗英豪, 王秉纲, 李超, 等. 2008. 中国公路沥青路面水损害气候影响分区方案. 长安大学学报（自然科学版）, (1):26-31.

南丛. 2009. 基于 RS 和 GIS 的县域生态功能区划方法研究——以陕西省凤县为例. 西安: 西北大学硕士学位论文.

南京大学地貌教研组. 1964. 地貌学. 北京: 科学出版社.

倪绍祥. 1982. 苏联地理学界关于自然区划问题研究的近况. 地理研究, (1): 95-102.

牛玉欣. 2011. 基于 GIS 的公路自然区划方法研究. 西安: 长安大学博士学位论文.

牛玉欣, 许金良, 袁春建. 2010. 山东省公路气候区划数据可用性分析. 武汉理工大学学报, 32(24): 90-93.

欧阳海, 郑步忠, 王雪娥, 等. 1990. 农业气候学. 北京: 气象出版社.

欧阳志云. 2008. 全国生态功能区划. 中国科技教育, (5): 21-22.

欧阳志云, 王如松. 1999a. 生态系统服务功能及其生态经济价值评价. 应用生态学报, 10(5): 635-640.

欧阳志云, 王效科. 1999b. 中国陆地生态系统服务功能及其生态经济价值的初步研究. 生态学报, 19(5): 607-613.

潘宣, 柳诗众, 王星. 2010. 陕西省丹江口库区及上游水土保持工程建设情况概述. 中国水土保持, (4): 27-28.

潘耀忠, 史培军. 1997. 区域自然灾害系统基本单元:研究——I: 理论部分. 自然灾害学报, (4):1-9.

钱崇澍, 吴征镒, 陈昌笃. 1956. 中国植被区划草案. 北京: 科学出版社.

乔琦, 孔益民. 1997 地理信息系统, 桌面地图信息系统与环境管理信息系统. 环境科学研究, (5): 14-17.

秦平. 2005. 高分辨率遥感影像的快速几何纠正研究与实现. 武汉: 武汉大学硕士学位论文.

丘宝剑. 1986. 竺可桢先生与中国气候区划. 西南师范大学学报（自然科学版）, (03): 79-84.

全国人民代表大会常务委员会. 2010. 中华人民共和国水土保持法(修订版). 北京: 法律出版社.

全国山洪灾害防治规划编写组, 水利部长江水利委员会. 2005. 全国山洪灾害防治简要规划报告.

任鲁川. 1999. 自然灾害综合区划的基本类别及定量方法. 自然灾害学报, 8(4): 41-45.

任美锷, 包浩生. 1992. 中国自然区域及开发整治. 北京: 科学出版社.

任美锷, 杨纫章. 1961. 中国自然区划问题. 地理学报, 27: 66-74.

任美锷, 杨纫章, 包浩生. 1979. 中国自然地理纲要. 北京: 商务印书馆.

山西森林编辑委员会. 1992. 山西森林. 北京: 中国林业出版社.

《山西水土保持志》编纂委员会. 1998. 山西水土保持志. 郑州: 黄河水利出版社.

陕西省水土保持局. 1985. 陕西省水土保持区划.

沈玉昌, 苏时雨, 尹泽生. 1982. 中国地貌分类、区划与制图研究工作的回顾与展望. 地理科学, (2): 97-105.

盛昌明. 2011. 汶川地震灾区及四川地质灾害防治形势与建议. 国土资源情报, (7): 37-39.

师守祥. 1997. 西北地区可持续发展的环境对策. 西北师范大学学报（自然科学版）, (12): 62-67.

石剑, 杜春英, 王育光, 等. 2005. 黑龙江省热量资源及其分布. 黑龙江气象, (4): 29-32.

石培礼, 李文华. 2001. 森林植被变化对水文过程和径流的影响效应. 自然资源学报, (5): 481-487.

水利部. 2003. 水功能区管理办法.

水利部. 2007. 土壤侵蚀分类分级标准（SL190—2007）. 北京: 中国水利水电出版社.

水利部. 2013. 第一次全国水利普查公告. 北京: 中国水利水电出版社.

水利部水土保持司. 2006. 水土保持术语(GB/T 20465—2006). 北京: 中国标准出版社.

水利部, 中国科学院, 中国工程院. 2010. 中国水土流失防治与生态安全. 北京: 科学出版社.

孙保平, 王治国, 赵岩, 等. 2011. 中国水土保持区划目的、任务与特点//中国水土保持学会水土保持规划设计专业委员会 2011 年年会, 桂林.

孙英君, 王劲峰, 柏延臣. 2004. 地统计学方法进展研究. 地球科学进展, 19(2): 268-274.

孙振凯, 毛国敏, 邹其嘉, 1994. 自然灾害灾情划分指标研究. 灾害学, 9(2): 84-87.

汤国安, 杨昕. 2006. ArcGIS 地理信息系统空间分析实验教程. 北京: 科学出版社.

汤国安, 张友顺, 刘咏梅, 等. 2009. 遥感数字图像处理. 北京: 科学出版社.

汤奇成, 程义, 李秀云. 1993. 中国洪水灾害分类分级和危险度评价方法研究. 北京: 中国科学技术出版社.

汤小华. 2005. 福建省生态功能区划研究. 福州: 福建师范大学博士学位论文.

汤小华, 王春菊. 2006. 福建省土壤侵蚀敏感性评价. 福建师范大学学报（自然科学版）, (4): 1-4.

唐克丽, 熊贵枢, 梁季阳, 等. 1993. 黄河流域的侵蚀与径流泥沙变化. 北京: 中国科学技术出版社.

唐松青. 2003. 山地森林的水土保持作用. 福建水土保持, 15(2): 10-13.

陶星名. 2005. 生态功能区划方法学研究——以杭州市为例. 杭州: 浙江大学硕士学位论文.

万红莲. 2008. 试论陕西省水土流失问题. 陕西农业科学, (6): 65-67.

汪宏清, 邵先国, 范志刚, 等. 2006. 江西省生态功能区划原理与分区体系. 江西科学, 24(4): 154-158.

王才. 1989. 黑龙江省水土保持事业的回顾与展望. 中国水土保持, (11): 13-15.

王建玲, 邓根松, 危煦春. 1995. 灰色系统理论在水土保持区划中的应用——邵武市水土保持区划方法初探. 福建水土保持, (4): 14-18.

王静爱, 史培军, 朱骊. 1994. 中国主要自然致灾因子的区域分异. 地理学报, 49(1): 18-25.

王礼先. 2004. 中国水利百科全书·水土保持分册. 北京: 中国水利水电出版社.

王玲玲, 史学建, 康玲玲. 2006. 多沙粗沙区生态区划指标体系研究. 水利与建筑工程学报, (04): 11-13.

王平. 1999. 自然灾害综合区划研究的现状与展望. 自然灾害学报, 8(1): 21-29.

王如松. 1991. 生态县的科学内涵及其指标体系. 生态学报, (2): 90-94.

王书华. 2002. 区域生态经济的理论、方法与实践. 北京: 中国发展出版社.

王维. 2003. 基于遥感、GIS 技术的青岛生态功能区划研究. 石家庄: 河北师范大学硕士学位论文.

王效科, 欧阳志云, 肖寒, 等. 2001. 中国水土流失敏感性分布规律及其区划研究. 生态学报, 21(1): 14-19.

王雁林, 郝俊卿, 赵法锁, 等. 2011. 陕西省地质灾害风险区划初步研究. 西安科技大学学报, (1): 46-52.

王玉俭. 1990. 山东省水土保持区划探讨. 水土保持通报, (5): 19-22.

王治国, 王春红. 2007. 对我国水土保持区划与规划中若干问题的认识. 中国水土保持科学, (1): 105-109.

王治国, 张超, 纪强, 等. 2011. 全国水土保持区划分级体系与方法//中国水土保持学会水土保持规划设计专业委员会 2011 年年会, 桂林.

魏晓. 2005. 从我国西北景观带的分布规律探讨宁夏的水土保持//中国科学技术协会 2003 年学术年会.

魏晓, 孙峰华. 2005. 宁夏水土保持及区划研究. 水土保持研究, (6): 123-125.

吴殿廷, 朱青. 2003. 区域定量划分方法的初步研究. 北京师范大学学报（自然科学版）, 39(3): 412-416.

吴海波, 赵晓慎, 王治国, 等. 2012. 基于 Bayes 判别分析模型的水土保持区划. 中国水土保持科学, 10(02): 88-91.

吴岚. 2007. 水土保持生态服务功能及其价值研究. 北京: 北京林业大学博士学位论文.

吴良铺. 2000. 中国传统人居环境理念对当代城市设计的启发. 世界建筑, (1): 82-85.

吴绍洪. 2002. 生态地理区域界线划分的指标体系. 地理科学进展, 21(4): 302-310.

吴时强, 吴修锋. 2000. 风险分析方法在城市防洪规划中的应用. 水利水运科学研究, (4): 1-8.

伍光和. 2000. 自然地理学（第三版）. 北京: 高等教育出版社.

席承藩. 1985. 中国自然区划概要. 农业区划, (6): 33-34.

席承藩, 张俊民, 丘宝剑, 等. 1984. 中国自然区划概要. 北京:科学出版社.

肖笃宁. 1991. 景观生态学: 理论、方法及应用. 北京: 中国林业出版社.

肖笃宁, 布仁仓, 李秀珍. 1997. 生态空间理论与景观异质性. 生态学报, 17(5): 453-461.

解明曙, 庞薇. 1993. 关于中国土壤侵蚀类型与侵蚀类型区的划分. 中国水土保持, (5): 12-14.

解运杰, 王岩松, 王玉玺. 2005. 东北黑土区地域界定及其水土保持区划探析. 水土保持通报, (01): 48-50.

辛树帜, 蒋德麒. 1982. 中国水土保持概论. 北京: 农业出版社.

徐建华. 2002. 现代地理学中的数学方法(第二版). 北京: 高等教育出版社.

徐强, 陈忠达, 黄杰. 2000. 关于河南省公路三级自然区划的探讨. 河南交通科技, (6): 31-33.

徐中民, 张志强, 程国栋, 等. 2003. 生态经济学理论方法与应用. 郑州: 黄河水利出版社.

许金良, 李超, 杨宏志. 2008. 中国公路自然区划空间数据库的设计. 交通运输工程学报, (1): 47-53.

燕乃玲. 2007. 生态功能区划与生态系统管理:理论与实证. 上海: 上海社会科学院出版社.

燕乃玲, 虞孝感. 2003. 我国生态功能区划的目标、原则与体系. 长江流域资源与环境, 12(6): 579-585.

杨景春, 李有利. 2005. 地貌学原理. 北京: 北京大学出版社.

杨景, 郑达贤, 陈加兵. 2004. 福建省沙县生态功能区划. 云南地理环境研究所, 16（4）: 14-17.

杨萍, 曹生奎, 孟彩虹, 等. 2010. 青海湖水面蒸发量计算. 青海师范大学学报（自然科学版）, (3): 75-79.

杨勤业, 李双成. 1999. 中国生态地域划分的若干问题. 生态学报, (5): 8-13.

杨勤业, 吴绍洪, 郑度. 2002. 自然地域系统研究的回顾与展望. 地理研究, (4): 407-417.

杨树珍. 1990. 中国经济区划研究. 北京: 中国展望出版社.

杨维, 刘云国, 曾光明, 等. 2007. 定量遥感支持下的红壤丘陵区土壤侵蚀敏感性评价——以长沙市为例. 环境科学与管理, (1): 120-125.

杨永峰. 2009. 基于多重分析的山东省水土保持生态功能区划研究. 北京: 北京林业大学博士学位论文.

杨永强, 佘琳晓, 卞有生, 等. 2007. 县域生态功能区划研究. 环境科学导刊（增刊）, 26: 41-42.

杨桢, 王向明. 2011. 陕西省水土流失现状及治理措施浅析. 陕西水利, (B06): 125-126.

尹海伟, 徐建刚, 陈昌勇, 等. 2006. 基于 GIS 的吴江东部地区生态敏感性分析. 地理科学, 26(1): 61-64.

尹辉, 李景保, 廖婷, 等. 2009. 湖南省澧水流域水土保持区划研究. 水土保持通报, (3): 45-49.

尹忠东, 周心澄, 朱金兆. 2003. 影响水土流失的主要因素研究概述. 世界林业研究, (3): 32-36.

尤艳馨. 2007. 构建生态补偿机制的思路与对策. 地方财政研究, (3): 54-57.

于秀林, 任雪松. 1999. 多元统计分析. 北京: 中国统计出版社.

余新晓, 吴岚, 饶良懿, 等. 2008. 水土保持生态服务功能价值估算. 中国水土保持科学, (1): 83-86.

袁榴艳. 2007. 新疆生态经济区功能定位研究. 乌鲁木齐: 新疆农业大学博士学位论文.

曾祥旭. 2007. 我国小城市人居环境评价研究. 成都: 西南财经大学硕士学位论文.

张宝堃, 段月薇, 曹琳. 1956. 中国气候区划草案. 北京: 科学出版社.

张碧岭. 1986. 江西省水土保持区划试探. 南昌水专学报, (2): 55-63.

张碧琴, 田茂杰, 叶亚丽, 等. 2005. 新疆公路三级自然区划划分原则和方法. 长安大学学报(自然科学版), (5): 29-33.

张超. 2008. 水土保持区划及其系统架构研究——以山西省为例. 北京: 北京林业大学博士学位论文.

张超, 王治国, 王秀茹, 等. 2008. 我国水土保持区划的回顾与思考. 中国水土保持科学, (4): 100-104.

张超, 王治国, 赵乾坤. 2011. 新水土保持法条件下全国水土保持规划的思考. 中国水土保持学会水土保持规划设计专业委员会 2011 年年会, 桂林.

张国平, 刘纪远, 张增祥, 等. 2002. 1995～2000 年中国沙地空间格局变化的遥感研究. 生态学报, (9): 1500-1506.

张汉雄. 1990. 模糊聚类在水土保持区划中的应用. 中国水土保持, (11): 54-56.

张青峰. 2008. 黄土高原生态经济分区研究. 杨凌:西北农林科技大学博士学位论文.

张行南, 罗健, 陈雷, 等. 2000. 中国洪水灾害危险程度区划. 水利学报, (3): 1-7.

张永江, 张瑞. 2006. 水土保持规划中生态功能区的划分方法——以三川河流域为例. 山西水土保持科技, (1): 16-18.

张玉华, 冯明汉, 任洪玉, 等. 2011. 长江流域片水土保持三级区划分与功能定位探讨//中国水土保持学会水土保持规划设计专业委员会 2011 年年会, 桂林.

赵树久. 1985. 对县级水土保持区划问题的探讨. 水土保持科技情报, (4): 35-37.

赵护兵, 刘国彬, 曹清玉, 等. 2006. 黄土丘陵区不同土地利用方式水土流失及养分保蓄效应研究. 水土保持学报, (01): 20-24.

赵济. 1995. 中国自然地理. 北京: 高等教育出版社.

赵明月, 赵文武, 安艺明, 等. 2012. 青海湖流域土壤侵蚀敏感性评价. 中国水土保持科学, (2): 15-20.

赵松乔. 1983. 中国综合自然区划的一个新方案. 地理学报, 38(1): 1-10.

赵文武, 傅伯杰, 陈利顶, 等. 2004. 黄土丘陵沟壑区集水区尺度土地利用格局变化的水土流失效应. 生态学报, 24(7): 1358-1364.

赵岩, 王治国, 孙保平, 等. 2013. 中国水土保持区划方案初步研究. 地理学报, 68(3): 307-317.

赵勇, 裴源生, 陈一鸣. 2006. 我国城市缺水研究. 水科学进展, 17(3): 389-394.

郑德祥, 陈平留, 张连金. 2006. 人工神经网络方法在林地经济区划中的应用. 福建林学院学报, 26(3): 206-209.

郑度, 傅小锋. 1999. 关于综合地理区划若干问题的探讨. 地理科学, 19(03): 193-197.

郑度, 葛全胜, 张雪芹, 等. 2005. 中国区划工作的回顾与展望. 地理研究, 24(3): 330-344.

郑度, 杨勤业, 赵名茶, 等. 1997. 自然地域系统研究. 北京: 中国环境科学出版社.

郑景云, 尹云鹤, 李炳元. 2010. 中国气候区划新方案. 地理学报, 65(1): 3-12.

郑世清, 王占礼, 陈文亮, 等. 1986. 坡地开垦对水土流失的影响. 水土保持通报, (3): 55-56.

郑文杰, 郑毅. 2005. 云南省水土流失概况及水土保持措施. 湖北农业科学, (06): 5-8.

中国科学院地理研究所. 1959. 中国地貌区划. 北京: 科学出版社.

中国科学院地理研究所经济地理研究室. 1980. 中国农业地理总论. 北京: 科学出版社.

中国科学院黄土高原综合科学考察队. 1958. 黄河中游黄土高原水土保持土地合理利用区划. 北京: 中国科学技术出版社.

中国科学院黄土高原综合科学考察队. 1990. 黄土高原地区土壤侵蚀区域特征及其治理途径. 北京: 中国科学技术出版社.

中国科学院自然区划工作委员会. 1959. 中国水文区划（初稿）. 北京: 科学出版社.

中国林业部林业区划办公室. 1987. 中国林业区划. 北京: 中国林业出版社.

中国水利区划编写组. 1989. 中国水利区划. 北京: 水利电力出版社.

中国自然地理编辑委员会. 1980. 中国自然地理——地貌. 北京: 科学出版社.

中华人民共和国建设部. 1994. 建筑气候区划标准（GB 50178—93）.

周传斌, 戴欣, 王如松, 等. 2011. 生态社区评价指标体系研究进展. 生态学报, 31（6）: 4749-4759.

周伏建, 陈明华, 林福兴, 等. 1989. 福建省降雨侵蚀力指标的初步探讨. 福建水土保持, (2): 58-60.

周俊菊, 石培基, 师玮, 等. 2011. 基于 GIS 的陇南市土壤侵蚀敏感性评价及其空间分异特征. 土壤通报, 42 (5): 1076-1080.

周立三. 1981. 中国综合农业区划. 北京: 农业出版社.

周世波, 刘乐融, 史玲芳. 1993. 利用多因子定量分析进行水土保持区划的研究——以窟野河、孤山川流域为例. 水土保持学报, (1): 35-45.

周廷儒. 1963. 中国自然区域分异规律和区划原则. 北京师范大学学报（自然科学版）, (01): 89-114.

周廷儒, 施雅风, 陈述彭. 1956. 中国地形区划草案. 北京: 科学出版社.

朱安国, 林昌虎, 杨宏敏, 等. 1994. 贵州山区水土流失影响因素综合评价研究. 水土保持学报, 8 (4): 17-24.

竺可桢. 1930. 中国气候区域论. 地理杂志, 3(2): 124-132.

Airey G D. 2003. State of the art report on aging test methods for bituminous pavement materials. International Journal of Pavement Engineering, 4(3): 165-176.

Bailey R G. 1983. Delineation of ecosystem regions. Environmental Manage ment, 7(4): 365-373.

Bailey R G. 1989. Explanatory supplement to eco-regions map of the continents. Environmental Conservation, 16(4): 307-309.

Bailey R G. 1996. Ecosystem Geography. Berlin:Springer.

Bailey R G, Zoltai S C, Wiken E B. 1985. Ecological regionalization in Canada and the United States. Geoforum, 16(3): 265-275.

Cairns J. 1997. Protecting the Delivery of Ecosystem Service. Ecosystem. Health, 3(3): 185-194.

Chris S R, Jon H. 2002. Soil erosion assessment tools from point to regional scales-the role of geomorphologists in land management research and implementation . Geomorphology, 47 : 189-209 .

Costanza R. 1997. The value of the world's ecosystem services and natural capital. Nature, 387(15): 253-260.

Daily G C. 1997. Nature's services: societal dependence on natural ecosystems. Washington: Island Press.

Daleiden J F, Rauhut J B, Killingsworth B, et al. 1994. Evaluation of the AASHTO design equations and recommended improvements. SHRP-P-394, Strategic Highway Research Program, National Research Council, Washington, D. C.

Denton S R , Barnes B V. 1988. An ecological climatic classification of michigan: a qualitative approach. Forest Sci, 34(1): 119-138.

Dockuchaev V V. 1951. On the Theory of Natural Zones. Moscow:Sochineniya (collected Works).

Ehrlich P R, Ehrlich A H. 1970. Population, Resources, Environment:Issues in Human Ecology. San Francisco: Freeman.

ESRI. 2004. ArcGIS 9—Using ArcMap. Redland.

ESRI. 2005. Using ArcGIS Spatial Analyst. Printed in the United States of America.

Forman R T T. 1995. Land Mosaics:The Ecology of Landscapes and Regions. Cambridge: Cambridge University Press.

Forman R T T. 1998. Road ecology:a so-lution for the giant embracing us. Landscape Ecology, 13（3）: 3-4.

Forman R T T, Alexander L E. 1998. Roads and their ecological effects. Annual Review of Ecology and Systematics, 29: 207-231.

Forman R T T, Godron M. 1986. Landscape Ecology. New York:John Wiley and Sons.

Fraser E D G, Dougill A J, Mabee W E. 2006. Bottom up and top down: analysis of participatory processes for sustainability indicator identification as a pathway to community empowerment and sustainable environmental management. Journal of Environmental Management, 78(2): 114-127.

Goodchild M F, Lam N S. 1980. Areal interpolation:a variant of the traditional spatial problem. Geo-processing, 1(3): 297-312.

Herberson A J. 1905. The major natural region：an essay in systematic geography. Geographical Journal, 25(3): 300-312.

Host G E, Polzer P L, Mladenoff D J. A quantitative approach to developing regional ecosystem classifications. Ecological Applications, 6 (2): 608-618.

Johnson D R, Freeman R B. 2002. Rehabilitation Techniques for Stripped Asphalt Pavements. Helena:Montana Department of Transportation.

Klijn F. 1994. A Hierarchical approach to ecosystem and its implications for ecological land classification. Landscape Ecology, 9 (2): 89-104.

Leitao A B, Ahern J. 2002. Applying landscape ecological concepts and metrics in sustainable landscape Planning. Landscape and Urban Planning, 59(2): 65-93.

Loehle C, Li B L. 1996. Statistical properties of ecological and geologic fractals. Ecological Modelling, 85(2-3): 271-284.

Lopez E, Bocco G, Mendoza M, et al. 2001. Predicting land cover and land Use changes in the urban fringe:a case in morelia city, Mexico. Landscape and Urban Planning, 55(4): 271-285.

Merriam C H. 1986. Life Zones and Crop Zones of the United States//Practical Aspects of Urinary Incontinence. Washington: Springer.

National Associations Working Group for ITS. 2001. Seasoning Weather：Lessons Learned in Providing Road

Weather Information to Travelers.

Ong B L. 2006. Green plot ration:an ecological measure for architecture and urban planning. Landscape and Urban Planning, 63(4): 197-211.

Pietroniro A, Leconte R. 2000. A review of Canadian remote sensing applications in hydrology, 1995~ 1999. Hydrolgical. Processes, 14(9): 1641-1666.

Pisano P A, Leader T, Goodwin L C, et al. 2004. Research Needs for Weather-Responsive Traffic Management Transportation Research Record Journal of the Transportation Research Board. 1867(1): 2-8.

Pisano P A, Goodwin L C. 2003. Best Practices for Road Weather Management, Version 2. 0. Federal Highway Administration.

Ralhan P K. 1991. Structure and function of the agroforestry system in central Himalaya an ecological viewpoint. Agriculture Ecosystem and Environment, 35(4): 283-296.

Rowe J S , Sheard J W. 1981. Ecological land classification: A survey approach. Environmental Management, 5 (5): 451-464.

Saunders S C. 2002. Effects of roads on landscape structure within nested ecological units of the northern great lakes region, USA. Biological Conservation, 103(2): 209-225.

Scholz T V, Terrel R L, Abdulla A, et al. 1994. Water Sensitivity:Binder Validation. SHRP-A-402. Washington D C: National Research Council.

Slater J, Brown R. 2000. Changing landscapes: monitoring environmentally sensitive areas using satellite imagery. International Journal of Remote Sensing, 21(13): 2753-2767.

Solaimanian M, Harvey J, Tahnoressi M, et al. 2003. Test methods to predict moisture sensitivity of hot-mix asphalt pavements//Moisture Sensitive of Asphalt Pavements:A National Seminar. San Diego, California.

Strittholt J R, Dellasala D A. 2001. Importance of roadless arcasin biodiversity conservation in forested ecosystems: Case study of the Klamath-Siskiyou Ecoregion of the United States. Conservation Biology, 15(6): 1742-1754.

Turner M G, Ruscher C L. 1988. Changes in landscape patterns in Georgia , USA. Landscape Ecology, 1(4): 241-251.

Wiken E B. 1982. Ecozones of Canada. Environment Canada. Lands Directirate. Ottwa:Ontario (mimeo).

Zheng D. 1999. A Study on the Eco-Geographic Regional System of China. FAO FRA2000 Global Ecological Zoning Workshop, Cambridge.

Григорьев А А, Будыко М И. 1956. О периодинеком законегеографицеской зонсти. Доклады АН СССР, Т110, No. 1.

附　　图

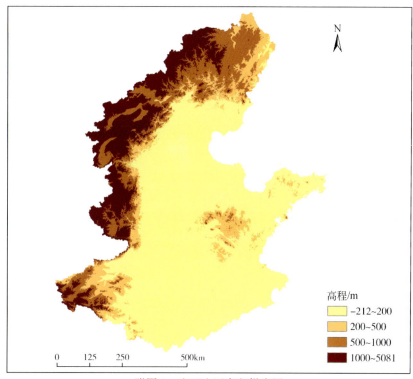

附图 1　土石山区高程梯度图

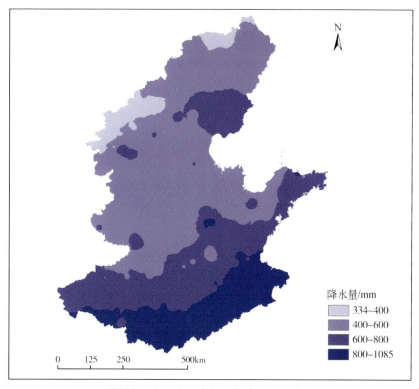

附图 2　土石山区多年平均降水量梯度图

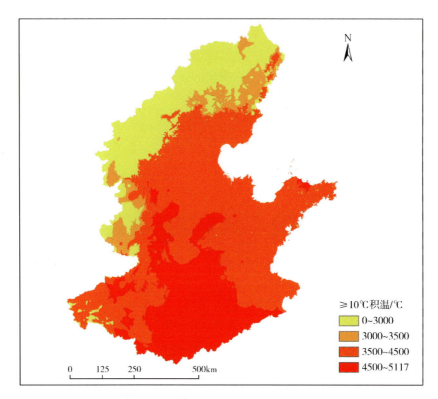

附图 3 土石山区≥10℃积温梯度图

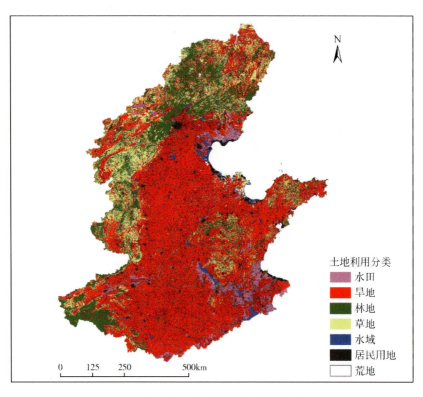

附图 4 土石山区土地利用分类图

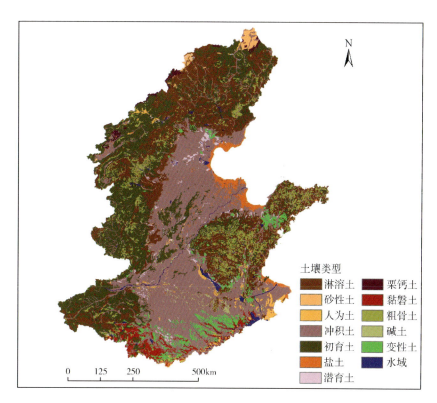

土壤类型
淋溶土   栗钙土
砂性土   黏磐土
人为土   粗骨土
冲积土   碱土
初育土   变性土
盐土   水域
潜育土

0   125   250   500km

附图 5   土石山区土壤图

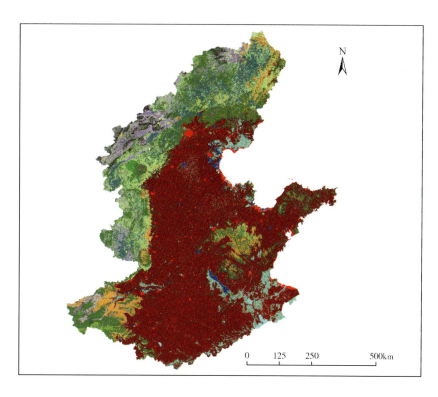

0   125   250   500km

附图 6   土石山区水土保持区划空间叠加图 (1)

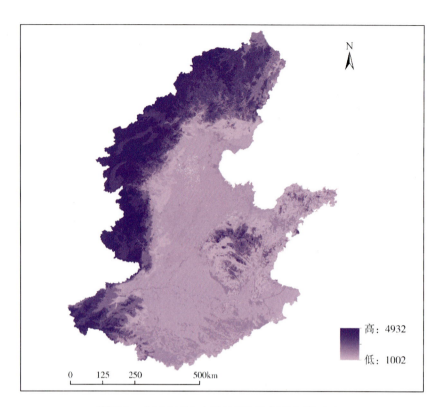

附图 7 土石山区水土保持区划空间叠加图（2）

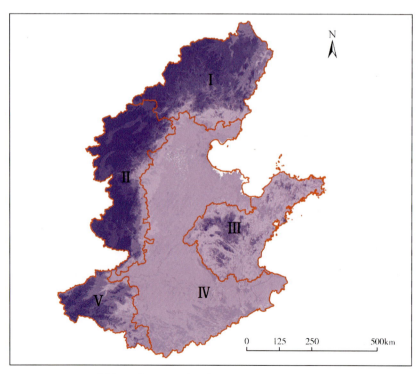

附图 8 土石山区水土保持区划二级分区（1）

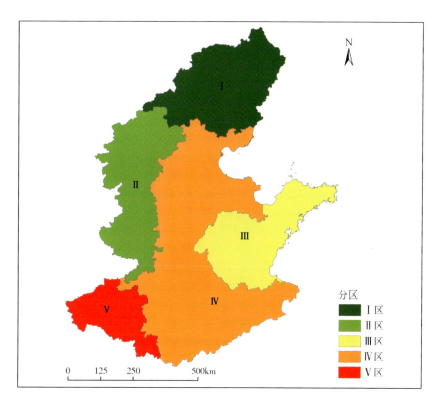

附图 9 土石山区水土保持区划二级分区（2）

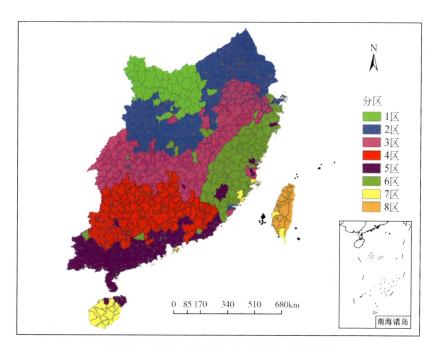

附图 10 南方红壤区 SOFM 模型划分结果图

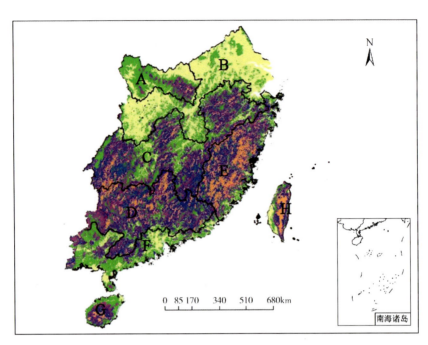

附图 11 南方红壤区空间叠加划分结果

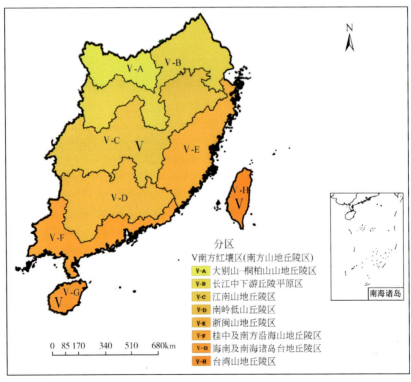

分区
V南方红壤区(南方山地丘陵区)
V-A 大别山—桐柏山山地丘陵区
V-B 长江中下游丘陵平原区
V-C 江南山地丘陵区
V-D 南岭低山丘陵区
V-E 浙闽山地丘陵区
V-F 桂中及南方沿海山地丘陵区
V-G 海南及南海诸岛台地丘陵区
V-H 台湾山地丘陵区

附图 12 南方红壤区水土保持二级分区结果图

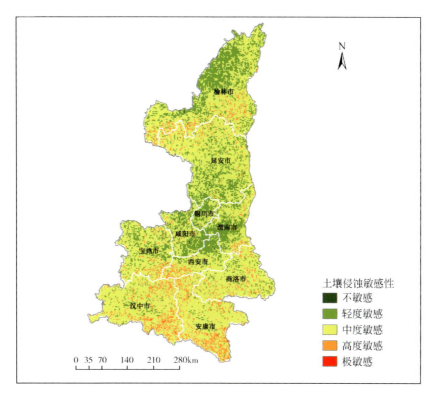

附图 13 陕西土壤侵蚀敏感性分布图

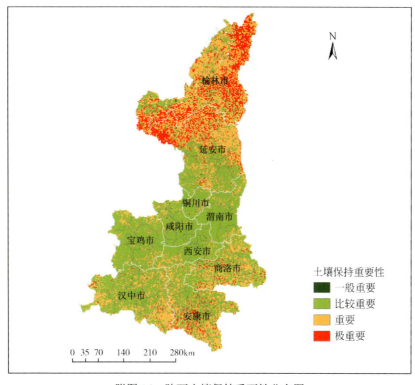

附图 14 陕西土壤保持重要性分布图

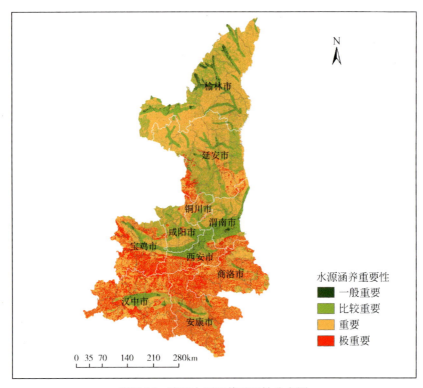

附图 15　陕西水源涵养重要性分布图

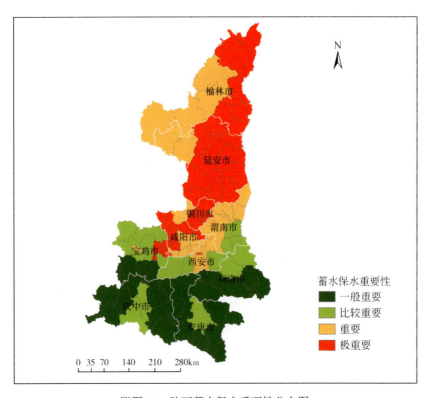

附图 16　陕西蓄水保水重要性分布图

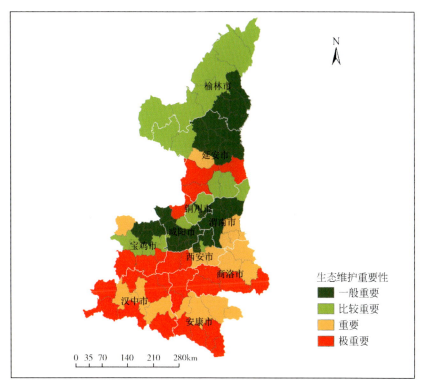

附图 17　陕西生态维护重要性分布图

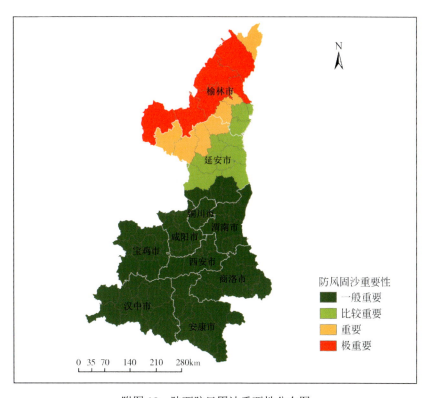

附图 18　陕西防风固沙重要性分布图

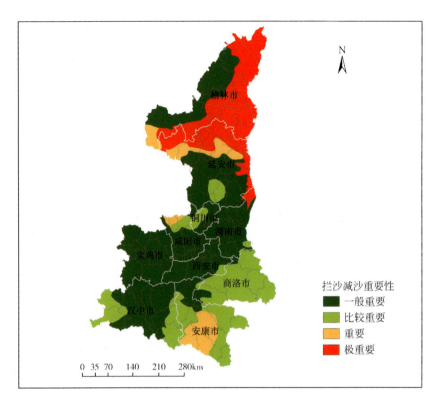

附图 19　陕西拦沙减沙重要性分布图

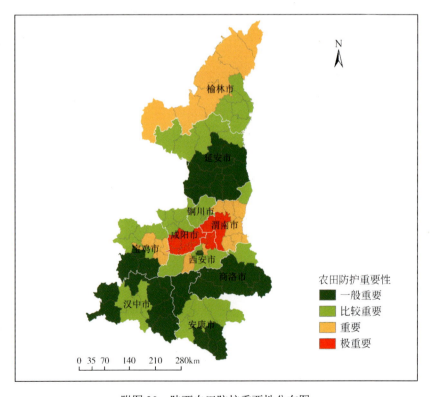

附图 20　陕西农田防护重要性分布图

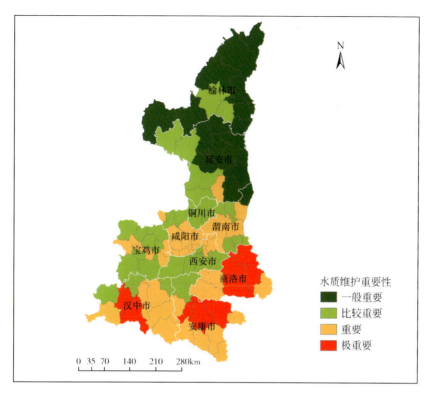

附图 21　陕西水质维护重要性分布图

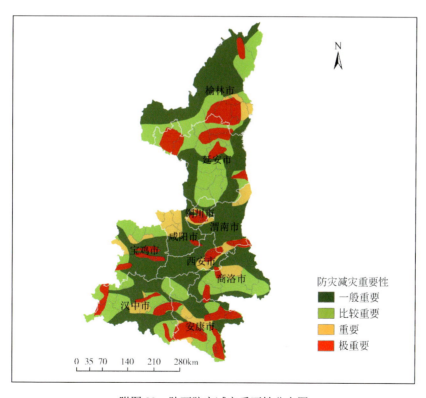

附图 22　陕西防灾减灾重要性分布图

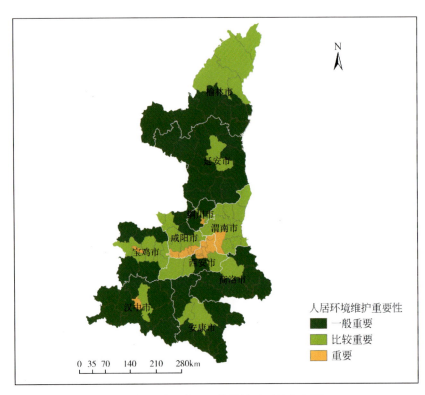

附图 23 陕西人居环境维护重要性分布图

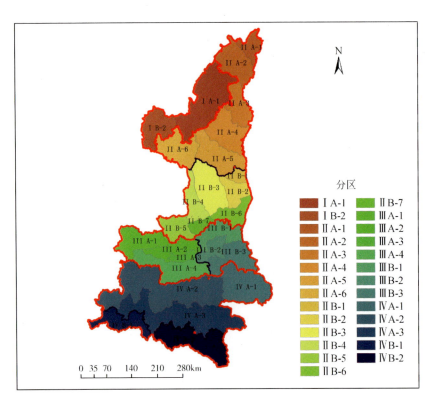

附图 24 陕西水土保持功能区划图——三级分区

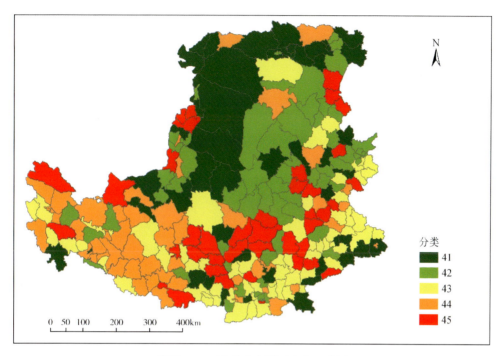

附图 25　西北黄土高原区聚为 5 类图

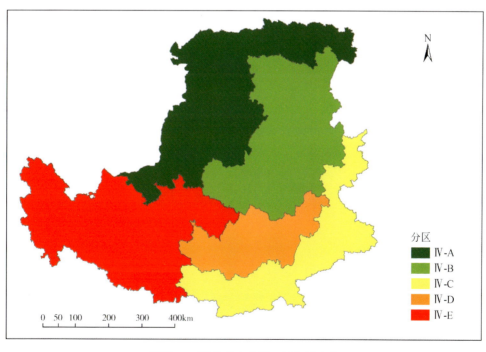

附图 26　西北黄土高原二级分区方案

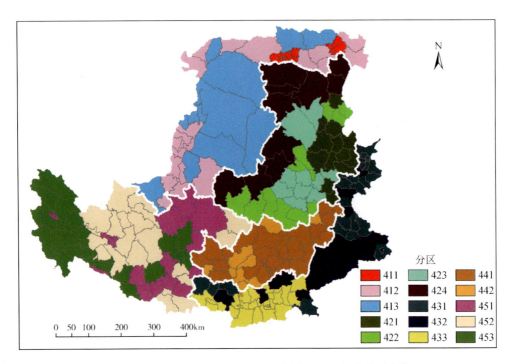

附图27　西北黄土高原区按二级区划分三级区初步分区方案

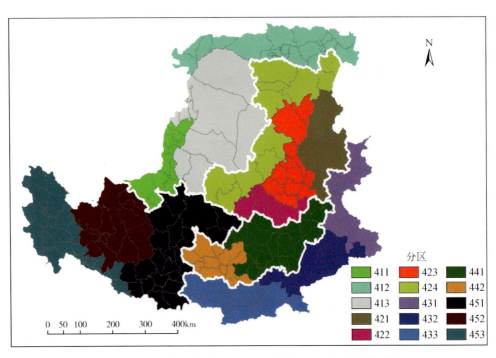

附图28　西北黄土高原区按二级区划分三级区归纳调整结果

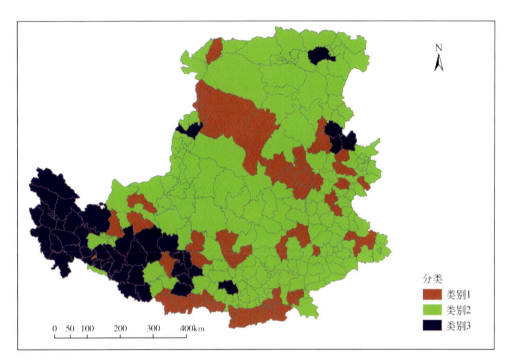

附图 29　西北黄土高原区自然要素聚类分区图

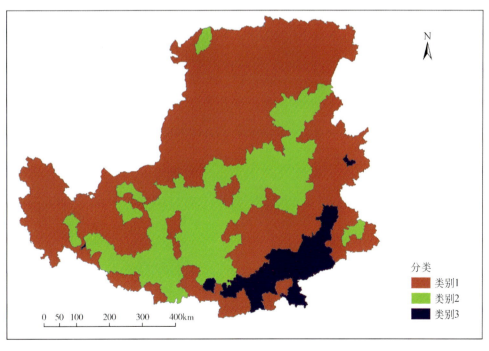

附图 30　西北黄土高原区生态要素聚类分区图

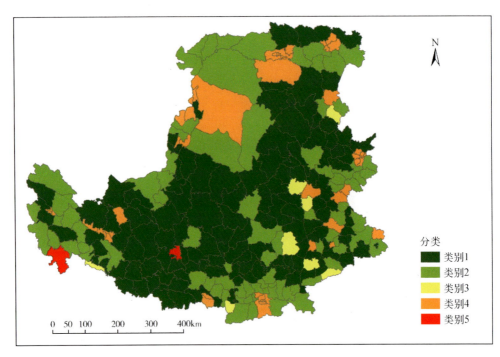

附图 31　西北黄土高原社会经济要素聚类分区图

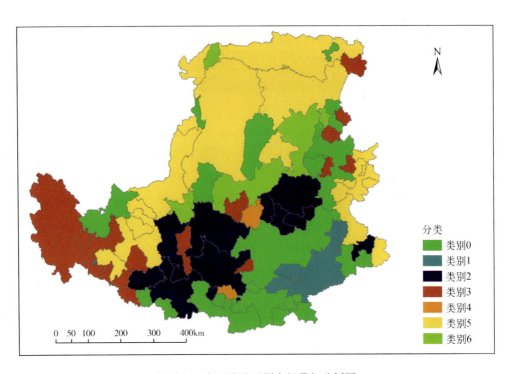

附图 32　各要素分区图空间叠加分析图

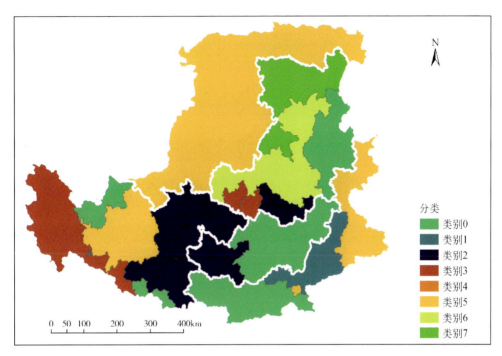

附图 33　初步合并与调整分区图

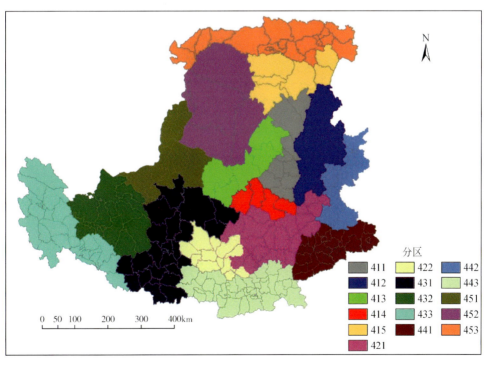

附图 34　西北黄土高原区水土保持三级区划方案

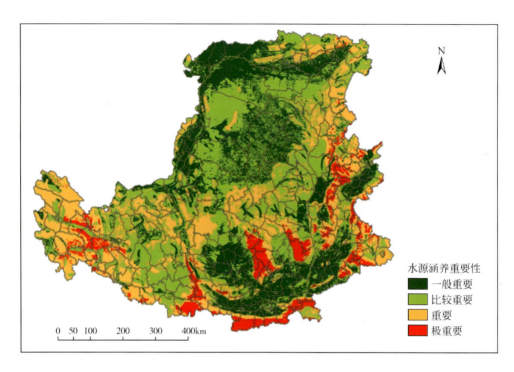

水源涵养重要性
一般重要
比较重要
重要
极重要

0 50 100 200 300 400km

附图35 西北黄土高原区水源涵养重要性评价图

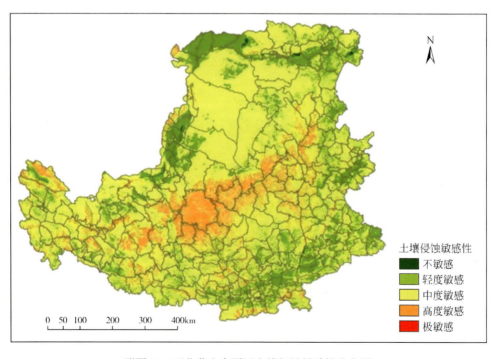

土壤侵蚀敏感性
不敏感
轻度敏感
中度敏感
高度敏感
极敏感

0 50 100 200 300 400km

附图36 西北黄土高原区土壤侵蚀敏感性分布图

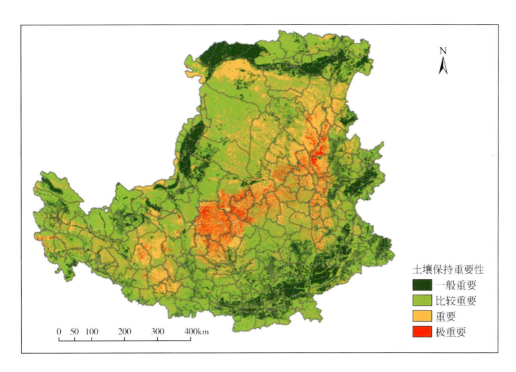

附图 37　西北黄土高原区土壤保持重要性评价图

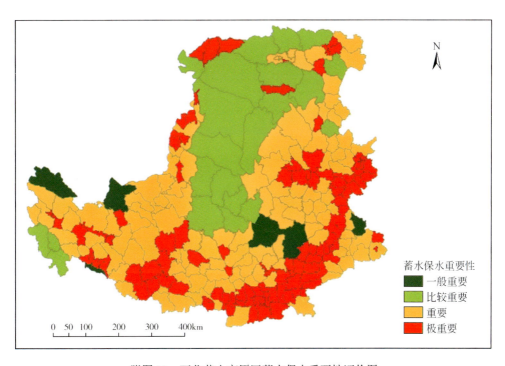

附图 38　西北黄土高原区蓄水保水重要性评价图

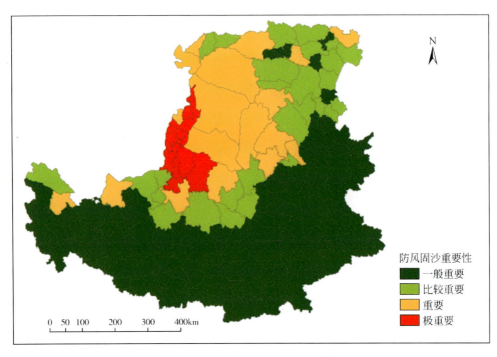

防风固沙重要性
- 一般重要
- 比较重要
- 重要
- 极重要

0 50 100 200 300 400km

附图 39　西北黄土高原区防风固沙重要性评价图

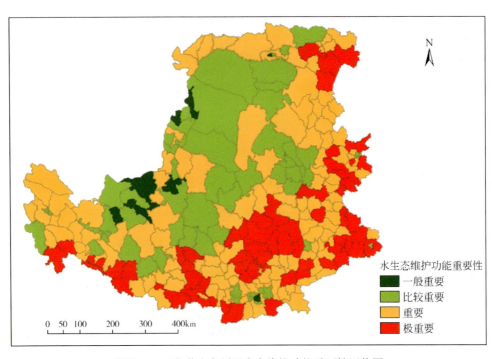

水生态维护功能重要性
- 一般重要
- 比较重要
- 重要
- 极重要

0 50 100 200 300 400km

附图 40　西北黄土高原区生态维护功能重要性评价图

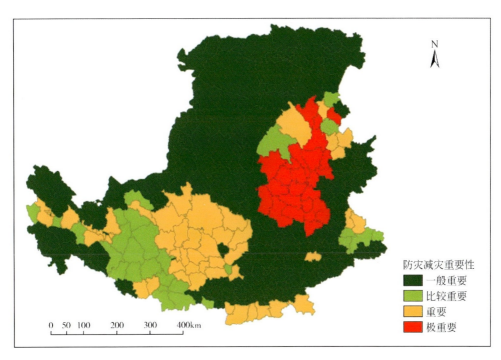

附图 41　西北黄土高原区防灾减灾重要性评价图

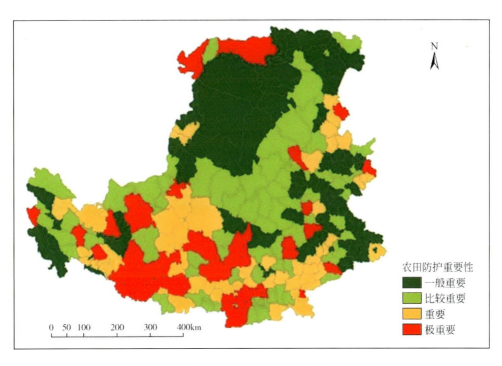

附图 42　西北黄土高原区农田防护重要性评价图

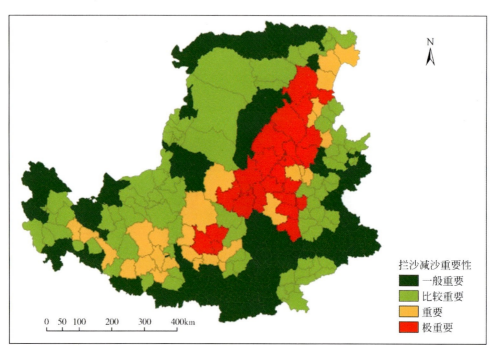

拦沙减沙重要性
- 一般重要
- 比较重要
- 重要
- 极重要

0 50 100   200   300   400km

附图 43　西北黄土高原区拦沙减沙重要性评价图

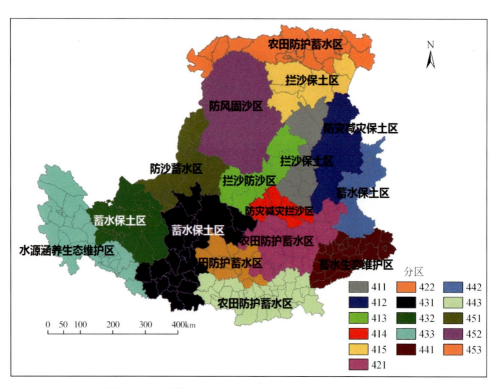

农田防护蓄水区

拦沙保土区

防风固沙区

防灾减灾保土区

防沙蓄水区

拦沙保土区

拦沙防沙区

蓄水保土区

蓄水保土区

防灾减灾拦沙区

蓄水保土区

农田防护蓄水区

水源涵养生态维护区

田防护蓄水区

蓄水生态维护区

农田防护蓄水区

0 50 100   200   300   400km

分区
411	422	442
412	431	443
413	432	451
414	433	452
415	441	453
421		

附图 44　西北黄土高原区水土保持区划三级区功能定位图